普通高等教育家具设计与制造专业"十二五"规划教材

家具设计与消费者心理

郭晓燕　叶德辉
高锐涛　汪　隽　编著

中国轻工业出版社

图书在版编目（CIP）数据

家具设计与消费者心理/郭晓燕等编著. —北京：中国轻
工业出版社，2013.6
普通高等教育家具设计与制造专业"十二五"规划教材
ISBN 978 - 7 - 5019 - 9204 - 1

Ⅰ．①家…　Ⅱ．①郭…　Ⅲ．①家具 - 设计 - 高等学
校 - 教材　Ⅳ．①TS664.01

中国版本图书馆 CIP 数据核字（2013）第 069331 号

责任编辑：林　媛　陈　萍
策划编辑：林　媛　责任终审：滕炎福　封面设计：伍毓泉
版式设计：王超男　责任校对：李　靖　责任监印：张　可

出版发行：中国轻工业出版社（北京东长安街 6 号，邮编：100740）
印　　刷：北京君升印刷有限公司
经　　销：各地新华书店
版　　次：2013 年 6 月第 1 版第 1 次印刷
开　　本：787×1092　1/16　印张：12
字　　数：300 千字
书　　号：ISBN 978 - 7 - 5019 - 9204 - 1　　定价：30.00 元
邮购电话：010 - 65241695　传真：65128352
发行电话：010 - 85119835　85119793　传真：85113293
网　　址：http://www.chlip.com.cn
Email：club@ chlip.com.cn
如发现图书残缺请直接与我社邮购联系调换
KG620-121148

前　言/

消费者是企业的生存之本，设计师要为企业服务，为企业赢得利益就必须要研究消费者的消费行为和消费心理。家具设计与开发也必须在研究家具消费心理、家具消费行为规律的基础上进行，本书在消费心理学的基础上，从消费者的概念讲起，对消费者的消费行为、消费心理等问题进行了阐述，主要对家具消费者的一些心态和消费需求、考虑因素进行了分析，以便使设计人员根据其理论和方法在设计前期灵活运用，结合自己的实际调研情况对后期设计工作起到理论指导的作用。

目前，中国正面临由"中国制造"到"中国创造"的转型期，国内很多家具企业都在努力尝试找到一条自主创新的方法和思路来适应市场变化。面对国际上来自各个国家的各个家具品牌的巨大压力，我国的家具企业如何能够吸引本国消费者，在保证家具质量的基础上利用家具设计来增强其竞争力是个最有效的解决方式。家具市场潜力巨大，很多国外家具企业投身到中国市场，赚取巨大的利润，中国的家具企业如何在本土市场中找到自己的生存空间是个值得思考的问题。如何抓住消费者的眼球、赢得消费者的信赖，是家具企业必须要思考进而通过家具设计来解决的问题。

在家具设计过程中，设计师在展示独特的设计理念和满足消费者诉求这两方面的权衡十分重要，设计师必须对不同阶层、不同文化背景的消费者的生活状况、消费需求有十分准确的把握和理解，才能设计出有市场潜力的家具。关注消费者需求不仅是经济问题，也是环境问题，符合市场需求的家具设计不仅使消费者受益而且还避免产品堆积造成的资源浪费。

在家具设计与消费者心理的教学中向学生灌输的不仅是企业的利润优先，更多的是融入社会文化、环境保护、低碳生活等消费者关心的观念性因素，把这些积极的符号引入家具设计与企业营销，使家具设计、家具生产、家具消费成为引领社会新风尚的媒介，带动中国经济和文化的发展。

未来家具行业面对的不仅是国内市场，更多的时候要考虑如何把中国的家具产品和品牌推向全球，研究不同消费者的需求和地区文化成为家具设计者不可缺少的课题。本书带大家进入家具消费心理研究的话题，但更深入的部分需要结合具体情况和对象具体分析。

笔者郭晓燕系华南农业大学工程学院工业设计系讲师，从事家具设计与消费者心理教学与研究工作多年，曾撰写家具设计方面专业论文多篇，多篇专业论文刊登在国内、国际学术期刊上，本书的撰写得益于多年的教学积累、家具市场研究和家具设计实践。本书的撰写还得益于笔者硕士期间的恩师刘观庆教授、李彬彬教授等几位设计界前辈的影响，也要感谢在设计心理学及家具市场研究的华南农业大学工程学院工业设计专业高锐涛、汪隽老师和桂林电子科技大学叶德辉教授的资料支持。书中难免会存在一些问题，欢迎批评指正！

编　者
2013 年 1 月

目　录

第一章　概述 / 1
　第一节　中国家具市场概述 / 1
　　一、中国家具市场概况 / 1
　　二、中国家具消费现状 / 2
　　三、中国家具市场特点及存在的问题 / 8
　第二节　消费心理学 / 10
　　一、消费心理学的概念 / 10
　　二、消费心理学的研究对象 / 11
　　三、消费心理学的研究内容 / 11
　　四、消费心理学的研究原则 / 11
　　五、消费心理学的研究方法 / 12
　第三节　消费者概念 / 12
　　一、消费者的定义 / 12
　　二、家具设计与消费者之间的关系 / 14
　　三、家具行业收集消费者信息的意义 / 15
　　四、家具行业收集消费者信息的方法 / 16
　第四节　家具消费者类型 / 18
　　一、家具消费者概念 / 18
　　二、家具消费者类型 / 18

第二章　家庭家具与家庭消费 / 21
　第一节　家庭家具的含义 / 21
　第二节　家庭的概念和类型 / 22
　　一、消费者群体的概念 / 22
　　二、消费者群体形成的因素 / 22
　　三、家庭的概念 / 22
　　四、家庭的类型 / 23
　　五、未来家庭的发展趋势 / 23
　第三节　家庭消费的概念和类型 / 24
　　一、家庭消费的概念 / 24
　　二、家庭消费的类型 / 24
　　三、家庭消费的特征 / 25

四、家庭决策类型 / 26

五、家庭消费情况及其对家具消费的影响 / 27

第四节　家庭生命周期的概念 / 30

一、家庭生命周期的概念 / 30

二、家庭生命周期的几个阶段的收支情况和家具消费情况 / 30

第五节　家庭家具的设计原则 / 32

一、家具市场细分 / 32

二、准确定位 / 36

三、优良的家具设计 / 37

四、良好的营销、服务设计 / 38

五、物流管理 / 40

六、加强售后服务 / 40

第三章　消费者需求与家具购买需求 / 42

第一节　消费者需求的概念 / 42

一、消费者需求的定义 / 42

二、消费者需求定义的原则 / 42

三、消费者需求的特点 / 43

四、消费者需求的分类 / 45

第二节　家具行业研究消费者需求 / 47

一、家具行业研究消费者需求的必要性 / 47

二、家具需求层次分析 / 47

三、中国家具市场的需求分析 / 48

第三节　影响家具消费者需求的因素 / 50

一、影响家具消费者需求的因素 / 50

二、中国家具消费需求的影响因素 / 51

三、家具未来市场前景 / 53

第四节　家具行业发展应以消费者需求为导向 / 53

第五节　消费动机 / 56

一、消费动机的概念 / 56

二、消费动机的特征和种类 / 58

三、消费动机研究 / 61

四、家具消费者的购买动机 / 62

第四章　消费者态度与家具消费行为 / 64

第一节　消费者态度 / 64

一、消费者态度的含义 / 64

二、消费者态度的功能 / 64

三、消费者态度与信念 / 65

四、消费者态度的特点 / 65

　　五、消费者信念 / 65

　　六、消费者态度与行为 / 66

第二节　消费行为与消费者购买行为 / 67

　　一、消费行为 / 67

　　二、消费者购买行为 / 69

　　三、研究家具消费行为的意义 / 75

第三节　家具消费行为 / 77

　　一、一般产品的消费者购买过程分析 / 77

　　二、家具消费过程 / 78

　　三、消费者购买行为的"黑箱" / 79

　　四、家具消费者消费行为的影响因素 / 82

第四节　家具消费者购买决策过程 / 85

　　一、购买决策过程的参与者 / 85

　　二、购买决策过程 / 86

　　三、影响消费者购买决策的因素 / 86

　　四、家具消费者的购买决策过程 / 87

第五章　设计心理学与消费者满意度 / 89

第一节　设计心理学的概念 / 89

　　一、设计心理学的定义 / 89

　　二、设计心理学的意义 / 90

　　三、设计心理学的研究方法 / 90

　　四、设计心理学的研究对象和研究范畴 / 90

第二节　家具设计中的色彩心理学 / 92

　　一、奇妙的色彩心理 / 92

　　二、家具设计与色彩心理 / 98

第三节　家具造型设计心理 / 100

　　一、产品语义学的概念 / 100

　　二、家具设计中的产品语义学 / 100

　　三、家具设计中的内涵性语义 / 102

第四节　家具材质与家具消费者心理 / 104

第五节　家具设计师及其职业特点 / 105

　　一、家具设计师概念 / 105

　　二、家具设计师的职业特点 / 106

　　三、家具设计师的创造能力 / 106

第六章　消费者满意度与家具品牌的服务设计 / 111

第一节　消费者满意度 / 111

　　一、消费者满意度概述 / 111

　　二、消费者满意度研究的三个时代 / 111

三、消费者满意度与家具企业服务 / 112
四、消费者的需求结构与满意度评价指标 / 113
第二节　消费者满意度指数 / 113
一、消费者满意级度 / 114
二、消费者满意信息的收集与分析 / 116

第七章　青年消费者家具消费心理分析 / 118
第一节　青年消费者主要的家具消费特点 / 118
一、研究青年家具消费者的意义 / 118
二、青年消费者主要的家具消费特点 / 119
三、青年消费者热衷的家具类型 / 121
四、主题青年家具 / 122
五、青年消费者的家具购买意识 / 122
第二节　青年家具消费者的需求 / 125
第三节　青年家具消费者购买的心理动机 / 126
一、购买动机的分类 / 127
二、购买动机的特点 / 127
三、青年家具购买心理动机分析 / 128
第四节　影响青年家具消费者心理的社会因素 / 130
一、社会文化与消费心理 / 130
二、审美取向与消费心理 / 131
第五节　青年家具产品设计定位 / 131
一、设计定位 / 131
二、家具设计定位 / 132
三、成功的设计案例分析 / 136
第六节　定制家具 / 137
一、定制家具产生的原因 / 138
二、消费者和厂家双方互利的定制家具 / 138
三、定制家具的制约性 / 138
第七节　年轻化家具设计 / 139
一、年轻化家具产品设计定位及市场发展趋势 / 139
二、中国家具市场的背景 / 140
三、年轻化家具市场概况 / 140
四、年轻化家具消费及心理分析 / 142
五、年轻化家具设计的原则与基本构成要素 / 142
六、年轻化家具设计的发展趋势 / 143

第八章　儿童家具消费市场和儿童家具设计 / 145
第一节　儿童家具概述 / 145
一、儿童家具市场存在的问题 / 145

二、儿童家具几大品牌 / 146
三、儿童家具消费现状 / 147
第二节 儿童家具设计原则 / 150
一、儿童家具消费现状及心理分析 / 150
二、儿童在各个年龄段所需家具的特点 / 151
三、儿童家具设计的原则及注意事项 / 151
四、儿童家具设计的发展趋势 / 154

第九章 老年人家具市场和老年人家具设计 / 156
第一节 老年人家具市场概况 / 156
一、老年人家具市场概述 / 156
二、老年人的家具需求特征 / 157
三、老年人家具市场现状 / 159
第二节 老年人家具设计 / 160
一、产品研发 / 160
二、营销策略 / 160
三、渠道管理 / 161
四、品牌建设 / 161
五、老年人家具的造型设计和原则 / 161
六、老年人家具的无障碍设计 / 164

第十章 办公家具消费市场和办公家具设计 / 168
第一节 办公家具的概念 / 168
一、办公家具的定义 / 168
二、办公家具的分类 / 168
三、办公家具的消费群 / 168
第二节 国内办公家具市场概况 / 169
一、国内办公家具市场概述 / 169
二、国内办公家具市场现状 / 169
第三节 办公空间规划与新型办公室设计理念 / 169
一、办公空间规划 / 169
二、新型办公室设计理念 / 170
第四节 办公家具设计 / 171
一、办公家具的功能设计 / 171
二、办公家具材质的美感 / 171
三、办公家具的结构设计 / 172
四、办公家具基本色调 / 172
五、办公家具的外观设计 / 173

参考文献 / 174
后记 / 179

第一章 概述

第一节 中国家具市场概述

一、中国家具市场概况

截止到 2005 年，国内共有家具企业 5 万多家。广东家具、川派家具、浙派家具等都各出奇招，抢占销售渠道和市场。企业规模小、竞争力不足也成为不争的事实：现时国内 5 万多家家具企业中，90% 以上的企业都是中小型民营企业，年销售额在 10 亿元以上的家具企业则凤毛麟角，市场份额能够占据 1% 的家具企业几乎没有，行业集中度非常低。产品同质化、消费成熟、利润下降等现象已经成为制约国内家具企业发展的瓶颈。

农村家具市场显示出巨大的潜力。随着农村乡镇企业经济的发展和"小城镇"建设进一步实施，农村与城镇的差距越来越小，大部分农民都较快地富裕起来，并普遍盖起了新房。农民的生活水平有了很大的提高，消费观念也发生了变化，已由过去的自制家具逐渐发展到购买家具。虽然目前大多数购买的是中低档产品，但中高档产品需求的潜在市场十分喜人。众多农村青年办喜事买家具时都考虑追求款式与风格，所以传统的家具已无法满足农村家具消费的需求。农村住房宽敞，对于家具的选择多以体积较大、舒展气派为首选，且家具多为成套、成批购买。

在中国家具行业中，各种品牌鱼龙混杂，但至今还没有出现真正意义上的行业寡头。在 2006 年央视的招标会上，也出现了家具企业的身影。

从消费者对家具品牌认知情况来看，宜家的总体知名度达到了 78%。北京、上海的消费者对于宜家的认知度都很高，分别达到 96% 和 99%。宜家在进驻广州 1 年多的时间里，就在广州取得了 85% 的高知名度。宜家在中国取得了如此的佳绩，归功于其成功的品牌策略。面对宜家这个竞争对手，国内的品牌也在努力追赶。天坛、曲美、标致等北京品牌在北京市场上取得了一定的知名度。在广州，家具市场中各自品牌力量比较均衡：红苹果（87%）、宜家（85%）、皇朝（82%）、联邦（78%）、欧派（76%）这 5 个品牌的知名度比较接近，形成品牌知名度的第一集团。而成都依然是本土品牌的天下，八一家具（98%）、青田（88%）、全友（65%）等品牌体现出地区优势；宜家成都店已于 2006 年底开业，相信这将会对成都家具品牌的格局带来一定程度的改变。

2005 年，国家质检总局和中国名牌战略推进委员会认定的 5 个弹簧软床垫类"中国名牌"产品：山东凤阳集团"凤阳"、浙江花为媒集团有限公司"花为媒"、喜临门集团有限公司"喜临门"、湖北联乐床具集团有限公司"联乐"、广州穗宝家具装饰厂"穗宝"。

2006 年，国家质检总局和中国名牌战略推进委员会认定的 4 个家具行业板式类"中国名牌"产品：成都市全友家私有限公司生产的"全友"牌板式家具、深圳市大富豪实业发展有限公司生产的"富之岛"牌板式家具、深圳天诚家具有限公司生产的"红苹果"牌板式家具、江门健威家具装饰有限公司生产的"健威"牌板式家具。

2006 年，国家质检总局和中国名牌战略推进委员会认定的 9 个实木家具类"中国名牌"产品：大连华丰家具有限公司生产的"华丰"牌实木家具、北京天坛股份有限公司生产的"天坛"牌实木家具、廊坊华日家具股份有限公司生产的"华日"牌实木家具、广东联邦家私集团有限公司生产的"联邦"牌实木家具、华鹤集团有限公司生产的"华鹤"牌实木家具、月星集团有限公司生产的"月星"牌实木家具、美克投资集团有限公司生产的"美克·美家"牌实木家具、黑龙江省七台河市双叶家具实业有限公司生产的"双叶"牌实木家具、北京曲美家具有限公司生产的"曲美"牌实木家具。

2007 年，国家质检总局和中国名牌战略推进委员会认定的 8 个沙发类"中国名牌"产品：烟台吉斯家具集团有限公司"吉斯"、杭州海龙家私有限公司"顾家 KUKA"、深圳市左右家私有限公司"左右"、山东凤阳集团"凤阳"、浙江花为媒集团有限公司"花为媒"、成都市全友家私有限公司"全友"、东莞市富宝沙发制造有限公司"Frandiss"、敏华荣家具（深圳）有限公司"芝华仕"。

二、中国家具消费现状

（一）目前家具消费者的消费观念

现在的家具消费者非常看重销售商的信誉，具体表现在以下两个方面：一方面，对于宣传资料上许下的承诺非常重视，所以，产品及其宣传资料上的文字必须经过推敲，一时的疏忽可能会招致文字方面的官司；另一方面，对交货期非常挑剔，销售商最好的办法是在那里设立自己的仓库。所以，最好是答应消费者什么就要做到什么。

随着社会压力的增加，工作节奏越来越快，人们的生活日趋西化。近年来，新建住宅通常和洋式房间并存，尤其是年青一代喜爱能反映个人风格的家具，家具式样日趋多样化，订制家具日渐流行，消费者多自行选择家具尺寸、颜色、用料、形状以配合自己的喜好，越来越多人征询室内设计公司的意见以选购适当的家具。另外，消费者在挑选家具时很仔细，非常注重家具的质量。

办公家具市场垂青于自动化、所占空间少、容易组合、安全舒适的产品。随着全国倡导大学生自主创业和政府对创业者的政策支持，微型办公、家庭办公（SOHO）在各地日趋流行，与之相适应的多功能、紧凑型、适合家居环境的办公家具市场蓬勃发展。但还没有专门针对这类需求的办公家具，这为办公家具的细分提供了可能，并为那些计划进入办公家具市场的小型企业提供了良好的条件。

房价虚高和收入水平低下的不平衡，使得人们非常善于利用有限空间，那些能够根据住房尺寸和物品大小而自由组合的储物柜、储物架、壁柜等都较受欢迎。一般屋内的隔间多作多种用途，例如起居室可依需要作为家庭聚会、用餐、书房及卧室，平常将多余家具物品收藏于橱柜内或加以挪移，因此所使用的家具以小型、精简、多功能家具、便于收藏衣物及杂项用品的储藏用家具为主。款式简单、自然的现代家具已取代设计复杂的古典家具成为主流品位。

中国的传统，每遇人生大事，如婚嫁、生子、入学、进入社会、乔迁新居、房屋改建等，都会购买家具，而近年来更换家具的需求亦有上升趋势。

虽然人们对家具质量的要求逐步提升，但这一点并不绝对，有时好的做工并不一定能得到好的回报。比如，在廉价和质量两者发生矛盾的时候，消费者可能会选择前者。"绿色家具"就是一个非常典型的例子，根据最新的一项市场调查报告显示，尽管市场上环保呼声不断，事实上只有少许标榜环保的家具销售业绩高过其他一般的家具。一个非常耐人寻味的结果是，在问卷调查中，消费者普遍认为自己会支持绿色商品，但在实际的购买行为上由于绿色产品价格较贵（比一般产品贵25%左右），真正购买的人比估计的少许多。虽然大家都知道产品好，但出于对成本等方面的考虑，要想真的让绿色产品遍地开花可能还需要一定的时日。

不管市场怎么变化，必须要发挥自身的竞争优势，才能够赢得市场，成本优势就是一个很好的例子。家具企业的核心竞争力在于生产的成本比别人低，所以，在提高产品质量的同时，保持低廉的价格仍旧是我国家具在国际市场上制胜的关键。

（二）家具品牌情况

1. 家具卖场和口碑是最有效的品牌传播途径

家具卖场和亲朋好友介绍是消费者了解家具品牌的主要途径。78%的消费者是通过家具卖场，其中60%的消费者通过亲朋好友介绍了解到家具品牌。家具企业要重视卖场建设和管理，同时也应该注重建立良好的口碑。

比较宜家及红苹果这两个知名度较高的品牌，可以发现宜家将报纸杂志和户外广告两个宣传渠道运用得非常成功。通过这两个途径认识到宜家的消费者比例均达到25%，而通过这两个途径认识到红苹果的消费者比例还不达10%，但红苹果在通过亲朋好友介绍这个途径的表现则要优于宜家。每个企业都需要根据自身的情况，探索最有效的品牌宣传途径。对宜家而言，向特定消费群派发目录手册的方式比其他形式的广告更加经济和有效。

2. 家具品牌形象评估方式

消费者主要通过产品质量来评估家具品牌，可靠的品质是品牌建设的基础。有86%的消费者会通过产品质量来评估家具品牌的形象，13%的消费者通过广告数量来评估家具品牌的形象，还有1%的消费者则通过其他途径来评估。再次提醒家具企业，在建设品牌的过程中，不能本末倒置，产品品质不能忽略，只有让消费者感受到卓越的产品和服务品质，才能建立品牌的美誉度和忠诚度。单纯地靠广告、靠包装并不能解决问题。另外，消费者也逐渐开始关注产品的设计，有51%的消费者会从产品设计来评估品牌的形象，这也对企业的原创设计能力提出了更高的要求。

3. 家具品牌使用情况

消费者难挡宜家魅力，在北京和上海，宜家成为消费者使用率最高的家具品牌，使用率分别达到14%和18%。在北京，本土品牌天坛表现不俗，以12%的使用率紧贴宜家，宜家和天坛两个品牌一同组成了北京家具市场的领军集团。在上海，宜家继续保持着竞争优势，与2005年相比，宜家在上海的使用率上升了11%，进一步拉大了与其他品牌的距离。

作为家具企业一直具有优势市场的广州和成都，本土品牌依然坚守阵地。金海马凭借其成熟的销售网络，以19%的比例成为广州地区使用率最高的家具品牌；红苹果、皇朝、联邦等广东品牌也充分显示了其本土优势，在广州地区的使用率分别为12%、10%和7%；八一、青田、全友等成都品牌，在自家门口也显示出强劲的实力，这三个品牌在成都的使用率分别达到11%、9%和6%。但随着宜家业务在广州和成都不断深入，相信将掀起这两地家具市场新一轮的竞争热潮。

4. 家具品牌推广工作大有可为

值得注意的是，在北京、上海、广州和成都这4个城市中，消费者使用的家具有20%是无牌或杂牌的，这表明现在还有相当部分的消费者并没有形成消费品牌家具的习惯。同时，消费者对于已购家具品牌的记忆度也很低，他们购买的家具当中，有22%他们都不记得是什么牌子。家具企业还需要进行大量的工作以提高消费者在家具品牌方面的意识，培养他们消费品牌家具的习惯。

5. 家具风格使用情况

现代简约和中式古典成为主流的家具风格，欧式古典风格的个性化得到认同。

在调查中，我们对消费者现在使用的装修风格和家具风格进行了了解。在询问消费者家具风格时，我们采用了影射技术，给消费者提供了现代简约、中式古典、欧式古典、自然、美式涂装5种风格的图片，让他们选出与其家庭装修、家具风格最接近的图片。结果显示，消费者越来越讲究家居的整体搭配，在装修风格和家具风格的选择上，更趋于和谐统一。分别有超过30%的消费者选择了现代简约和中式古典两种装修风格。

现代简约和中式古典风格的家具也成为时下使用比例较高的两种，均达到了27%；这两种风格家具的使用很大程度上是因为其价格合理，总花费在5万元以下的家具中，以现代简约和中式古典为主，这两种风格形成了中低家具消费的主流。

欧式古典家具融合了历史与人文，带有浓郁的异域风情，满足了部分消费者内心对古典文化的追求。这类家具的个性化已得到消费者的认同，有接近30%的消费者会选择在卧室单独使用欧式古典家具以体现自己的个性。另外，欧式古典家具占据着中高端市场：随着消费水平的提高，选择欧式古典家具的比例也不断增高。可以预见，随着家具文化价值越来越受重视，欧式古典家具的魅力将会吸引更多的中高端消费者。

自然风格的家具，强调自然和原木本色，迎合了人类回归自然的需求；美式涂装家具，通过突显木材本色，体现复古和回归自然，营造出一种自然、淳朴、怀旧的生活氛围。这两类风格的家具都有较高的附加值，但在国内市场，其价值还没有得到消费者的认同。自然风格的家具在花费2万元以下和5万元以上的家具中各占了一定的比例（分别为22%和15%），说明这种风格的家具在市场上还没有形成清晰的价值定位；而美式涂装的家具现时还没有太多的消费者使用。家具企业可以加强对自然风格和美式涂装家具的宣传和推广，让消费者能感受到这类家具的真正魅力。

（三）家具使用满意度

消费者对现在使用的家具一般都感到比较满意，选择"非常满意"和"比较满意"的比例共达到95%。消费者不满意的地方集中在：家具的硬度不够（3%）、容易掉漆（2%）、油漆味太重（2%）等，这些不满都与油漆有关。在选购家具时，尽管油漆并不是消费者明显关注的一个因素，但是在使用过程中，油漆的品质却是消费者最容易感知的，在很大程度上会影响消费者对家具的评价。这也给家具企业带来启示，不能忽略油漆的品质；另外，家具企业也可以考虑提供一些修补服务，提高消费者使用家具的满意度。

（四）家具更换年限

总体来看，消费者计划更换家具的平均年限是11年左右，其中有63%的消费者计划更换家具的年限为 6~10 年。在北京、上海、广州和成都 4 个城市中，北京消费者计划更换家具的平均年限为 8 年半，为 4 城市中最短；成都消费者计划更换家具的平均年限最长，超过 13 年。在家具更换的时间上，中国消费者与欧美国家消费者存在较大差异。现时美国消费者更换家具的平均年限为 4 年左右，德国消费者每 5 年就会更换部分的家具。消费水平提高、搬迁、喜庆等因素并不是促使消费者更换家具的主要原因，有 64% 的消费者更换原因为"家具老化"，有 51% 的消费者更换原因为"款式过时"。但是可以预见，随着消费观念的转变，消费者更换家具的年限将会逐渐缩短。

（五）消费者收集家具信息的渠道

有 97% 的消费者会通过家具卖场来收集家具的信息，同时也有 67% 的消费者认为从这个渠道收集到的信息可靠性是最高的。卖场作为展示企业形象和产品的窗口，对其进行建设和管理是非常必要的，而且还应该是优先的。卖场管理不是单纯的改善购物环境，除了硬件上的改善外，也应该加强对导购、服务方面的管理，把工作做到细节上。

（六）消费者选购家具时的考虑因素

45% 的消费者在选购家具时主要考虑家具的质量，27% 的消费者主要会考虑款式，而仅有 4% 的消费者会以品牌作为选购时最主要的考虑因素，再次体现出消费者家具品牌意识薄弱的现状。

（七）消费者对家具环保性能的态度

家具的环保性能日益受到消费者的关注，经调查，有 63% 的消费者选择从油漆去判断家具的环保性能。在调查中也发现，尽管对环保的关注度很高，但因为缺乏相关知识，消费者在判断产品环保性能时显得非常被动，比如有 77% 的消费者只是简单使用现场闻气味的方法去判断，45% 的消费者会参考厂家提供的质量证书。然而，消费者对环保认证的了解也非常有限，有 31% 的消费者完全不了解现时国家有哪些家具环保认证。面对这种情况，相关协会机构或家具企业应该主动对消费者进行家具环保知识方面的宣传，改变现时消费者被动的局面。

（八）消费者购买家具的时间

总体来看，消费者都会在装修之后才购买家具，有 53% 的消费者购买家具的时间为装修施工全部完成之后。北京和上海的消费者购买家具的时间更多在装修施工快要结束时，比广州和成都的消费者要早。而消费者开始关注家具则是在装修施工即将结束时，从开始关注到购买结束历时大概 1 个半月。从消费者开始关注和购买家具的时间我们得到启发，家具企业可以尝试与装修建材商家合作的销售模式，进行双向优惠等促销方式，在消费者进行装修时就开始创造家具销售机会。

（九）消费者购买家具的地点

本地家具市场、国内连锁卖场和家具品牌专卖店是消费者接触较多的 3 类家具卖场。在购买家具时，78% 的消费者会去逛本地家具市场，另外分别有 56% 和 40% 的消费者会去逛国内连锁卖场和家具品牌专卖店。本地家具市场优势明显，为消费者购买家具的主要地点。消费者选择卖场时更多是"慕名而至"，卖场知名度起到很重要的作用。打造卖场知名度、吸引更多实力品牌进驻成为制胜的关键。

46% 的消费者购买家具的主要地点在本地家具市场，28% 的消费者购买家具的主要地点在国内连锁卖场。卖场的知名度、卖场中的品牌数量和交通问题是消费者选择购买场地时主要考虑的因素。本地家具市场已经不再是"便宜、低档产品充斥的卖场"，近年来在各地也出现了不少档次较高、规模较大的本地家具卖场，例如北京的集美家具大世界、广州番禺的大石家私城等。本地家具市场对消费者的吸引之处在于其进驻的品牌较多，有较大的选择空间。

不同类型的卖场有各自的竞争优势。对国际连锁卖场而言，除了在打造知名度上建立了优势外，其良好的购物环境也赢得了不少消费者；而国内连锁卖场则与本地家具市场一样，因为其进驻的品牌较多、选择空间较大而吸引消费者。

（十）卖场中家具的陈列方式

对于卖场中家具的陈列方式，有一半的消费者更喜欢以一个家的形式去陈列家具。家居空间现在越来越讲究整体的搭配，消费者也喜欢购买整套的家具，而不喜欢零散拼凑；另外，消费者也更加关注家具与装修风格的搭配以及家居饰物的选择。利用实际的家居情况去布置，可以很好地帮助消费者实现家居空间的和谐搭配，也有助于以一站式的服务帮助消费者节省选购家具的时间。国际连锁卖场在这方面做得非常成功，宜家卖场里就有一个个独立空间，全部是按照现实的家来布置，消费者不但可以选购家具，还可以将搭配的家居饰物一并购买，这让消费者感觉非常方便。

从消费者对卖场及家具陈列方式的评价，我们可以总结出在卖场建设方面的一些策略。首先，卖场必须保持一定的知名度，这是消费者选择的前提，因此，加强宣传、打造知名度、建立良好口碑非常重要；另外，卖场也应该在服务上做文章，例如，为消费者提供贴心的导购服务，对于一些离市区较远的卖场也需要为消费者提供便利的交通和送货服务。

（十一）家具购买方式

总体来讲，消费者还是习惯购买成品家具。在消费者新添置的家具中，有82%都是直接购买的成品家具，消费者在成品家具上的平均花费达到22 000多元。在4个城市中，上海消费者较热衷于从厂家那里订做家具，达到27%；广州消费者则习惯在装修时现场加工一些柜类的家具，达到11%，平均花费超过10 000元，远远超过其他3个城市消费者在现场加工家具上的平均花费。

（十二）家具消费在家庭消费中的比例

北京、上海和广州三地家具消费水平相当，消费者在家具方面的平均花费为26 000元左右；在卧室家具和客厅家具的花费相对较高。

成都消费者的家具平均花费则比其他3个城市明显要低，仅为20 000元左右。这主要与各地的收入、消费水平以及销售的产品档次等因素有关。另外，近年来国内各大城市的房价涨幅都保持在较高的水平，这在一定程度上抑制了消费者在装修、家具方面的花费，这个现象值得各家具企业关注。

消费者在卧室（卧室一和卧室二）和客厅家具的平均花费相对较高，这3个区域家具的平均花费都超过5 000元；而餐厅、书房、厨房等区域家具的平均花费则都在5 000元以下。上海消费者在卧室一家具上的花费为4个城市最高，达到8 300多元，而广州消费者在客厅家具上的花费也比其他3个城市明显要高，为9 200元。我们通过了解各地消费者的消费习惯，可以为家具企业的产品定位和目标市场的确立提供依据。

（十三）消费者喜爱的家具营销方式

1. 家具导购方式

在进行家居专业人士定性研究时，我们发现很多厂家要求导购在消费者进店后就进行全程贴身跟进。实际上，消费者在逛卖场时，并不喜欢导购在旁边喋喋不休地介绍。86%的消费者喜欢自己先逛，有需要的时候才咨询导购。家具企业应该考虑引入消费者喜欢的导购方式：导购在关注进店消费者的同时，也要保证能让他们静心逛店，在消费者有需要的时候，为他们提供专业的介绍和咨询。

2. 产品介绍内容

消费者期望导购能够给他们介绍产品的款式、材质和环保方面的信息，与现时导购提供的产品介绍内容基本一致，但需要加强对产品环保性能、油漆等信息的介绍。另外，消费者认为导购对于产品的介绍比较简单和表面，这再次提醒家具企业需要注意对卖场导购的培训，以塑造导购的专业形象。同时，随着消费者越来越注重家具的文化气息，导购在介绍产品时也应该加入这部分的内容。另一方面，导购介绍产品的方式也比较单调，主要以口头介绍为主，体验比较少；因而我们也应该发掘更多的介绍方式和体验活动，令导购的介绍更生动和更有说服力。例如，厂家可以与底材以及油漆的供应商联合一起，做一套体验的工具或样板，让消费者直接去看、去摸、去体验，这样的做法比单纯地展示质量证书更令人觉得可信。因此，导购的介绍需要向专业化和多样化努力。

除了通过导购来做介绍，我们也可以参考宜家的做法，为家具配备产品标签，将产品的信息公开和透明。这种做法将有助于降低消费者在选购产品时的顾虑，并且节省了时间。

3. 家具促销方式

目前家具厂家和卖场一般都会集中在销售旺季或黄金周期间进行促销，主要的促销方式是以折扣为主。消费者认为最有吸引力的促销方式是"折扣"和"现金返还"，这两种促销方式可以对消费者的购买决策带来11%~30%的影响，可见促销活动的影响力不容轻视。但在调查中也发现，有34%的消费者是没有遇过任何的促销活动，这个现象值得引起关注。

另外，在促销方式上，厂家和卖场也应该探索更多新的形式来吸引消费者。例如，在新建小区组织团购活动、与装修建材商家合作举行联合促销等都是可以考虑的方向。除了在价格上做文章，厂家和卖场也可以利用文化情结来打动消费者，如广州美居中心就曾经举办过以"新家居、新文化、新品味"为主题的HOUSE文化节。在文化节上，美居中心向消费者提供了不同文化主题的家居展示，令消费者体验到不同的家居文化氛围，成功吸引了不少消费者。

（十四）家具售后服务

消费者在购买家具后，享受的都是非常基本的售后服务，例如送货、安装等。送货（21%）和包退包换（17%）是消费者认为最有吸引力的服务。在提倡细致服务的今天，在满足了消费者基本的服务需求后，需要考虑服务广度和深度。为消费者提供有价值的服务，消费者是否愿意付费购买能体现出价值的服务？消费者愿意付费购买的前三位服务为：家具翻新（44%）、过保修期后的定期上门保养（34%）和检修（20%）；但现时并没有太多商家提供这些服务，这类服务可以作为家具企业和销售商提升服务附加值的切入点。家具企业和卖场也可以考虑拓展服务的范围，加强家具售前和售中的服务。如北京就有家具卖场推出为消费者设计家具搭配方案的一站式服务，卖场会派工作人员上门，根据房屋装修风格、尺寸等条件为消费者选择配套的家具。这项服务受到一些因工作忙、不能花太多时间去选购家具的消费者的欢迎。

三、中国家具市场特点及存在的问题

(一) 中国家具市场特点

家具行业是历史非常悠久的行业，它伴随着人们的衣食住行，并随着人们生活水平的提高而不断发展。在经济全球化日益加剧及中国经济地位日益增强的大背景下，中国的家具业也取得了很大的发展。家具市场的发展带动了家具消费心理的变化。现代消费者都希望拥有一个与众不同的、能彰显自己个性和素养的生活空间，这一点不仅体现在室内装修上，更多的是体现在家具的选择上。家具是生活方式的体现，家具消费者的消费观念已经从最初的盲目消费转到追求功能，再发展到现在的追求时尚、享受人生、欣赏世界的内涵。

我国家具市场上中低档家具品种繁多，而高档家具还不能满足市场需求。国内生产高档家具的能力不足，加工手段、工人技术水平以及原辅材料的供应都不能满足生产高档家具的条件，国内销售的高档家具很多是进口的。

1. 家具消费需求总量大

随着我国居民生活水平的提高，人们对住宅的消费观念发生了根本性的变化。城镇居民的居住环境正在逐步改善，住房装修、购置新家具已成为一种时尚，尤其是对环保家具的需求更是逐年增长。据家具业内人士介绍，如果剔除特别功能，单就绿色环保家具而言，价钱其实比普通产品约贵10%，由于考虑到环保的需要，不会大量砍伐木材，有的环保家具是用木屑制成，材质方面成本其实是降低了。有调查数据显示，中国城乡家庭有1.2亿户，每年约有5%的家庭需要装修并购置家具，每户如果花费1万元，就是600亿元。此外，我国每年约有2 000万人进入结婚年龄，这些新建家庭几乎都要装修和购置新家具，再加上商业、旅游业等各类公共设施更新装修和家具更新的周期越来越短，将使中国家具市场需求量每年超过600亿元。

2. 家具销售呈现明显区域特征

目前，我国家具销售呈现六大区域销售市场：一是以上海为中心的华东销售市场；二是以广州和深圳为中心的华南销售市场；三是以武汉和郑州为中心的中原销售市场；四是以沈阳、哈尔滨为中心的东北销售市场；五是以北京为中心的华北销售市场；六是以成都、西安为中心的西部销售市场。

3. 国内家具市场国际化导致家具市场竞争激烈

中国家具市场巨大的潜力，吸引了大量的海外家具厂商到国内投资办厂。如香港几乎所有的家具厂都转移到了广东、福建等地；台湾在大陆投资的企业也已经超过400家；新加坡在江苏昆山投资近1亿美元兴建家具工业园。同时，以意大利、德国、法国、西班牙、美国为代表的欧美家具大国在继续扩大对中国出口的同时，也积极在华寻求合作伙伴，以推进本地化生产。目前，三资企业生产的家具销售额在国产家具中约占三成，尤其在中、高档家具市场中占有较为明显的优势地位。市场上的知名品牌，如上海的"美时"、"震旦"，北京的"天坛"，齐齐哈尔的"华鹤"，大连的"华丰"，广东的"联邦家私"等均为三资企业所有，这样使得国内家具市场呈现国际化的趋势，竞争越趋激烈。

4. 国内家具企业竞争力普遍较低

企业竞争力是指在竞争的环境下、在有效利用甚至创造企业资源的基础上，企业在产品设计、生产、销售等经营活动领域和产品价格、质量、服务等方面，比竞争对手更好、更快地满足消费者需求，带来更多收益，进而促使企业持续发展的能力。一般而言，企业竞争力具体体现在规模竞争力、市场开拓竞争力、管理竞争力、创新竞争力及政策环境竞争力五个方面。据研究，我国家具企业仍是以年产值几百万元的中小企业为主，他们在市场开拓竞争力、管理竞争力、创新竞争力及政策环境竞争力等方面均普遍低下。

中国家具是一个规模庞大但缺少强势品牌的行业，品牌集中度非常低，大部分企业都是年销售量在几百万到几千万元的规模，如果销售量能够上亿元，就算是一个大企业，市场份额能占上 1% 的企业几乎没有。另一方面，由于我国家具企业发展极不平衡，中小企业众多，高端产品比重极少，企业缺乏品牌意识，很少通过策略性的品牌传播来塑造品牌形象的。巨大的市场被这样瓜分，分摊在每个家具企业的份额很少。因此，在家具业没有像海尔、TCL 那样有着巨大影响力的制造型企业。

(二) 中国家具市场存在的问题

1. 产品缺乏创新

企业不断开发新产品来满足消费者的需求，这是企业生存的法宝。我国家具企业产品创新不足，企业产品单一，各家具企业产品品种款式雷同严重，而且每年开发新款很少，对产品的研发仅停留在对市场上畅销款式的抄袭和模仿，没有自己的核心理念。而消费者在几万平方米的家具商场里又被同款式、同颜色、同材料和同价格的家具弄得眼花缭乱而不知所措。产品开发的匮乏使得市场上产品的款式、风格与消费者的需要大相径庭。一方面，消费者手中拿着钱却找不到称心如意的家具；另一方面，厂家的产品堆积如山却找不到买主。

2. 盲目促销

新产品上市、盘活资金、清理库存、打击竞争对手都毫无例外得使用促销。在这种情况下，促销固然可以起到重要作用，但如果经常降价，必定给消费者一个企业或产品不稳定的印象，让他们在购买产品时持观望态度，产品价格日益成为品牌的负担。长期这样，品牌将陷入苦难的泥坑而无法自拔。成都某知名家具品牌就是一个典型的例子，每月都有促销，经销商叫苦连天，消费者都去购买促销款式，促销款式利润本来就不高，经销商没有利润。经销商都有逐利性的特点，没有利益的事情都不愿意去做。只有厂家、商家捆绑成一个利益共同体，品牌推广才会受经销商支持，推广才会更有力度。

3. 木材质量不合格

随着人们对环保、健康理念的关注，消费者对绿色环保家具需求增长，木制家具的质量问题已经成为广大消费者更为关注的问题，木制家具材料众多，有实木、人造板等。选择实木家具，让实木的自然走进居室，是很多消费者的心愿。然而，很少有消费者对实木有足够了解。现今市场上假冒的实木非常多，并且仿实木水平也越来越高，在面对普通消费者时，个别商家会以次充好。

4. 很难构建厂商战略双赢模式

近几年来，家具厂商一直在演绎着一幕幕活生生的"婚姻闹剧"，在家具市场供不应求、销售看好的情况下，家具经销商纷纷"下嫁"生产厂家，只要能拿到货就能赚到钱，许多商家挖空心思，想尽一切办法去争夺货源。反之，供过于求的时候，则有些厂家纷纷向那些有概念、有实力的经销商大抛"媚眼"，可谓"风水轮流转"，因而导致家具厂商之间的关系不稳定，造成厂家与商家"婚姻"的低质量。厂家、商家相互选择，受制于市场经济这只无形的手，这本无非议，但如果厂商之间不从利益共同体上升到命运共同体，不从同患难、共命运的战略定位上构建厂商之间的双赢模式，到头来恐怕受伤害的还是厂商双方而绝非一方。

5. 不注重服务

不注重服务，服务手段只是停留于表面现象，只有口号、广告语，没有自己真实的精神内涵和核心，在日常服务的细节上也没有表现出来。其实这与家具行业的特殊性有很大关系：

第一，家具属于较大件的耐用消费品，搬运时比较沉重，安装时比较麻烦，要安装很久才能使用；同等价值的电器，如电视，只要放好，插上电源就可以使用了。

第二，消费者意识问题，如果一套家具的门板坏掉了，安装好后还可以使用，不影响其他功能，同样的一套家电，如果某一功能坏掉了，就如一堆废物，没有用处，所以说家具出现质量问题，消费者反映没有这样强烈。

第三，在顾客家里安装，不能像海尔一样做到无尘安装，安装家具使用的工具几乎是长枪短炮，纸皮、灰尘是避免不了的。

第四，如果家具出现质量问题，补件是一件非常麻烦的事情，由于各个企业的产品款式不一样，要到厂家去补，麻烦多，时间较长。而家电由于实现了标准化规模生产，很容易就买得到。所以说，家具售后服务不要承诺得太多，要准时送货。

6. 不注重市场调查

家具企业做市场往往凭感觉做事。举一个例子，某企业感觉竞争厂家某一系列产品销售不错，企业的第一反应就是模仿，想尽一切办法收集到竞争对手的资料，照猫画虎，快一点的几天产品就面市，一拍脑袋取一个名字就可以光明正大地在市场上销售，随意性极强。只有经过规范的市场调研制定详细的产品策略，规划产品的设计方向，进行产品设计，根据产品确定材质和相应装饰装修方案，这才是科学的新产品推广策略之道。也许在家具行业不经过市场调研也会赢得市场，但不能抱着侥幸的心态，虽然改革开放的中国有许多机会能够抓住，但也有一个现象，就是中国企业难以做大做强。而且我们相信随着市场竞争的进一步加剧，只有科学严谨地做市场，才是明智的行为。只有认真调查、冷静思考，了解市场营销现状，把握市场发展趋势，对企业战略进行正确定位，并在营销策略的实现过程中不断进行剖析、督察、创新，才能从根本上提升企业的营销能力。

第二节　消费心理学

一、消费心理学的概念

消费心理是指消费者在寻找、选择、购买、使用、评估和处置与自身相关的产品和服务时所产生的心理活动。消费心理指消费者进行消费活动时所表现出的心理特征与心理活动的过程。大致有四种消费心理，分别是：从众，求异，攀比，求实。消费者的心理特征包括消费者兴趣、消费习惯、价值观、性格、气质等方面。

消费心理学是心理学的一个重要分支，它研究消费者在消费活动中的心理现象和行为规律。在市场经济条件下，工商企业的一切生产、经营活动都是以满足消费者的需要为出发点和终结点的。要满足消费者需要、实现自身经济效益和社会效益，生产者和经营者就要了解消费者的心理活动和行为过程的规律。消费心理学正是随着市场经济的发展、市场营销的需要而建立和发展起来的。

消费心理学是一门新兴学科，它的目的是研究人们在日常消费过程中的心理活动规律及个性心理特征。消费心理学也是消费经济学的组成部分。研究消费心理，对于消费者，可提高消费效益；对于经营者，可提高经营效益。

消费者心理指消费者在购买和消费商品过程中的心理活动，是消费心理学的主要研究内容。消费者的心理需求是永无止境的，需求一个接着一个产生；不同的成长经历造成了需求的多样性；生产力发展和生活的变化都会对消费者心理产生变化并赋予其时代特征。消费心理的基本特征决定了"每一个成功广告都具备鲜明的个性"这一现象的客观存在，同时也要求广告制作者以变应变，满足不断变化的消费者心理需求。

消费者的心理活动是一种复杂的思维现象，各种心理因素相互影响、相互制约。需要说明的是这些倾向性交织在一起，表现形式某方面突出、某方面弱化，并随时变化。单个消费心理研究并不能对广告策略的制定产生作用，要着眼群体。研究群体消费者心理表现出的行为习性才可能对广告创作产生作用。

二、消费心理学的研究对象

消费心理学以市场活动中消费者心理现象的产生、发展及其规律作为学科的研究对象，具体而言其侧重点在以下几个方面：

（1）市场营销活动中的消费心理现象；
（2）消费者购买行为中的心理现象；
（3）消费心理活动的一般规律；
（4）消费者心理的研究内容。

三、消费心理学的研究内容

消费心理学的研究内容主要有以下几个方面：

（1）影响消费者购买行为的内在条件　包括：消费者的心理活动过程、消费者的个性心理特征、消费者购买过程中的心理活动、影响消费者行为的心理因素。

（2）影响消费者心理及行为的外部条件　包括：社会环境对消费心理的影响、消费者群体对消费心理的影响、消费态势对消费心理的影响、商品因素对消费心理的影响、购物环境对消费心理的影响、营销沟通对消费心理的影响。

四、消费心理学的研究原则

消费心理学的研究原则有以下几条：

（1）理论联系实际的原则；
（2）客观性原则；
（3）全面性原则；
（4）发展性原则。

五、消费心理学的研究方法

消费心理学的研究方法最常用的有以下几种：

（1）观察法　观察法是指调查者在自然条件下有目的、有计划地观察消费者的语言、行为、表情等，分析其内在的原因，进而发现消费者心理想象的规律的研究方法。观察法是科学研究中最一般、最方便使用的研究方法，也是研究心理学的一种最基本的方法。

（2）访谈法　访谈法是调查者通过与受访者的交谈，以口头信息传递和沟通的方式来了解消费者的动机、态度、个性和价值观念等内容的一种研究方法。

（3）问卷法　问卷法是以请被调查的消费者书面回答问题的方式进行的调查，也可以变通为根据预先编制的调查表请消费者口头回答、由调查者记录的方式。问卷法是研究消费者心理和行为的最常用的方法之一。

（4）综合调查法　综合调查法是指在市场营销活动中采取多种手段取得有关材料，从而间接地了解消费者的心理状态、活动特点和一般规律的调查方法。

（5）实验法　实验法是一种在严格控制的条件下有目的地对应试者给予一定的刺激，从而引发应试者的某种反应，进而加以研究找出有关心理活动规律的调查方法。

作业与思考题：
1. 简述消费心理学的概念和意义。
2. 简述消费心理学的发展历程。

第三节　消费者概念

一、消费者的定义

家具作为生活中必不可少的用品，每个人从一出生就开始使用，成长过程中在学习、生活和工作中更是都离不开家具，成年之后大部分的人都会因为成立家庭而有购买家具的行为和经历，所以每个人都是或者必将成为家具的消费者。家具是现代商品中的一种，对家具消费者的定义应该有清楚的认识。

法律意义上的家具消费者指的是个人的目的购买或使用家具商品和接受服务的社会成员。

传统的家具消费者的界定是指消费家具的人。当然，这里的家具概念是广义的，不仅包括市场上出售的各种家具产品，也包括有偿服务。在实际的生产劳动和生活活动中，每个人都要消费大量的家具与劳务，因此，我们每个人都是消费者，同时又是生产者和劳动者。

现代的家具消费者的界定是指任何接受或可能接受家具或服务的人。消费是相对于提供家具或服务的生产者而言，消费者和生产者是一对共生概念，没有消费者，生产也难于存在。消费者和生产者之间构成交换关系，其中有直接交换和可能交换两种关系。直接交换关系是指一手交钱，一手交货；可能交换关系是指潜在消费者的存在，是预测未知消费者对家具需求的品种容量等参数。这里的家具概念是广义的现代家具，与传统的家具概念有很大的区别。

其一，现代家具既讲硬件（如性能等），又讲软件（如服务、宜人等）；

其二，现代家具突出以消费者需求为中心；

其三，现代家具突出整体含义，即三结构层：内部家具核心层，包括品质、功能、效用、服务、利益；中间家具形体层，包括形状、特征、式样、包装、装潢、商标、品牌等；外部产品附加值层，除外形附加值以外，交货期、安装、送货、维修、技术服务、培训、保证、除账、优惠条件等软因素。

在现实生活中，同一消费品或服务的购买决策者、购买者、使用者可能是同一个人，也可能是不同的人。比如，大多数家具产品，单身人士买回的家具自己使用或者赠送亲友；家庭家具很多时候购买者买回家中后将会有多个家庭成员共同使用；办公家具也是如此，购买者和使用者可能不是同一个人；而大多数儿童家具的使用者、购买者与决策者则很有可能是分离的。消费决策过程中，不同类型的购买参与者及其所扮演的角色不同。如果把家具的购买决策、实际购买和使用视为一个统一的过程，那么，对于这一过程任一阶段的人，都可称为消费者。

消费者与生产者及销售者不同，他或她必须是家具和服务的最终使用者而不是生产者、经营者。也就是说，他或她购买家具的目的主要是用于个人或家庭需要而不是经营或销售，这是消费者最本质的特点。

根据四川大学学者李蔚的观点，家具消费者类型可以分为五种，即潜在消费者、准消费者、显在消费者、惠顾消费者、种子消费者。

（1）潜在消费者（Potential Customer） 是消费者具有的买点与企业的现实卖点完全对位或部分对位，但尚未购买企业家具或服务的消费者。这类消费者数量庞大，分布面广，由于种种原因，他们当前并不购买企业的家具产品，如果企业针对他们进行营销设计，又可能成为企业的现实消费者；潜在消费者是家具企业的市场资源，也是家具企业的发展空间。

对具体的某个企业来说，只有当这些消费者确实有可能购买该企业的家具产品或劳务时，才可能称之为潜在消费者，因此对潜在消费者的分析应注意以下几点：

首先，要判断本企业在经营战略方案设计中所拟定的家具产品或劳务品种是否符合消费需求的一般趋势。家具产品或劳务品种如果不符合一般的消费趋势，那么尽管你想尽办法在家具产品质量、款式、价格、广告宣传、促销等上动脑筋，其收效也不会好；反之，如果符合了消费需求的一般趋势，其家具产品或劳务就可能有良好的发展机会。

其次，潜在消费者总量与企业对家具产品或劳务的广告宣传、介绍、示范使用有密切的关系。只有做好这些工作，人们才可能熟知这些家具商品，才有可能大规模地购买，因而才有可能争取潜在消费者，并使之变成现实的消费者。

再次，是优质服务，与广告宣传同等重要的是家具产品售后的优质服务，它不仅能够起到维护本企业家具产品功能的稳定性和可靠性的作用，而且同样可起到招徕顾客、树立企业信誉、扩大家具产品销路的直接作用。

（2）准消费者（Subcustomer） 是对企业的家具产品或服务已产生了注意、记忆、思考和想象，并形成了局部购买欲，但未产生购买行动的过客。对过客而言，本企业的家具或服务已进入他们的购买选择区，成为其可行性消费方案中的部分。但由于种种原因，他们一直未购买本企业的家具产品。

（3）显在消费者（Customer） 是直接消费企业家具产品或服务的消费者。只要曾经消费过本企业的家具产品，就是本企业的一个消费者。据研究，一个不满意的消费者，会直接、间接影响 40 个潜在消费者，使公司失去 40 笔可能业务。优秀设计的最高原则，就是尽量把消费者满意的家具产品卖给消费者，而避免让消费者买走不满意的家具产品。

（4）惠顾消费者（Patron） 就是常客，经常购买本企业家具产品或服务的惠顾消费者。惠顾消费者的产生有三大原因：品牌忠诚，产品情结，服务到位。

惠顾消费者是企业的基本消费队伍，是市场开拓投入最小的部分。根据国外的研究，留住一个常客的费用，仅是开发一个新消费者费用的七分之一。因此，企业着意培养自己的常客队伍，形成一个庞大的常客阵容，是生产者生存发展的根本。

（5）种子消费者（Seed Customer） 是由常客进化而来，除自己反复消费外，还为企业带来新消费者的特殊消费者。种子消费者有四个基本特征：忠诚性，排他性，重复性，传播性。

种子消费者是一种能为企业带来消费者的消费者。种子消费者的数量决定了企业的兴旺程度，也决定着企业的前景。

我们开展家具消费者心理学的研究，是企图沟通生产者、设计师与消费者的关系，使每一个消费者都能买到称心如意的家具产品，要达到这一目的，家具厂家和家具设计者必须了解家具消费者心理和研究家具消费者的行为规律。

二、家具设计与消费者之间的关系

广义的家具是指人类维持正常生活、从事生产实践和开展社会活动必不可少的一类器具。狭义的家具是指在生活、工作或社会实践中供人们坐、卧或支撑与贮存物品的一类器具。

家具设计是用图形（或模型）和文字说明等方法表达家具的造型、功能、尺度与尺寸、色彩、材料和结构。家具设计既是一门艺术，又是一门应用科学，主要包括造型设计、结构设计和工艺设计三个方面。设计的整个过程包括收集资料、构思、绘制草图、评价、试样、再评价、绘制生产图。一件精美的家具（杰作）定义为：不仅是实用、舒适、耐用，它还必须是历史与文化的传承者。

家具设计的历史悠久，自工业革命之后，家具产业随着新材料、新技术的产生而不断面临新的挑战，家具也成为国家经济竞争中重要的一部分。优秀的家具设计是推动家具消费市场活跃的因素，而家具消费又促使家具设计有新的构思和方向，所以针对家具设计和家具消费者的研究就很有价值和意义。

1. 家具设计的主要对象是消费者

家具最终是给消费者使用，所以家具设计在落实方案之前必须要对消费者的情况有充分的了解和认识，例如消费者家具需求的产生、购买家具的动机、购买家具的行为规律和决策过程等。

设计和生产家具的主要目的是最终家具产品能被消费者购买和使用，最终使家具产品实现应有的价值，使社会资源能达到最大的利用。那么在家具设计之初，设计师对所设计的家具的目标消费者有一定的了解和研究是很有必要的。对消费者的了解程度和对消费者信息掌握的多少都将决定设计师在设计过程中能否有的放矢，很好地诠释自己的设计理念，使设计理念与消费者的需求真正统一，所以在进行家具设计之前对消费者进行充分的研究是很有必要的。

2. 家具设计的主要评价者是消费者

家具消费者在使用家具的过程中会对家具产品各个方面的性能进行评价，质量、色彩、造型等因素可能会和消费者初次看到这个家具时的印象不同，那么使用后的评价意见对家具企业是非常重要的，掌握和了解消费者使用完家具产品后的意见将会对企业后期开发家具产品产生积极的作用。

3. 家具设计的促进者是消费者

家具消费者对家具造型、美感、质量、档次的无止境的需求促使家具企业要不断开发新型的更优秀的家具产品，因此家具消费者是促进家具设计不断发展的强劲动力。当国家经济繁荣的时候，消费者的消费能力增强，这时的家具市场也会反应良好，家具设计行业也同样兴旺；当国家经济衰退时，家具行业及家具设计同样会显得萎靡，因此家具设计也有赖于国家乃至整个社会的经济繁荣，家具设计行为同样也和社会经济、消费者的收入水平和生存质量有关。

三、家具行业收集消费者信息的意义

随着市场竞争的不断加剧，同质化现象也愈演愈烈。如何实现产品细分化满足消费者的消费理念与需求是家具行业所面临的问题。

第一，企业要正确认识与看待市场信息的调研与收集。这个过程并不需要特别复杂的系统，也不需要投入大笔的费用，更不是很多调查公司所说的那样，动不动需要进行问卷设计，需要进行入户的一对一的抽样调查与访问等，而是用合理科学的手段在日积月累中去收集，用自己的心、眼去感知和总结，通过销售人员、服务人员、终端导购、销售商去收集。市场信息收集与积累不是一蹴而就的事情，信息收集回来后需要进行规律与定性的研究，如果急功近利，那么也不可能达到收集市场信息的根本目的。

第二，设计师闭门造车、抄袭、主观臆断等习惯和观念也需要改变；现在本土很多家具企业的设计基本上是老板在设计，为什么这么说呢，因为设计师的设计都是企业老板们在定夺，只有企业老板确定后，才进入样品试制阶段。但老板只是凭感觉和经验去判断，而不是经过合理科学的市场调查后才做出决策的，所以这样的决策往往是非常感性和带有强烈个人主观意识的，同时，这样的主观限制了设计师的个性发挥，使设计缺少了个性。所以设计也需要市场信息调查。在过去，销售商的喜好在很大程度上决定了厂家开发的新品的生死。因为销售商们自以为很了解消费者需求，但那都只是已经消费或者已经发生消费现象的总结，而不是根据市场与消费者习惯去预测消费者的需求。因此到现在，整个市场上同一风格的产品差异性不大，优势不明显，大家彼此抄袭，内地抄沿海，沿海抄国外，这样到最后的结果是彼此的产品都似曾相识，工艺、配件、材料、结构等都是差不多的。而另一方面，消费者又在为买不到合适的产品而苦恼，为看家具满市场、满城地转，最后买回去的家具还是凑合，而商家就互相的拼价格来拉拢和争取消费者。如果我们根据消费者喜好的颜色、款式、功能、规格、工艺、外观等设计出相应的产品，就不会发生这样的现象，各自抓住一部分消费者，各自做一块细分的市场，而不是靠价格来血拼。

第三，销售人员需要改变单纯销售的行为，要以营销的观点来规范自身的行为和展开工作。目前市场中的销售人员只能实现简单的销售职能，而市场信息收集、市场管理与维护等工作几乎是处于空白状态。除了一些销售人员自身知识与能力的限制没有去做这些工作之外，更多是由于企业没有这方面的意识，也就没有要求销售人员去做这些工作。实际上作为销售人员除了反映问题，还要去研究问题为什么发生，有什么样的解决方案，竞争对手是怎样解决的，竞争对手的优势在哪里，消费者的需求点在哪里，当地市场有什么可以利用的机会等。这些工作不做，那么企业派出去开发客户与市场的销售人员就像个无头苍蝇一样，到处乱撞。要么就是在这个行业做了很久的人士，就开始挖原来东家的墙角，用尽全力地游说自己所熟悉的客户。长期这样下去，企业即使投入大笔的营销费用，对市场还是如盲人摸象。这也是很多家具企业老板既是企业总经理、生产厂长，又是企业的营销总监和销售人员的根本性原因。虽然他们有时也很无奈，但因为销售人员这样的现状和这样的工作习惯，他们无法放手、无法安心地把市场交到销售人员手中。另外，则是一部分在行业具有多年销售经验的人员反控企业，他们有的以鼓动企业建立办事处，更好地服务于企业之名，行总代理或经销商之实。开始的时候，大家都还能良性发展，当做到一定规模后，就以此为要挟，对公司各种指令拒不执行，不予配合；另一方面是针对下游经销商形成"挟天子以令诸侯"的局面，最终导致企业与一线的交流与信息流通完全断档。在这样的局面下，企业也无可奈何，只能相时而动，小心翼翼地与其合作。如果有良好的调查，有良好的市场信息，根据这些市场信息反馈，生产出适销对路的产品，我们还担心他们不卖我们的产品吗？

第四，要改变现在售后服务的工作模式。现在家具业的售后服务就是简单的送货、安装和维修，做了最基础的工作。售后服务进入到消费者家中，是最能直接观察到消费者的需求的。消费者的房屋装修喜好，决定了购买家具的喜好，颜色、风格、房屋大小、材料、工艺等都是与家具消费有着紧密联系。家具安装的过程有一个相对较长的时间，可以与消费者有充分的沟通，并收集更加详细的消费者资料，可以通过格式化的表格来实现，也为以后服务提供更多的信息，使服务目标更加准确；也就不会为什么时候打电话，是不是该进行售后服务而不知如何选择了。同时，如果我们信息及时，售后服务人员能够准确捕捉到的话，我们送出去的货物，仅仅是局部的单件时，还可以实现二次销售。因为相比家具行业的人来说，消费者由于信息的不对称，不知道家具该怎样的配套，该用些什么样产品，如果售后服务人员能及时发现，并向消费者推荐补充的产品，即为二次销售。通过二次销售，也增加了消费者与销售商、品牌的感情。

四、家具行业收集消费者信息的方法

收集信息是一个相对漫长和需要持之以恒的过程。一般的中小企业，需在内部建立专门的客户服务部，先对各地的经销商进行服务，学习电话服务的技巧。客户服务部建立起来之后，其他相应的工作内容也需要逐步完善，否则客户服务部就不能发挥其应有的职能。企业需要专业人员按如下步骤展开信息收集工作。

第一，终端销售时消费者信息的收集，内容应该包括消费者个人基本资料、所购买产品、特殊要求、送货时间等信息。

第二，货物送上门后，顾客填写服务回执，这个回执应该包含消费者的个人基本信息，对产品、服务、卖场、品牌等的评价和消费者信息来源等方面的信息内容，在出厂时与产品一起配套装箱。

第三，销售人员应该有清晰的拜访线路和信息收集目标。到一地后，首先要了解当地有哪些商场、哪些产品是和本公司产品类似或相同，他们是由谁在卖，有哪些家具销售商是我们的目标客户，有哪些商场是我们可以进入的，竞争对手是谁，当月的销售情况和促销情况如何，哪些是畅销品，为什么畅销，目前市场潮流，消费需求有哪些变化等，这些都是需要收集到的信息。另一方面是所拜访的现有经销商的信息收集，哪些产品畅销或滞销，原因是什么;导购的学习情况、卖场氛围、产品结构、所在商场商家变化情况、当月促销情况、库存情况及原因分析、目前直接竞争对手是谁等。再有是售后服务信息的收集,消费者有哪些是最满意的、哪些不满意的、哪些需要改进、消费者给出了哪些建议、对服务如何评价、有无实现二次销售等。

第四,完成以上的工作之后,首先客户服务对终端导购进行回访,回访的内容主要是消费者集中在终端反映的问题。其次是对客户进行直接的访问,根据终端和售后服务所收集到的消费者信息与消费者直接对话,对话内容包括对产品款式、风格、色彩、材质、工艺、服务等的评价与反馈建议、房屋装修风格、房屋面积等。第三是针对已有购买行为的客户,提醒客户做保养和教客户保养方法,同时安排终端人员进行上门维护。这个工作需要长期坚持,对卖出去的每一件产品都要做相应的跟踪回访,这是厂家能够直接获得消费者信息的唯一渠道,所以必须予以重视。在实际执行过程中,把要收集的信息内容固化下来,设定一些标准访问答案,以缩短访问时间,减小顾客被长时间占用时间的烦躁。当然,这也要求售后服务人员具有很高的营销和服务水平,顾客才能乐意接受服务与访问,这是需要进行专门训练的和长期学习的。

第五,设计师根据销售人员、客户服务部、终端收集到的信息进行整理和分析,对比现有设计中的不足,同时带着这些不足,跟消费者进行面对面的抽样沟通。如果时间与条件允许还可随售后服务人员进入到消费者家中,对房屋户型、层高、面积、装修风格、色彩、喜好等进行直观的体验与感受,与先前所总结到的不足进行综合分析,对比现有的设计,修正原有产品的不足与缺陷,开发新的适销对路的产品。

第六,企业主养成经常下市场的习惯,到终端去当导购、售后服务人员,经常去一线与总代理、经销商、同行沟通,研究市场动态,把握市场方向,回到企业后才能正确地指导设计与研发,生产出消费者真正需要的产品和为消费者提供适当的服务。"适当的服务"是针对目前有些企业提供的服务让消费者觉得是"花架子"而说的,所谓适当的服务是指消费者确实需要的、确实能感受到的,而不是纯粹模式化和抄袭其他行业的服务,是带有企业特色的服务。所以企业主需要研究市场信息,去总结消费者到底需要什么样的产品,需要什么样的服务。哪些是消费者喜欢的,哪些是消费者认为华而不实的,哪些是消费者关心的核心问题。

信息的收集说起来简单,操作起来也不复杂,但是要做好这些工作,需要的是一个系统的、持之以恒的操作与执行,需要的是科学的分析与研究,最后要科学及时地运用分析结果,不然信息再多也没有多大价值。

收集消费者信息是个艰难、系统、长期的工作,但如何把收集的有关消费者信息进行合理归类、整理分析,最后运用到后来的家具设计开发中才是最重要的。本书的以下章节具体来探讨一下设计师如何运用消费者的一些具体信息来进行针对性的设计。

作业与思考题:
1. 简述消费者的概念,消费者与生产者、销售者的本质区别是什么?
2. 消费者研究的概念和内容分别是什么?
3. 简述家具行业收集消费者信息的意义。
4. 简述家具行业收集消费者信息的方法。

第四节 家具消费者类型

一、家具消费者概念

作为家具的消费者，其消费活动的内容不仅包括个人和家庭生活需要而购买和使用家具，而且包括个人和家庭生活需要而接受他人提供的有关其购买的家具相关的服务。无论是购买和使用商品还是接受，其目的只是满足个人和家庭需要，而不是生产和经营的需要。

二、家具消费者类型

现今的家具消费者可以根据年龄、收入水平、情感类型等因素划分为不同的类型。以下是家具消费者的几种划分方法。

（一）按消费者年龄分类

现今的家具消费者按年龄大小可以被划分为五个不同的群体：60 岁左右的消费者，50 岁左右的消费者，40 岁左右的消费者，30 岁左右的消费者，20 岁左右的消费者。熟悉并研究各群体的消费习惯将促进家具销售工作。

1. 60 岁左右的消费者

60 岁左右的消费者由于其生活的经历及现年龄阶段的生理、心理的特征，他们在消费时注重企业的历史和热情、周到、详尽的服务。这部分消费者往往会购买比可满足他们需求的更好的产品，高档躺椅在该群体中的热销就是一个很好的例子。近年来，随着社会经济发展和人们生活水平的普遍提高，长寿老人逐年增多，与健康有关的家具需求持续增长，为家具企业开辟针对老年辅助性家具和保健床市场创造了条件。

2. 50 岁左右的消费者

50 岁左右的消费者也是消费力很强的群体，他们不仅仅舍得为自己的生活花钱，也乐于为他们自己的孩子消费。往往这个年龄的消费者不仅会为自己添置家具，也很有可能为下一代的婚事而购买家具，可能会对年轻人家具的选购产生一定的影响。

3. 40 岁左右的消费者

40 岁左右的消费者是指 40 岁上下的中坚群体，他们往往家庭责任较重，大多拼命工作以贴补家用，每天的生活都忙忙碌碌，因此商家最好尽量为他们的购物提供便利，满足方便、快捷的需求。

4. 30 岁左右的消费者

30 岁左右的消费者由于刚有一定的经济基础，有很强的消费欲望，且这个时期的消费者追求简单、时尚的生活，也是潮流的追随者，华丽的商场、漂亮的家具往往对他们产生很大的影响，品牌的形象和知名度会对这个年龄的消费者有较强的影响。

5. 20 岁左右的消费者

20 岁左右的消费者是指 20 岁以下的消费者，他们则更加前卫、中性、追求时尚、崇尚名牌，是名牌商品的忠实追随者。在家具消费上这个时期的量并不是很多，但是在家庭中使用父母购置的家具及在学习过程中使用的学习用具将会对其未来家具选购产生影响。

（二）按消费者收入分类

消费者对产品和服务的需求取决于他们的购买能力和意愿。尽管对必需品的需求是稳定的，但如果消费者认为现在不是花钱的好时机，那么这个花销可以推迟或取消。对于消费者需求的研究，较为熟知的是马斯洛的需求层次理论，即人们5个层次的需求。

第一个层次是生理需要，如衣食住行；

第二个层次是安全需求，包括生理安全和心理；

第三个层次是社会需要；

第四个层次是受尊重的需要；

第五个层次是自我实现的需要。

理解了马斯洛的需求层次理论的概念，就便于进行消费者分析。购买能力直接受到经济能力的影响，所有社会大致都有富人和穷人之分，在此大致从低阶层、中高阶层和高阶层三个方面进行分析。

1. 低阶层家具消费者

低阶层家具消费者主要是指消费价位和档次较低的家具产品的消费者，一般包含刚进入社会的工薪族、收入不高的城市居民、农民或经常移居的临时性家具消费者等，这一部分消费者目前还是消费的主流。刚进入社会的工薪阶层、收入不高的城市居民或农民由于经济收入及现有住房条件的限制，他们没有很足够的能力购买上档次的家具，但又希望自己的家具可以显示出自己的生活态度和品位，所以他们对家具的要求是：简洁实用而又有现代美感；功能较多，以便充分利用有限的居住空间；希望中高档次的设计及风格，但价位偏于中低档，心理上感到物有所值。

2. 中高阶层家具消费者

中高档次的消费群主要包括企业、事业单位管理人员，城市白领和精英等，他们事业有成，思想独立，个性化追求比较明显，对家具的性价比、设计风格、用材、品牌定位等比较看重。他们的生活节奏比较快，工作压力比较大，回到家有一种心境豁达、心情宁静的感觉，这才是真正怡然的家居享受，因此，和谐自然、清新浪漫、设计风格淳朴、自然、沉稳，并带有一丝回归传统情调、富有的，有较高文化修养，注重环保、健康的家具是中高阶层消费者所崇尚的选择。

3. 高阶层家具消费者

高阶层家具消费者主要有都市新贵或富豪阶层，这部分的人居于消费金字塔顶端，他们购买家具并不是很在乎价格的高低，他们所追求的是彰显自己的成功与地位、同时可以显现他们生活品位的家具，因此，他们对家具的要求是能彰显他们的身份、社会地位、个人品位。他们所购买的家具基本上都是高档次的，除了有显示身份、地位、富有和表现自我等作用外，还隐含着减少购买风险、简化决策程序和节省购买时间等多方面因素。

此外，造型简洁、少装饰，体现高度工业化产品的简练与细致，个性很强，色调清新明朗，以简约、现代的北欧风格为主的简约家具深受年青一族的喜爱。

（三）按消费者情感分类

1. 感性消费者

这类用户在购物的时候需要推销人员的指导。比如，产品的介绍、功能的说明、与其他品牌产品的区别和产品的推荐。这类用户往往是没有准备好所购的目标，来到商场再寻求的，这时推销人员的态度、行为与语言起到重要的作用。

2. 理性消费者

这类用户都是有准备而来的，对价格、功能、产品信息已经了如指掌，在购物的过程中不需要推销人员的指导，指导反而会引来反感，但是在他开口询问的时候一定要以好的态度、恰当的语言来说服他。笔者就是一个理性的消费者，所以一般在要购买物品的时候都会先在网上查看价格。

家具的类型多种多样，家具消费者的需求也是各种各样的，家具企业和家具设计师如何针对消费者的需求有针对性地设计家具产品是需要以深入、专业的消费者研究为基础的。

作业与思考题：

1. 家具消费者有哪几种类型，除书中的分类方法外，还有其他分类方法吗？
2. 按收入层次和需求层次家具消费者分为哪几种类型？分别都有哪些特点？

第二章　家庭家具与家庭消费

第一节　家庭家具的含义

经常会看到"家庭家具"这个词，一般意义上，家庭家具是指适合在家庭中使用的家具。家庭家具的范围很广，很多家具都是为家庭服务的。目前市场上常见的家庭家具主要包含以下几类：

（1）客厅家具　沙发、沙发椅、茶几、单人或者三人沙发、角几、电视柜、酒柜、装饰柜等；

（2）过道家具　鞋柜、衣帽柜、玄关柜等；

（3）卧室家具　床、床头柜、榻、衣柜、梳妆台、梳妆镜等；

（4）厨房家具　橱柜等；

（5）餐厅家具　餐桌、餐椅、餐边柜、角柜等；

（6）卫生间家具　置物架、浴室柜等；

（7）书房家具　书架、书桌椅、文件柜、书柜等；

（8）家庭办公家具　SOHO 家具、小型书桌、书柜、文件柜、储藏柜等；

（9）儿童家具　儿童床、儿童桌椅、儿童书架、儿童衣柜等；

（10）老年人家具　老年人床、老年人桌椅、老年人轮椅等。

现代家庭的生活方式、住房环境、家庭成员的年龄、文化程度等变化很快，家具行业应该能迅速发现人们生活中需求的变化和发展，针对性地设计出与其需求相匹配的家具产品，适时地把自己的家具产品推向市场，才能使自己的家具企业有利润可图。如笔记本电脑桌，就是在这十几年来笔记本电脑越来越多地在家庭中运用而产生的新的家具产品；老年人家具也是由于人们意识到老龄化社会的到来而开始关注和重视的一个家具门类。企业只有从消费者研究出发，努力探索消费者家庭情况、个人的一些性格特征等信息，洞察到消费者的细微需求，才能开发和消费者需求相吻合的家具产品。

作业与思考题：

家庭家具都包含哪些?

第二节　家庭的概念和类型

一、消费者群体的概念

消费者群体指具有某些共同消费特征的消费者所组成的群体。消费者群体的共同特征，包括消费者收入、职业、年龄、性别、居住分布、消费习惯、购买选择、品牌忠诚等因素。

同一消费者群体中的消费者在消费心理、消费行为、消费习惯等方面具有明显的共同之处，而不同消费者群体成员之间在消费方面存在着多种差异。

二、消费者群体形成的因素

根据多种特征对消费者进行区分，就形成了多个互不相同的消费群。消费者群体有多种分类方式。有根据自然地理因素，按国家、地区或自然条件和环境及经济发展水平划分；有按照消费者心理因素如生活方式、性格和心理倾向划分；也有以性别、年龄、收入等人口统计因素划分消费者群体。社会阶层、文化、宗教等因素也会形成不同的消费者群体，但情况相对复杂，在本书有关消费者心理的章节中进行探讨。

消费者群体形成的原因主要有消费者内在因素和外在因素。

（1）消费者群体形成的内在因素　消费者群体形成的内在因素主要有性别、年龄、生活方式、兴趣爱好等生理、心理方面的特质。由于具有某种相同的心理特质，易形成特定的群体，即"物以类聚，人以群分"。

年龄是常用的划分消费者群体的标准。人在不同的年龄阶段，会有不同的消费需求和购买行为。有关学者根据我国国民的特点，划分人的年龄阶段为：1 岁以下为婴儿期；3 岁到 6 岁为幼儿期；6 岁到 15 岁为少年期；18 岁到 30 岁（或 35 岁）为青年期；30 岁（或 35 岁）到 60 岁（或 65 岁）为中年期；60 岁（或 65 岁）以上为老年期。

根据性别，可以将消费者群体分为男性消费者和女性消费者。事实上，男性和女性由于心理和生理存在的区别以及在社会中地位、责任和义务的不同，导致了不同的消费心理特征。

（2）消费者群体形成的外在因素　消费者群体形成的外在因素主要包括地理位置、气候条件等自然环境方面，以及经济发展水平、生活环境、所属国家、民族、宗教信仰、文化传统等社会文化方面。

三、家庭的概念

1. 家庭的概念

家庭是以婚姻、血缘或有收养关系的成员为基础组成的一种社会生活组织形式或社会单位。家庭是社会生活组织形式和社会构成的基本单位，也是一种特有的消费者群体。

家庭消费者群体由于家庭结构和家庭生活情况的不同，其消费行为也有一定的规律。在我国，人们受传统的家庭观念影响很深，人们的收入一般是以家庭为中心相对地统一支配。家庭也是进行绝大多数消费行为的基本单位，家庭成员之间消费心理和行为的相互影响很大，我们每个人的购买行为均会受到家庭的影响。

2. 家庭的结构

家庭结构是指家庭内部的构成和运作机制，反映了家庭成员之间的相互作用和相互关系。一般，家庭成员共同居住在一起，共同进行生产和消费，而且根据血缘关系（亲与子、兄与弟之间的关系）相结合，也称为人类社会的生物再生产单位（后者要与住户明确地区别开来）。家庭结构的要素有：

（1）数量结构　指家庭成员的数量，直接决定购买家具的数量和尺寸，比如餐桌大小就受家庭人口数量的影响。

（2）年龄结构　指各个家庭成员的年龄情况，直接影响家庭家具购买决策，比如家中有 10 岁以下儿童的家庭考虑购买儿童床的可能性增大，家中有 60 岁以上老人的家庭考虑买老年人家具的可能性增大。

（3）文化结构　即各个家庭成员的文化情况，直接影响家庭家具购买的风格类型。比如家中的知识分子较多的就喜欢购买一些淡雅、古朴有文化气息的简约家具或者中式家具；而家中财力充足、文化层次不高的家庭则喜欢买一些装饰较多、气派、奢华的家具。

（4）代际层次　即家庭成员是由几代人组成的，也会影响家庭家具的购买，这方面涉及家庭购买决策等问题；家中到底较多参考哪个年龄层次的家庭成员的意见做最后的购买决策的，是照顾老人的意见还是照顾年轻人或者儿童的意见等。

（5）夫妻数量　夫妻的购买决策有一定的趋同性，家中有两对夫妻及以上的家庭购买家具时会以各个家庭的意见及家庭之间最终协调的结果为主要参考意见，但现代社会夫妻数量多的家庭很少见了。

家庭的数量结构、年龄结构、文化结构都将对家庭的消费活动及家具消费行为有一定影响，所以家具设计专业人员一定要注重对家庭的研究，深入了解家庭家具市场，以便设计出更加适合市场需求的家具产品。

四、家庭的类型

人类在封建社会时期就以家庭的模式生活了，社会学家根据家庭的结构要素将人类传统的家庭模式分为三类：

（1）核心家庭　由夫妻及其未成年子女组成；

（2）主干家庭　由夫妻、夫妻的父母或者直系长辈以及未成年子女组成；

（3）扩大家庭　由核心家庭或主干家庭加上其他旁系亲属组成。

现代的家庭模式已经远远超出简单的三分法。随着社会的发展，家庭的构成情况也在不断地变化发展。如：

（1）单亲家庭　由单身父亲或母亲养育未成年子女的家庭；

（2）单身家庭　人们到了结婚的年龄不结婚或离婚以后不再婚而是一个人生活的家庭；

（3）重组家庭　夫妻一方再婚或者双方再婚组成的家庭；

（4）丁克家庭　双倍收入、有生育能力但不要孩子、浪漫自由、享受人生的家庭；

（5）空巢家庭　只有老两口生活的家庭。

家庭日益向小型化方向发展，孩子更加成为家庭的重心，平均文化程度提高，家庭成员的关系更为平等，这些情况都是值得关注的。

五、未来家庭的发展趋势

由于社会的多元化，以及对婚姻本身看法的改变，家庭的划分已不再适用于描述当前所有家庭的状况。现代家庭结构中出现了以下四种发展趋势：

（1）家庭中的孩子数目越来越少；

（2）离婚率有所上升；

（3）单身未婚状况越来越常见；

（4）家庭生命周期拉长。

家庭模式的变化将直接导致家庭生活方式和家庭观念的变化，这些因素将引起消费者对家具产品需求的变化，所以家具从业者和家具设计师要从研究家庭需求出发，研究家具消费者市场，洞察家具消费者的需求，设计出适销对路的家具产品。

作业与思考题：

1. 简述消费者群体的概念和形成因素。

2. 简述家庭的概念、结构和类型。

第三节　家庭消费的概念和类型

一、家庭消费的概念

家庭消费又称居民消费或生活消费，是人们为了生存和发展，通过吃饭、穿衣、文化娱乐等活动，对消费资料和服务的消费。

二、家庭消费的类型

（一）按照消费内容分类

家庭消费按照消费内容分为物质生活消费、精神文化消费、劳务消费。

1. 物质生活消费

家庭物质生活消费主要是指吃、穿、住、用、行等方面的消费，家具是家庭物质生活消费中重要的一项。

2. 精神文化消费

精神文化消费主要是指娱乐身心、发展提高自身的各种消费。有些家具产品可以起到改善居室环境，增加家庭生活乐趣、陶冶消费者情操的作用，这种类型的家具除了要满足基本的家具功能外，还要具备一定的艺术欣赏价值或象征意义，使家具消费者除了使用其基本功能之外，更能体会到一种精神上的愉悦。比如：有些艺术感强的茶室家具，可以让消费者在喝茶的同时感受到一种精神上的满足。

3. 劳务消费

是家庭花钱购买的各种服务。现代的家具产品也有逐步向服务设计靠拢的趋势。比如按摩椅，其实消费者购买的就是一种服务。随着科技的发展，未来的家具更是向智能化方向发展，自动厨房家具、可与人交流的书房家具等都具备浓厚的服务性特征，这样消费者购买家具的同时也就购买到服务。如图 2-1 所示，设计师设计一种对人体有感应的椅子，当人坐上去的时候可以根据身体变化，使其犹如进入一个温暖的怀抱；当这样的椅子成为消费品时，消费者感受到的不仅是生理上的舒适，还有心理上的满足。

图 2-1　"情感椅"

（二）按照消费目的分类

家庭消费按照消费目的分为生存资料消费、发展资料消费、享受资料消费。

1. 生存资料消费

生存资料消费是指家庭生活消费中用来满足人们生存所必不可少的消费，既包括必要的物质生活消费，也包括有关的劳务消费。家具中的床就是必需的生存资料消费，再穷的家庭都要有张睡觉的床。

2. 发展资料消费

发展资料消费是指家庭生活中用于满足人们发展德育、智育、体育等方面所需要的消费。比如儿童家具只有经济条件允许的家庭才会考虑购买，而经济条件有限的家庭可能不会特意购买儿童家具。

3. 享受资料消费

享受资料消费是指家庭生活消费中，能够满足人们享受的物质生活资料消费、精神产品消费和劳务消费。家具产品也一样，只有生活水平达到一定程度，消费者才会在购买家具时考虑家具的高档次，比如真皮家具、红木家具等；而收入水平一般的消费者考虑更多的是家具的实用性、耐久性、价格等因素。

三、家庭消费的特征

随着现代社会的发展，人们的生活水平也达到了一定的高度，现代的家庭消费也呈现这个时代独特的面貌，以下是现代家庭消费的几个特征：

（1）广泛性　家庭消费几乎涉及生活消费的各个方面，现代商品市场空前丰富，人们可消费的物资多样而广泛，家庭消费也同样具有广泛性。

（2）阶段性　现代家庭呈现出明显的发展阶段性，大致有单身、新婚、生育、满巢、空巢、解体期等几个阶段，处于不同发展阶段的家庭在消费心理和行为上存在明显的差异，并有一定的规律性。

（3）差异性　不同家庭的消费行为具有很大的差异性。

（4）相对稳定性　大多数家庭的消费行为具有相对稳定性。

（5）遗传性　家庭中上一代家庭成员的消费习惯会一定程度地影响下一代的消费习惯，这种消费习惯的传承性被称为现代家庭消费的遗传性。

从现代家庭消费的特征更能感受到家具企业和家具设计师进行家庭消费研究的重要性。

目前家具市场是空前的繁荣，消费者的家庭状况、家庭所处的阶段、家庭消费的特征等都将会影响其家具的购买。家具企业应在设计好家具产品的同时制定相关的营销、宣传策略，使自己的家具产品能被更多的家庭接受。

四、家庭决策类型

家庭决策类型对家具产品选择的影响是不容忽视的，家庭中重要意见人的性格类型和消费偏好等因素将直接决定家具产品的选择。

1. 一般的家庭决策类型分为四类

（1）丈夫做主型　指家庭的主要商品的购买决策是由丈夫决定。这类家庭有的是传统的中国家庭，丈夫是家庭收入的主要来源，有的是因为丈夫对大件商品了解得更多。

（2）妻子做主型　指家庭的主要购买决策由妻子决定。由于丈夫工作繁忙，妻子承担采购活动，或由于妻子精明强干，丈夫也不愿在日常采购中花费时间和精力，于是甘愿让权。

（3）共同做主型　指家庭消费决策并非由某一个人做出，而是由夫妻双方共同协商后决定。随着社会经济的发展，夫妻双方有同等的地位和经济收入，共同做主型在现代社会日渐流行。

（4）各自做主型　由于夫妻双方均有较高收入，各自的事业、个性、生活、追求目标具有较大的差异性，家庭消费支出各自做主，互不干扰。

2. 影响决策类型的因素

（1）个人特征　主要包括个人收入、受教育程度、年龄、能力、知识、经验等；

（2）产品因素　主要包括家庭成员对特定产品的介入程度和产品特点两方面；

（3）文化因素　文化或亚文化中关于性别角色的态度，对购买决策有影响；

（4）角色专门化

（5）情境因素

（6）社会阶层因素　一般而言，处于较高社会阶层或较低阶层的家庭倾向于采用各自做主型决策方式，而处于中间层次的家庭则倾向于共同做主型决策方式。

以下是一份关于家庭购买家具时相关问题的调查问卷：

您好：这是一份关于家庭购买家具的调查问卷，恳请您花几分钟宝贵时间给予支持和参与。我们保证：问卷所得数据全部用于学术研究，绝不用于任何商业目的，而且调查方式为匿名，绝不会泄露您的任何个人信息；问卷所涉及题目绝没有好坏对错，没有任何道德风险。

为了更好地保证学术研究的质量和有效性，请您如实作答。

感谢您的参与和帮助！

1. 请问您在家庭中的角色是（　　　）

A. 儿子/女儿；B. 中青年父亲；C. 中青年母亲；D. 祖父；E. 祖母；F. 其他。

2. 请问您家庭的年总收入（税前）为（　　　）

A. 3.6 万以下；B. 3.6 万～10 万（含 3.6 万）；C. 10 万～50 万（含 10 万）；　D. 50 万～200 万（含 50 万）；E. 200 万以上（含 200 万）。

3. 请问您现在的家庭里，年收入最高者的角色是（　　　）

A. 子女；B. 中青年父亲；C. 中青年母亲；D. 祖父；E. 祖母；F. 其他。

4. 请问上题提及的年收入最高者在购买家具时，他（她）所在的角色一般是（　　　）（可多选）

　　A. 需求提出者；B. 决策影响者；C. 决策者；D. 购买执行者；E. 使用者。

5. 请问您自己在购买家具时，所在的角色一般是（　　　）（可多选）

　　A. 需求提出者；B. 决策影响者；C. 决策者；D. 购买执行者；E. 使用者。

6. 请问您现在的家庭购买家具时，根据各个家庭成员在决策中发挥作用的大小，您基本上认定您家庭在家具购买时的决策方式是（　　　）

　　A. 妻子主导型；B. 丈夫主导型；C. 自主型（个人自己决定）；D. 联合型（一起商议决定）；E. 其他类型。

从以上问卷我们可以看出家庭购买家具时遇到的相关问题，各个家庭对不同问题会有不同的看法和解决方法，通过问卷或者观察等方法可以了解家庭家具消费状况，从而对家具开发设计及销售等工作产生一定的帮助，这也正是我们研究家庭家具消费的意义所在。

五、家庭消费情况及其对家具消费的影响

2011 年 10 月，华坤女性消费指导中心与华坤女性生活调查中心在北京、上海、广州、宁波、大连、青岛、哈尔滨、长沙、成都、兰州 10 个大中城市开展了 "2011 年中国城市女性消费状况调查"。调查回收问卷 1 030 份，其中有效问卷 951 份，有效回收率为 92.3%；被调查者是 18 ~ 60 岁有固定收入的城市女性，平均年龄 37.4 岁。被调查者中，党政机关、人民团体公务员占 15%，事业单位员工占 21.3%，企业员工占 41.6%，自由职业者、个体经营者占 18.4%，退休人员占 3.7%；大专及以上学历的占 75.2%，其中本科学历的占 37.6%，硕士及以上学历的占 11.6%；已婚女性占 80.1%，其中有子女的女性占 69.5%。华坤女性生活调查采集了 2011 年 9 月份被调查者的家庭收入和个人收入，家庭月均收入为 15 933.91 元，个人月均收入为 5 717.8 元。其中，广州被调查者的家庭月均收入为 26 397 元，居此次调查的 10 城市之首，成都第二，青岛第三。41 ~ 50 岁被调查者的个人及家庭收入在各年龄段中最高，公务员的个人及家庭收入最高。

本书在此引用华坤女性生活调查的结果，以此分析家庭收入对家具消费和家具设计以及家具行业未来发展趋势的影响。

（一）家庭消费状况对家具需求的影响

调查结果显示，2011 年被调查者家庭收入用于消费、储蓄、投资的比例是 61：26：13，消费部分与 2010 年相比增加了 6 个百分点。所调查的 10 城市中，哈尔滨被调查者的消费比例最高，为 71.8%；此外，家庭收入越高，用于消费的比例越低，月收入 3 000 元以下的被调查者家庭消费比例为 72.2%，月收入 2 万元以上的家庭，消费比例为 51.1%；41 ~ 50 岁被调查者用于消费的比例在各年龄段中最高，为 63.6%；调查结果显示，家庭月消费额近 9 000元，女性个人消费约占家庭消费的 1/3，例如 2011 年 9 月，被调查者家庭平均消费额为 8 761.4 元，被调查者女性个人消费额为 2 560.6 元，占家庭消费的 29.2%。广州被调查者家庭月消费额平均为 14 690 元，个人月消费额平均为 4 154 元，均居 10 城市之首。成都被调查者家庭月消费额第二，长沙第三。

家庭消费中家具消费的多少与家具产品的设计也有一定的关系，设计师应该研究消费者家庭收入情况，根据不同收入水平的消费者相应的情况来针对性地设计与其购买需求、购买

能力相适应的家具产品，这样有利于建立生产者和消费者双赢的局面，利于家具市场的长期繁荣。

1. 家庭旅游消费额增加近六成

2011 年，68% 的被调查者家庭有旅游消费，户均消费额达到 8 858 元，比 2010 年上升 56.3%。上海被调查者家庭平均旅游消费额为 11 145 元，居 10 城市之首，长沙第二，大连第三。41～50 岁和 26～30 岁被调查者家庭年均旅游消费额均超过 9 000 元。

旅游的增加将带动相应消费场所的发展，酒店、饭店、景点室内外家具的设计好坏将直接影响其竞争力，也是旅游者感受旅游品质的一个媒介。设计者应该迅速察觉这些市场的需求，设计出满足消费者需求的家具产品。

2. 近七成家庭有投资，股票、房产和银行理财产品位居投资前三位

2011 年，67.8% 的被调查者家庭有投资。成都被调查者家庭投资比例为 81%，居 10 城市之首；广州第二（77.7%），宁波第三（69.7%）。41～50 岁被调查者家庭的投资比例最高（73.6%），51～60 岁被调查者家庭居第二位（70.0%）。投资前五位分别是：股票（29.2%）、房子（22.8%）、银行理财产品（19.8%）、基金（18.5%）和商业保险（13.8%）。

从投资效益看，2011 年，13.6% 的被调查者家庭盈利，33.7% 的被调查者家庭保本，27.9% 的被调查者家庭亏本。其中，投资盈利的前五位依次是：黄金（24%）、保值奢侈品（22.7%）、房产（19.7%）、债券（16.2%）和银行理财产品（13.9%）。

房屋的投资将直接影响到家具市场，家具设计师应该对建筑、室内设计与家具设计的关系有明确的认识。

3. 女性消费中的服装服饰和与住房相关的消费位居前两位

连续四年的监测结果显示，服装服饰消费始终稳居消费榜首。在 2011 年被调查者个人最大一笔开支中，20.9% 的被调查者选择了服装服饰，居第一位；16.4% 的人选择了与住房相关的消费，居第二位。

家具是住房的第二张脸，所以家具设计在价格、款式的基础上一定要注意品位、品质，以最少的成本体现最高的价值。目前家具的原材料紧缺，家具行业应该努力探索使用更加环保、可持续的材料以及更加优质的加工工艺，使自己的家具能够低成本、高效益。

4. 教育培训消费额有所增加

2011 年，55.3% 的被调查者参加了培训，比 2010 年上升 17.7%，其中 47.3% 的被调查者是个人支付教育培训费，人均消费 2 955.2 元，比 2010 年增加 10.4%。

教育培训内容的前五位依次是：与工作相关专业知识（64.3%）、职业素质（19.2%）、驾驶（14.6%）、子女教育（14%）和计算机（11.1%）。

知识的增加使消费者的消费更加理性，更加愿意追随潮流和适应文化发展趋势，所以家具的产品开发也要适当地利用时代的主题和文化，使消费者更加容易接受。

5. 网上购物趋势发展明显

随着互联网的发展，为了方便、快捷购物，越来越多的女性选择网上购物。调查结果显示，2011 年有 76.6% 的被调查者网购过，比 2010 年增长 5.8%。其中，经常网购的占 32.1%。

北京被调查者网购比例为 94.2%，居 10 城市之首，长沙第二（86.6%），宁波第三（80.9%）。26～30 岁被调查者的网购率高达 93.8%，其中经常网购的为 60.7%，居各年龄

段之首；51～60 岁被调查者的网购率达到 45.5%，比 2010 年增加 5.8%。网络不仅已经成为消费者的购物渠道，也为女性创业搭建了一个新的平台。调查结果显示，12% 的被调查者希望有自己的网店，11.1% 的被调查者希望在网上进行二手货品交易。

网络购物使消费者对家具的款式、价格等有更多的选择性，家具的原创性和特色就显得尤为重要，所以网络购买的方式更加促使家具行业要重视设计，开发自己独特、优质的产品，使自己的家具品牌立于不败之地。

6. 支付方式多样化

2011 年被调查者的支付方式更加多样化。在被调查者中，54% 的人通常使用信用卡，24.2% 的人通常使用支付宝、财富通等第三方支付，24% 的人通常使用银行借记卡，22.8% 的人通常使用网上银行；现金支付已不再是唯一的结算方式。这些都将影响未来家具行业的发展、定位，家具行业应该努力在设计、营销、产品定位上适应市场的变化。

（二）家庭消费预期对家具消费未来发展趋势的影响

1. 服装服饰、化妆品、家具、生活用品、家用电器位居 2012 年家庭消费前五位

在被调查者 2012 年家庭消费计划中，服装服饰消费（61.9%）仍居首位，第二位是化妆品（40.7%），第三位是家用电器（29.1%），第四位是房子（26.7%），第五位是手机（21.1%）和数码产品（21.1%），第六位是汽车（18.4%），此外还有保健品、电脑、珠宝首饰、健身卡、健身器材等。

房子、家用电器消费和家具消费有一定的联系，家具设计者要密切注意房屋建筑风格、居住环境和家电市场的流行趋势，以便在家具设计中尽量使家具产品与所处的室内环境及周围的家电产品相匹配。

2. 半数以上家庭 2012 年有出游计划，旅游消费额预计过万元

2012 年，55.7% 的家庭有出游计划，预计旅游消费额平均为 11 987 元。其中，70.5% 的被调查者家庭选择国内旅游，云南、海南、北京、西藏和上海最受欢迎；61.7% 的被调查者选择国外旅游，法国、美国、日本、马尔代夫和瑞士最受欢迎。

77.7% 的被调查者表示最喜欢和家人一起旅游，47.4% 的女性喜欢和朋友一起旅游。最喜欢的旅游方式分别是：自助游（48%）、跟团游（39.8%）和自驾游（38.6%）。欣赏自然风光（81.3%）、游览风景名胜（51.8%）和历史古迹（43.5%）是被调查者的旅游目的。

从这项调整可以看出家庭出游计划将对未来的家具市场产生一定的影响，家具从业者可以从旅行这一家庭消费行为中寻求设计灵感，针对性地开发家具产品。

3. 近八成家庭 2012 年有投资计划

2012 年 76.2% 的家庭有投资计划。其中，24.3% 的家庭计划投资房产，居首位；第二位是银行理财产品（23.4%），第三位是股票（21.5%），第四位是基金（16.5%），第五位是商业保险（11.3%）。

房产的投资将拉动家具市场，但如何使自己的家具产品有竞争力，这些是家具行业的管理者、策划者和家具设计师应该努力思考和解决的问题。

作业与思考题：

1. 简述家庭消费的概念和类型。

2. 简述家庭决策的类型。

3. 家庭消费情况与家庭决策类型之间有何联系？（以小组调研的方式进行讨论）

第四节　家庭生命周期的概念

一、家庭生命周期的概念

家庭生命周期（family life cycle）是指一个家庭从建立、发展到最后解体所经历的整个过程，由不同的阶段组成。它是由婚姻状况、家庭成员年龄、家庭规模、子女状况，以及主人的工作状况等因素综合而成。家庭生命周期反映一个家庭从形成到解体呈循环运动过程。美国学者 P. C. 格里克最早于 1947 年从人口学角度提出比较完整的家庭生命周期概念，并对一个家庭所经历的各个阶段作了划分。

家庭生命周期的概念在社会学、人类学、心理学乃至与家庭有关的法学研究中都很有意义。例如，对家庭生命周期的分析，可以更好地解释家产权、家庭与家庭成员的收入、妇女就业、家庭成员之间的关系、家庭耐用消费品的需求、处于不同家庭生命周期的人们心理状态的变化等。家庭生命周期的不同阶段对家庭家具的需求也是不同的，所以家具行业有必要对家庭生命周期进行分析和研究，从中找出消费者对家具产品的需求，以使自己的家具能够更加适应消费者的需求。

二、家庭生命周期的几个阶段的收支情况和家具消费情况

当我们想到生命周期时，通常会想到个体生命的成熟，完成每个年龄段的挑战后向下一个年龄段迈进。人类生命的周期是有秩序的，按照阶段发展，每个阶段都有那个阶段的特征。家庭也同样有生命周期：当儿子或女儿离开幼儿园或达到青春期，不是只有孩子需要学习适应新环境，整个家庭都必须重新调整适应。

（一）家庭生命周期的阶段划分

一个典型的家庭生命周期可分为六个阶段，每个阶段的起始与结束通常以相应人口（丈夫或妻子）事件发生时的均值年龄或中值年龄来表示，家庭生命周期的各个阶段的时间长度等于结束与起始均值或中值年龄之差。比如，某个社会时期一批妇女的最后一个孩子离家时（即空巢阶段的开始），平均年龄是 55 岁，她们的丈夫死亡时（空巢阶段的结束）的平均年龄为 65 岁，那么这批妇女的空巢阶段为 10 年。

1. 青年单身期

参加工作至结婚的时期，一般为 1～5 年，这时的收入比较低，消费支出大。这个时期是提高自身、投资自己的大好阶段，重点是培养未来的获得能力。财务状况是资产较少，可能还有负债（如贷款、父母借款），甚至净资产为负。

2. 家庭形成期

指从结婚到新生儿诞生时期，一般为 1～5 年。这一时期是家庭的主要消费期，经济收入增加而且生活稳定，家庭已经有一定的财力和基本生活用品。为提高生活质量往往需要较大的家庭建设支出，如购买一些较高档的用品；贷款买房的家庭还需一笔大开支——月供款。

3. 筑巢期

家庭成员数量随子女出生增加，夫妻年龄25～35岁居多，收入一般以双薪为主，追求高收入增长率；支出随家庭成员增加而上升，储蓄随家庭成员增加而下降，家庭支出压力大。一般与父母同住（三代同堂）或自住，资产有限，但由于年轻，可承受较高的投资风险。由于购房、购车等需求，一般负债较高，净资产增加幅度不大。

4. 家庭成长期

指小孩从出生直到上大学前，一般为17～21年。在这一阶段，家庭成员不再增加，家庭成员的年龄都在增长，家庭的最大开支是保健医疗费用、学前教育费用、智力开发费用。同时，随着子女的自理能力增强，父母精力充沛，又积累了一定的工作经验和投资经验，投资能力大大增强。

家庭成长期又称满巢期，家庭成员固定，夫妻年龄在35～55岁居多；收入以双薪为主，可能因为一方薪资用于养育儿女而成为单薪家庭。支出随家庭成员固定而稳定，教育支出压力大；储蓄随家庭收入增加、支出稳定而逐渐增加。一般与父母同住（三代同堂）或自住，资产逐年增加，应开始控制投资风险。缴纳房贷，逐步降低负债，投资净资产逐年积累。

5. 子女教育期

指小孩上大学的这段时期，一般为4～8年。这一阶段里子女的教育费用和生活费用增加，财务上的负担通常比较繁重。

6. 家庭成熟期

指子女参加工作到家长退休为止这段时期，一般为15年左右。这一阶段自身的工作能力、工作经验、经济状况都达到高峰状态，子女已完全自立，债务已逐渐减轻，理财的重点是扩大投资。

家庭成熟期又称离巢期，家庭成员数量随子女独立逐步减少，夫妻年龄在55～65岁居多，收入以双薪为主，事业发展与收入均达到高峰。支出随家庭成员减少而降低，随收入增加、支出降低，储蓄大幅增加，应着手准备退休金。供养双亲或夫妻自住或与子女同住，资产达到最高峰，应降低投资风险。一般已还清负债，因此净资产达到最大值。

7. 解体期

这一时期开始于夫妇双方有一人死亡，家庭走向解体。健在一方的生活方式会发生很大的变化，老人的收入较低，消费支出降到最低（除日常开支外，多用于医疗、保健），剩余的收入用于储蓄，以备不测。

（二）家庭生命周期中不同阶段的收支情况及家具消费情况

消费者的家庭状况，因为年龄、婚姻状况、子女状况的不同，可以划分为不同的生命周期，在生命周期的不同阶段，消费者的行为呈现出不同的主流特性。

（1）单身阶段　处于单身阶段的消费者一般比较年轻，几乎没有经济负担，消费观念紧跟潮流，注重娱乐产品和基本的生活必需品的消费。

（2）新婚夫妇　经济状况较好，具有比较大的需求量和比较强的购买力，耐用消费品的购买量高于处于家庭生命周期其他阶段的消费者。

（3）满巢期Ⅰ　指最小的孩子在6岁以下的家庭。处于这一阶段的消费者往往需要购买住房和大量的生活必需品，常常感到购买力不足，对新产品感兴趣并且倾向于购买有广告的产品。

（4）满巢期Ⅱ　指最小的孩子在 6 岁以上的家庭。处于这一阶段的消费者一般经济状况较好但消费慎重，已经形成比较稳定的购买习惯，极少受广告的影响，倾向于购买大规格包装的产品。

（5）满巢期Ⅲ　指夫妇已经上了年纪但是有未成年的子女需要抚养的家庭，处于这一阶段的消费者经济状况尚可，消费习惯稳定，可能购买富余的耐用消费品。

（6）空巢期Ⅰ　指子女已经成年并且独立生活，但是家长还在工作的家庭。处于这一阶段的消费者经济状况最好，可能购买娱乐品和奢侈品，对新产品不感兴趣，也很少受到广告的影响。

（7）空巢期Ⅱ　指子女独立生活，家长退休的家庭。处于这一阶段的消费者收入大幅度减少，消费更加谨慎，倾向于购买有益健康的产品。

（8）鳏寡就业期　尚有收入，但是经济状况不好，消费量减少，集中于生活必需品的消费。

（9）鳏寡退休期　收入很少，消费量很小，主要需要医疗产品。

家庭的不同阶段，消费者都会根据自己的经济状况和实际的需要来进行家具的选择，所以家庭家具设计要充分研究家庭这样的消费群体；家庭的结构、家庭的地区、家庭的文化层次、家庭的年龄结构等，都是在进行家具设计之前必须充分了解的。

作业与思考题：
1. 家庭生命周期的概念是什么？家庭生命周期分哪几个阶段？
2. 简述家庭生命周期几个阶段的家庭收支情况及其对家庭家具消费的影响。

第五节　家庭家具的设计原则

家庭家具包含的范围很广，在每件家庭家具产品开发工作之前，家具企业和家具设计师都要针对消费者所处的家庭情况及家庭所处的生命周期阶段深入研究，有了准确的市场定位才能进行进一步的家庭家具的设计工作。

家庭是个特殊的消费者群体，家庭家具往往既要考虑到各个家庭成员的需求，又要整体搭配和谐；家庭家具的消费既是家庭消费行为，也融合个人消费行为，因为往往是一个家庭的各个成员各自提出自己的意见，最终汇总、协调达成的，所以设计师在设计家庭家具时应充分考虑各个家庭成员的需要，又要考虑到整体的协调和搭配，合理定位，正确地设计家庭家具产品。

一、家具市场细分

市场细分（market segmentation）是企业根据消费者需求的不同，把整个市场划分成不同的消费者群体的过程，其客观基础是消费者需求的异质性。进行市场细分的主要依据是异质市场中需求一致的顾客群，实质就是在异质市场中求同质。市场细分的目标是为了聚合，即在需求不同的市场中把需求相同的消费者聚合到一起。这一概念的提出，对于企业的发展具有重要的促进作用。

（一）家具市场细分的作用

市场细分不是根据产品品种、产品系列来进行的，而是从消费者（指最终消费者和工业生产者）的角度进行划分的，是根据市场细分的理论基础，即消费者的需求、动机、购买行为的多元性和差异性来划分的。市场细分对企业的生产、营销起着极其重要的作用。

1. 有利于选择目标市场和制定市场营销策略

市场细分后的子市场比较具体，比较容易了解消费者的需求，企业可以根据自己经营思想、方针及生产技术和营销力量，确定自己的服务对象，即目标市场。针对较小的目标市场，便于制定特殊的营销策略。同时，在细分的市场上，信息容易了解和反馈，一旦消费者的需求发生变化，企业可迅速改变营销策略，制定相应的对策，以适应市场需求的变化，提高企业的应变能力和竞争力。

比如联合欧陆"梦巴黎"，就率先发现了中国婚恋家具的巨大市场潜力，并精准地将品牌定位于中国婚恋家具第一品牌。

巴黎是闻名全球的浪漫之都，联合欧陆邀请法国设计大师 Strsaekt 以法兰西式的浪漫情怀及个性休闲的生活情调，独具匠心地打造出极富现代化气息的时尚精品"梦巴黎"。在个性化消费的时代，时尚年轻一族成为消费的主流群体，联合欧陆"梦巴黎"系列产品，正是精准定位于年轻时尚一族消费群体，设计师以"举轻色彩，个性飞扬"为设计主导，利用简明时尚的设计风格、精巧前卫的造型、简单利落的线条、活泼明丽的色彩、符合人体工程学原理的结构、恰如其分的形象元素，尽情演绎时尚一族追求个性的自由空间。

2008 年，联合欧陆与中国最大门户网站结成战略合作伙伴联盟，发起主办"梦巴黎－寻找最美的新娘"2008 年城市新娘浪漫征选全国大型活动，并在 2008 年春天浪漫启动。2010 年企业又秉承联合欧陆家具时尚潮流的文化内核，以"梦巴黎－寻找最美的新娘"为主题，在 3 月东莞名家具展期间正式启动品牌的活动，并在全国各省市设立分赛区，从 3 月底持续到 12 月，海选—各城市赛区决赛—总决赛。活动配合联合欧陆当地经销商展开以活动为载体、以浪漫为名义的大型推广活动，强势推广联合欧陆主打产品系列，聚集目标消费群体目光，制胜终端。

整个家具市场就是一整块蛋糕，你不可能把这一块蛋糕全部吞完，每个企业能够切割到一块蛋糕也就成功了。比如拿婚恋家具来说，2008 年是奥运年，也是结婚年，结婚高峰期的到来推动中国婚恋产业链的形成，中国婚恋家具市场细分必将成为家具行业的新蓝海，中国近 2 000 万的婚恋人群，至少 500 亿元的婚恋家具市场，这个数字是惊人的。

任何市场需求的背后都隐藏着可以被进一步明确细分的潜力和可能，企业在既定的市场需求面前决不是无所作为的，有人形象地把细分比喻为"金锁链"，抓住其中的一个"链接点"就能带来财运。

总之，市场细分不仅是家具厂商在产品研发设计、营销手段同质化竞争中作为区别于竞争对手的星光大道，更是扬起风帆、驶向蓝海市场的必经之路。

2. 有利于发掘市场机会，开拓新市场

通过市场细分，企业可以对每一个细分市场的购买潜力、满足程度、竞争情况等进行分析对比，探索出有利于本企业的市场机会，使企业及时做出投产、移地销售决策或根据本企业的生产技术条件编制新产品开拓计划，进行必要的产品技术储备，掌握产品更新换代的主动权，开拓新市场，以更好适应市场的需要。

3. 有利于集中人力、物力投入目标市场

任何一个企业的资源、人力、物力、资金都是有限的。通过市场细分，选择适合自己的目标市场，企业可以集中人、财、物及资源，去争取局部市场上的优势，然后再占领自己的目标市场。

4. 有利于提高企业经济效益

前面三个方面的作用都能提高企业经济效益。除此之外，企业通过市场细分后，可以面对自己的目标市场，生产出适销对路的产品，既能满足市场需要，又可增加企业的收入；产品适销对路可以加速商品流转，加大生产批量，降低企业的生产销售成本，提高生产工人的劳动熟练程度，提高产品质量，全面提高企业的经济效益。

（二）家具市场细分的方法

专家认为要让家具市场细分有意义，需遵守三大原则：

第一，新的市场细分必须具有可衡量性，在规模和购买力方面可衡量的程度高低，然后再考虑两个问题，一是值不值得进入，看市场细分是否有利润空间，还有就是自己营销等各方面的资源投入与回报比。

第二，市场细分后与客户的可接近性，即有效达到细分市场并为之有效服务的程度。

第三，市场细分的有效性，即新的细分市场是否适当，别的商家转型的难易程度等。

对当前较多的中小家具企业而言，"大而全"的构想是行不通的，这就需要抓住自身的优势，找准企业定位，找准市场切入点。培训师谭小芳认为：精准定位，提炼出传播该产品的核心诉求点、利益点、支撑点、记忆点，并针对目标客户群进行产品研发、制定和推广执行与目标消费群相适应的一系列市场营销战略，从而占领目标市场——也许这是中小家具企业的唯一出路。

虽然产品在设计研发的时候就进行了市场的细分，但是这种细分往往相对是粗线条的，因此在具体实施销售的时候有必要进行更为明确的目标市场细分，根据产品推广的不同阶段，针对更加明确的目标客户，使用合适的营销策略和方式。

企业寻找目标客户群最常用的工具是进行市场细分。企业可以按照不同的特征来进行市场的细分工作，比如追求相似利益的人群、具有相同爱好的人群、相同年龄层次的人群、相同收入水平的人群、相同职业特征的人群等。

1. 相似利益细分

这是指追求相似利益的人群，比如，有些人群喜欢追求便宜的产品，像低收入者和中年家庭妇女，在一些家庭里有的先生经常会抱怨太太买回一大堆没有用处的商品，而太太购买的原因主要是便宜。有些人群则喜欢购买高价格、高品质的产品，像高收入者和追求时尚的年轻人，他们喜欢个性化的产品和服务，价格敏感度较低，比如以性别作为家具市场细分标准就是找到了男性或女性消费者的相似利益。

除区分性别之一的青少年家具外，目前市场上也有专门为女性推出的"女性橱柜"，如直接将砧板固定在一个旋转台上，女性在使用时只需轻轻转动转台就能轻松使用砧板；一些洁具品牌在造型和功能上也有性别区分，甚至出现了同一马桶上分别存在男性和女性两种冲洗方式。

另外，对于近年来流行的双台盆设计，也有了同台不同盆的表现，女盆造型柔美，男盆则方正、刚硬。分别针对男女设计的衣橱，女性衣橱更注重收纳和整理，除了衣服外，配饰、胸针、发卡、皮包、腰带等女性时尚配件都有不同式样的收纳盒存放；而男性衣橱则会专门辟出一个存放领带和皮带的位置等。家纺类产品就更不用多说，仅从花色上就能轻易区分男女之用。

家具设计师认为，男女两性在观赏、品位、爱好方面确实存在一定差异，在保留实用这一基础条件外，女性更注重满足审美，而男性则更贴近于对功能的需求。目前市面上的性别产品中，外观漂亮、结构精致是女性家具产品的一大特色，棉、麻、丝等材料体现女性的柔美；而男性家具更崇尚简约、粗犷、张扬与实用主义，如兽皮斑纹，古朴的自然材质，厚重、张扬、硬朗、粗犷成为男性风格产品的一个设计趋势。

针对这些具有相似利益追求的人群，企业可以集中资源来研究和生产具有显著特征的产品，将产品的主要优势体现在某一方面。

2. 人口统计细分

是指按照不同的人口统计特征区分的人群。比如大的方面按性别特征可区分为男性人群市场和女性人群市场，按年龄可区分为婴幼儿、青少年和中老年人市场。当然，不同年龄段的人群根据其他特征还可以作进一步的细分，比如老年人可分为富裕的老年人、经济状况一般的老年人以及贫困的老年人。

3. 职业特征细分

是指按具有相同职业特征的人群进行家具市场细分。最粗略的如蓝领和白领。传统的蓝领职员多从事制造业，因此其对产品的要求往往要具有持久耐用的特点，而白领职员对于所使用的产品则往往要求体面。比如专业的餐厅家具、酒店家具、门厅家具、工程家具、足浴家具、理发家具、酒吧家具、浴场家具、KTV 家具、咖啡厅家具、寺庙家具等。

4. 收入层次细分

是指具有相近收入的人群。收入相近的人群一般意味着他们具有相近的支付能力，企业可以根据个人或家庭的年收入来细分客户群，比如年收入在 5 万元以下的家庭，其对生活消费品的价格比较敏感，年收入超过 10 万元的家庭可能会产生购买家用汽车的需求，年收入超过 30 万元的家庭需要的住宅是高档的商品房。

5. 地理区域细分

是指将在相同地区具有相同特征的人群进行家具市场细分。

以上几点是一些基本的或是常用的市场细分的方法。企业市场细分的标准还有很多，比如按使用程度的市场细分、按生活习惯的市场细分、按教育程度的市场细分等，企业需要结合自身行业的特点和所提供产品的特性来决定使用哪一种市场细分方法，或者选用几种不同的细分标准组合来进行不同层次的市场细分工作。此外，对于企业的营销人员而言，在家具产品进行销售的时候，虽然在设计研发的时候就进行了市场细分，但是这种细分往往相对是粗线条的，因此在具体实施销售的时候有必要进行更为明确的目标市场细分；根据产品推广的不同阶段，针对更加明确的目标客户，使用合适的营销策略和方式。

除进行市场细分以找到目标客户群以外，企业还可以通过其他方法找到自己的客户。比如可以从同类家具产品的提供商那里争取客户，可以通过代理商来找到客户，可以通过大量的市场推广活动来吸引客户。

（1）从同类家具产品供应商那里争取客户　由于本企业提供的家具产品与竞争对手的家具产品相同或相近，因此其客户群也基本相同，企业可以向竞争对手的客户提供价格更便宜、手续更便捷、服务更优质的替代产品来争取客户，但是这种方式往往使企业与竞争对手发生正面的冲突，容易受到竞争者的报复，严重的情况会导致恶性的竞争。

（2）通过代理商找到客户　代理商经过多年的经营形成了一个网络，也形成了基本的客户群，企业通过向代理商支付代理手续费的方式获取代理商的客户，成为自己家具产品的购买者、使用者和消费者；但是企业对代理商较难实行紧密的控制，在企业与代理商对利益的分配产生不一致的情况下，代理商可能会转向成为企业竞争对手的代理；此外，如果企业的代理商联合起来向企业要求更高的代理费用，会对企业造成财务压力。

（3）通过大量的市场推广活动吸引客户　对于一些技术含量不高的家具而言，由于其使用者数量众多而且同类家具产品提供商非常多，企业必须通过大量的市场推广活动，比如进行大量的媒体广告来吸引客户的注意，加深客户对于本企业家具产品的印象，提升客户购买本企业家具产品的意愿。

（三）家具市场细分的程序

市场细分程序可通过如下例子看出：一家具公司对从未在家庭中专门布置过儿童房间的消费者很感兴趣（细分标准是顾客的体验），而从未专门布置过儿童房间的人又可以细分为没打算特意为孩子布置儿童房间的人、对儿童房间的布置持无所谓态度的人以及对布置儿童房间持肯定态度的人（细分标准是态度）；在持肯定态度的人中，又包括高收入有能力为孩子布置儿童房间的人（细分标准是收入能力）；于是这家家具公司就把力量集中在开拓那些对布置儿童房间持肯定态度，只是还没有布置过儿童房间的高收入群体。可见，市场细分包括以下步骤：

（1）选定家具产品市场范围　公司应明确自己在某行业中的家具产品市场范围，并以此作为制定市场开拓战略的依据；

（2）列举潜在顾客的需求　可从地理、人口、心理等方面列出影响家具产品市场需求和顾客购买行为的各项变数；

（3）分析潜在顾客的不同需求　公司应对不同的潜在顾客进行抽样调查，并对所列出的需求变数进行评价，了解顾客的共同需求；

（4）制定相应的营销策略　调查、分析、评估各细分市场，最终确定可进入的细分市场，并制定相应的营销策略。

二、准确定位

近年来，市场各行业竞争越来越激烈，市场变化速度快。家具产品具备竞争力，与清晰的家具产品定位和明确的目标市场定位是分不开的。

家具产品定位指企业对用什么样的家具产品来满足目标消费或目标消费者市场的需求。

目标市场定位（简称市场定位）是指家具企业对目标消费者或目标消费者市场的选择。

从理论上讲，应该先进行目标市场定位，然后再进行家具产品定位。家具产品定位是对目标市场的选择与企业家具产品结合的过程，也是将市场定位企业化、产品化的工作。

如何将家具产品定位清晰？如何使家具产品与其他同行竞争企业相比占据更多的市场份额？在家具产品未推出市场之前，可以从以下几个方面对家具产品上市做体系规划：

（1）消费者定位　锁定品牌的目标消费者，挖掘潜在商业价值；

（2）家具产品定位　寻求家具产品核心功能利益，以满足目标消费者需求；

（3）价格、档次定位　根据目标消费者，制定价格体系与确立家具产品档次；

（4）风格、形象　传达统一风格理念，巩固维系消费者情感及体验感受；

（5）竞争定位　与竞争品牌形成差异化，最大化牵引最大用户群体；

（6）传播定位渠道，推广、寻找与消费者间有效的沟通方式，针对性开展立体式推广；开拓销售渠道、获取消费者信息、推广方法制度。

三、优良的家具设计

家具既是物质产品，又是艺术创作，这便是人们常说的家具二重特点。家具的类型、数量、功能、形式、风格和制作水平以及当时的占有情况，还反映了一个国家与地区在某一历史时期的社会生活方式、社会物质文明的水平以及历史文化特征。家具是某一国家或地区在某一历史时期社会生产力发展水平的标志、是某种生活方式的缩影、是某种文化形态的显现，因而家具具有丰富而深刻的社会性。

家具是由材料、结构、功能和外观形式四种因素组成，这四种因素相互联系，又相互制约。其中功能是先导，是推动家具发展的动力；结构是主干，是实现功能的基础。

1. 家具材料

家具是将材料经过一系列的技术加工而成的，材料是构成家具的物质基础，所以家具设计除了使用功能、外观形态及工艺的基本要求之外，与材料也有着密切联系。这里，要求设计人员务必做到以下几点：

（1）熟悉原材料的种类、性能、规格及来源；

（2）根据现有的材料设计出优秀的产品，做到物尽其用；

（3）除了常用的木材、金属、塑料外，善于利用各种新材料，以提高产品的质量，增加产品的美观性，如藤、竹、玻璃、橡胶、织物、装饰板、皮革、海绵、玻璃钢等。然而，并非任何材料都可以应用于家具生产中，家具材料的应用有一定的选择性，主要应考虑到下列因素：

（1）加工工艺性　材料的加工工艺性直接影响到家具的生产，对于木质材料，在加工过程中，要考虑到其受水分的影响而产生的缩胀、各向异裂变性及多孔性等；塑料要考虑到其延展性、热塑变形等；玻璃要考虑到其热脆性、硬度等。

（2）质地和外观质量　材料的质地和肌理决定了产品的外观质量和给人的特殊感受。木材属于天然材料，纹理自然、美观，形象逼真，手感好，且易于加工、着色，是生产家具的上等材料；塑料及其合成材料具有模拟各种天然材料质地的特点，并且具有良好的着色性能，但其易于老化，易受热变形，用此生产的家具使用寿命和使用范围受到限制。

（3）经济性　家具材料的经济性包括材料的价格、材料的加工劳动消耗、材料的利用率及材料来源的丰富性。木材虽具有天然的纹理，但随着需求量的增加，木材蓄积量不断减少，资源日趋匮乏，与木材材质相近的、经济美观的材料将广泛地用于家具的生产中。

（4）强度　强度方面要考虑其握着力、抗劈性能及弹性模量。

（5）表面装饰性能　一般情况下，表面装饰性能是指对其进行涂饰、胶贴、雕刻、着色、烫、烙等装饰的可行性。

（6）环保　家具材料除考虑以上诸多因素外，仍然还有一个不容忽视的因素，那就是家具材料对人体是否存在危险释放物，这同样是越来越多的消费者在挑选家具时愿意并首先考虑到的。比如，现代板式是否用的 E1 级以上的板材、胶黏剂有无有害气体的挥发、油漆用的什么牌子等，都反映了消费者对家具材料有害排放物质的关心。随着全世界原木资源的日益减少，人类考虑其他诸多可以替代原木的材料是无可厚非的，但无论是哪种材料，环保都是必须关心的问题。

2. 家具结构

结构是指家具所使用的材料和构件之间的一定组合与连接方式，它是依据一定的使用功能而组成的一种结构系统，它包括家具的内在结构和外在结构。内在结构是指家具零部件间的某种结合方式，它取决于材料的变化和科学技术的发展；家具的外在结构直接与使用者相接触，它是外观造型的直接反映，因此在尺度、比例和形状上都必须与使用者相适应，这就是人体工程学所要考虑的问题。例如，座面的高度、深度以及靠背倾角恰当的椅子可消除人的疲劳感；而储存类家具在方便使用者存取物品的前提下，要与所存放物品的尺度相适应等。按这些要求设计的外在结构，也为家具的审美要求奠定了基础。

3. 家具外观形式

家具的外观形式直接展现在使用者面前，它是功能和结构的直观表现。家具的外观形式依附于结构，特别是外在结构，但是外观形式和结构之间并不存在对应的关系，不同的外观形式可以采用同一种结构来表现。外观形式存在着较大的自由度，空间的组合上具有相当大的选择性，如梳妆台的基本结构都相同，但其外观形式却千姿百态。家具的外观形式作为功能的外在表现，还具有识别功能，因此，具有信息传达和符号义的作用；还能发挥其审美功能，从而产生一定的情调氛围，形成一定的艺术效果，给人以美的享受。

4. 家具功能

家具产品的功能分为四个方面，即技术功能、经济功能、使用功能与审美功能。随着经济的发展，家具中的极品更具有了保值和增值功能，比如欧式家具中的老柚木和中式家具中的老红木。

四、良好的营销、服务设计

对于全国各地家具企业而言，家具产品要以本土优势占领并扩大市场占有率，必须考虑国人所需的产品尺寸、国人的生活形态及品位。中国地域广阔，各区域的气候以及消费习惯均有所不同，家具产品要从区域市场走向全国市场，从区域品牌升级为全国品牌，确保家具产品适合不同区域消费者的生活方式。因此，有意开拓全国家具市场的各地家具厂商必须准确掌握市场需求，包括各区域消费者的生活品味、生活方式、消费观念、家具设计趋势及住房状况，并据此进行产品开发，致力发展建立一套能涵盖市场需求的销售体系。各家具厂商要拓展全国市场，必先充分考虑以下几方面的因素。

（一）家具尺寸

"90/70" 房地产政策自出台以来，城市居民中拥有 90 平方米以下的中小户型的用户占很大比例。其中以 70 平方米左右为例，由于户型面积的减小，再加上公摊面积，一般高层 70 平方米的小户型，实际使用面积多在 50 ~ 60 平方米之间；这类户型通常被设计成两室一厅一厨一卫，甚至更有的被分隔成三室一厅一厨一卫，按照这个面积分配，每间房的面积都不会太大。显然，在这种户型中，使用传统意义上那些"大气"的家具显得有些不配套了。衣柜、床等大件的家具放一件就足以使小家拥挤不堪，不仅浪费面积，更破坏设计与装饰效果。因此，需要特别考虑家具尺寸以符合年轻家庭的需要。虽然已有一些家具企业开始减小尺寸，但多数以价格取胜的家具产品尺寸仍然太大。

（二）家具销售渠道的发展趋势

1. 家具销售渠道呈多元化格局

中国家具市场规模大，销售系统复杂，市场呈多元化格局。有国际品牌专卖店，有超市，有综合性居室用品店、旧家具店、连锁店、网络销售等。不同的销售渠道所售家具的价格水平也不同，对中国家具市场的销售渠道作深入了解有利于产品销售时候的定位，可根据产品的不同性质利用不同的渠道进行销售。

（1）品牌专卖店　即国际名牌专卖店，例如意大利著名品牌专销店，陈列的家具高档、时尚，设计前卫，价格较高，每件家具都要近万元，销售对象一般都是追求和讲究个性的人们。

（2）家具超市　比如宜家的大卖场，规模非常大，仓储销售的味道非常浓，同时又很有居家的生活气息。还有一些类似宜家的大卖场，这里的家具不太注重陈列方式，沙发、柜子、床、餐桌椅相互紧挨着，且不分次序，不分类别，价格要比专卖店便宜得多。超市里的家具调整更换相对较快，具有明显的潮流性。

（3）综合性的居室用品店　规模不小，品类繁杂，小到餐巾、蜡烛，大到沙发、柜子，应有尽有。从价格上，我们可以领略到商家的刻意经营，尾数都是 0.5 元，而不直接标上 250 元、180 元。除此之外，这些店里的家具往往带有一种乡土气息，竹编藤编的椅、柜，铁艺的餐桌、椅、屏风等，或多或少地为家具艺术的多元化增添了活力，与超市家具既有不同，又可以相应补充。

（4）旧家具店　旧家具店即出售旧家具的店，此类店出售的家具有的具有收藏价值，所以价格未必比新品便宜。

（5）网上销售　上海网上销售市场也非常惊人，大约占 30% 以上。上海家具制造商一般通过制造商展厅、目录和互联网向消费者出售家具。随着消费者迅速适应网上购买家具，网上家具销售市场在未来几年中将迅速扩大，但目前网上售出的多为小型家具。

（6）邮购家具　网上家具销售热度趋升的同时，邮购也比传统渠道增长得快。

2. 家具渠道各有特色

（1）在中国，由于绝大多数家具制造厂商及零售业者均为中、小型企业主，在整个家具产销过程中，需依赖批发商给予各方面的支持，因此家具批发商的分量特别重要。家具批发商所提供的服务及支持包括：商品促销、产品规划协调、信息搜集与提供、网罗齐全的家具种类、商品储存、少量多次配送、贷款、融资、维修及以旧换新等，更具有规避及分散风险的作用。

（2）批发商的存在，当然有其正面、不可或缺的作用，另一方面却也使得制造商及零售商的独立性不够，计划、销售及市场活动往往受到限制，因此也无法适应瞬息万变的竞争环境，尤其在产品选择、售价、及进货渠道上受到严重的限制。此外，由于多层次批发架构，使得进货成本及最终售价都大幅增加，这些都为外来家具进入中国市场创造了良机。

（3）长三角的精细与珠三角的粗犷，长三角的家具销售渠道近年来已朝简化及多样化发展，但基本模式仍为由制造商至批发商至零售商，这种模式确实对外来家具进入长三角市场有所阻碍，但这一销售结构有其一定的背景及重要性，其经销环节非常紧密，样品展示会及对外采购的方式也不同于珠三角等地。例如，长三角的家具企业一般不在家具展览会中决定特定的采购合约或年度交易，而是于展览会后，由销售负责人拜访客户来敲定交易，近年来的趋势是厂商往往将客户直接邀请至其产品展示室进行交易协商。

（4）中国市场家具的销售渠道一直维持制造商至批发商至零售商的基本架构，但与家具销售紧密相连的房地产有开发商、经销商、物业管理单位等，而家具行业又有代理商、批发商和零售商等，再加上家具企业的直营专卖店，重重叠叠，非常复杂。近年来，这种传统结构已经发生了重大变化，有的尝试以"无中间商销售"摆脱批发环节，有的制造商、批发商则直接将产品销售到消费者，整体而言，整个家具销售渠道拓宽了。

（5）区域家具批发商是近年来中国家具销售系统的核心，他们的职责在于找到家具制造商，并将产品推出到消费市场。在经济高度增长时期，家具制造商在这种架构下建立了产销系统，制造商规模变大，零售商的实力也增强，销售方式随着交通系统的提高以及网络通信迅猛发展而改善；随着规模扩大，家具制造商开始企图摆脱旧模式的束缚，有的制造商已从事直接批发。但直到现在，由于一般制造商规模还小，而仍须相当程度地依赖批发商及其对零售商的支持；而零售业者也相当依赖批发业者所提供的仓储、配销、产品信息、货品收集及销售支持等服务。许多大型零售商利用批发商的服务来降低风险，虽然有一小部分零售商直接和制造商交易，但大部分仍经由和房地产商有往来的大批发商进货。另有许多规模较大的制造商设立销售公司来直接进行销售业务，比如顾家工艺就是非常典型的例子。

（6）大型家具连锁店利用其较强的销售能力来扩大直接采购，自发式的连锁专卖店也建立起具有批发性质的共同采购组织。家具批发商为适应兴起的直销或直接采购趋势，开始利用高效率及信息导向的销售系统来加强其传统地位，并积极扩张其销售、投标、住房建筑等零售领域的优势，形成垄断。而家具零售业也面临销售渠道多元化的挑战，大型零售店、家居建材市场、折扣店、邮购业者、住家相关产业都积极进入家具批发领域，中小型家具店面对这些竞争往往处境困难。家具销售及零售系统结构的转变为外来家具提供了大好机会，也使批发商及零售商开始考虑直接与外来家具供应商进货，此举措不但对家具的价格产生影响，也给消费者提供了更多选择。

（7）在中国市场上家具承包业务模式近年来成长迅速，进口家具在这领域也有较佳表现，这种合约式投标必须在建筑或公共设施计划阶段即先行洽谈并收集资料，且只有被指定的投标者才能参与竞标，得标者必须在短期内交付大量家具并提供售后服务。有意获得合约的供货商有必要考虑在各地派遣常驻的专业人员以收集信息，并在当地建立授权制造或其他生产体系，否则必须和当地家具制造商或经销商合作才有可能进入这一市场领域。

五、物流管理

零售商准时交货给消费者为一般商业原则之一，除当场提货外，一般交货期为一星期，最多不可超过两星期。然而，外地厂家的交货时间可能需要一个月左右，进口家具的交货期甚至长达三个月。跨省级以上区域的家具交货期通常是依据预期销售量而进行的季节性采购，并加上所需运送时间。各地家具供货商经常对各省市的要求准时交货的商业行为认识不足，运货途中也经常发生意外事故，以致往往错失交货期，或是货品在运送途中数量发生短缺，使得跨省级区域家具的经销商必须承担极大风险。对承包家具，交货期更为重要，一旦延误将对使用者造成严重损失。

六、加强售后服务

对家具这一类高价的耐用消费产品而言，完善的售后追踪服务、提供维修、接受投诉是必要的。尤其是跨省级区域家具，对消费者的投诉进行及时、有效的处理极为重要，虽然部分积极拓展全国市场的家具厂家有代理商处理售后服务等问题，但绝大多数并未提供售后维修，因此经销商必须自行建立消费者维修服务体系，这也就使原本计划直接从外地进货的批发商、零售商形成瓶颈，这些批发商和零售商往往只有透过外地贸易商及制造商来转移风险，外地供货商其实可借助和当地家具制造商合作来去除这些风险。

中国各区域气候环境不同，也都有各自的生活方式和习惯，各地家具是在不同的气候环境下及不同的技术下制造的，因此生产商必须经常面对来自消费者有关材料品质、使用方法、技术问题的询问和投诉，对此回应必须快速、有效。此外，任何计划拓展全国市场的家具厂商在产品拓销全国市场前，都要注意"各省市家具三包规定"，都应注意是否符合必要的安全规范标准，这对消费者而言，是决定是否下单时的重要考虑因素。

作业与思考题：
简述家庭家具的设计原则。

第三章　消费者需求与家具购买需求

第一节　消费者需求的概念

人为什么会购买某种产品，许多人会认为，因为产品的价格低，因为产品的品质好，所以才购买。事实上大部分购买行为的发生，并不仅仅是因为产品的价格或者是产品的质量，每一个购买某种产品的目的都是为了满足他背后的某些需求。而这些需求的满足大多数时候并不是产品所提供的功能，而是这些产品所能满足顾客消费背后的利益或感受。顶尖的设计师最重要的工作就是找出顾客购买这种产品背后的真正需求，从而调整自己的产品设计及产品推广、销售过程；因此，设计家具的第一步就是找出顾客内在或潜在的真正需求。

一、消费者需求的定义

人们为了满足物质和文化生活的需要而对物质产品和服务的具有货币支付能力的欲望和购买能力的总和。

消费者的需求往往是多方面的、不确定的，需要我们去分析和引导，很少有消费者对自己要购买的消费品具有非常精确的描述。也就是说，当一位消费者站在家具的面前时，他对所面对的家具有了极大的兴趣但仍然不知道自己将要买回去的是什么样的；在这种情况下，需要增强与客户的沟通，对消费者的需求做出定义。

消费者的需求就是指通过买卖双方的长期沟通，对消费者购买产品的欲望、用途、功能、款式进行逐渐发掘，将消费者心里模糊的认识以精确的方式描述并展示出来的过程。

二、消费者需求定义的原则

在对消费者需求进行定义时要注意从不同的角度来分析，不妨注意以下几个原则：

（1）全面性原则　对于任何已被列入客户范畴的消费者，我们要全面地定义其几乎所有的需求，全面掌握客户在生活中对于各种产品的需求强度和满足状况。之所以要全面了解，是要让客户生活中的需要完整地体现在你的面前，而且根据客户的全面需要分析其生活习惯、消费偏好、购买能力等相关因素，更为重要的是这种了解往往会给客户留下好印象，刻画销售人员关心客户、爱护客户的形象。

（2）突出性原则　时刻不要忘记销售者的第一要务是为公司销售产品，帮助客户满足需求。所以，要突出产品和客户需求的结合点，清晰地定义出客户的需求，必要的时候要给客户对本产品的需求形成一个"独特的名称"。假如你是一个竹躺椅的销售人员，尽可能得让消费者形成对躺椅的独特认识，为它定义出一个别人都没有意识到的"提高生活舒适度需求"等。

（3）深入性原则 沟通不能肤浅，否则只能是空谈。对客户需求的定义同样如此，把客户需求的定义认为是简单的购买欲望，或者是单纯的购买过程明显囿于局限，只有深入地了解客户的生活、工作、交往的各个环节，才会发现他对同一种产品的真正需求。也就是说，要对客户的需求做出清晰的定义，事前工作的深入性是必不可少的。

（4）广泛性原则 广泛性原则不是对某一个特定客户需求定义时的要求，而是要求销售人员在与客户沟通时要了解所有接触客户的需求状况，学会对比分析，差异化地准备自己的相关工具和说服方法。

（5）建议性原则 客户不是下属，所以命令他们是不会接受的。在客户需求的定义过程中同样如此，客户所认同的观念跟我们的或多或少存在一些差异，所以对客户的需求要进行定义只能是"我们认为您的需求是……您认同吗？"

三、消费者需求的特点

消费有很多特点，了解这些特点有利于了解消费需求，才有可能促成购买。需求是随着社会进步、经济繁荣等因素而不断变化的，消费需求虽然受多种因素的影响，但它具有一定的规律性和特点。

1. 驱动性

当某种需求萌生后，便产生一种心理紧张感和不适感，这种紧张感便成为一种内驱力，驱动人们寻求满足新需求的目标和对策，迫使人们去从事各种购买活动，以满足这种需求。这一特点在冲动型消费者中表现得最为突出。

2. 多样性

消费者存在着生理、心理、经济、文化、民族、风俗习惯等方面的差异，因此，消费需求也是千差万别，即使是同一款家具，不同的消费者对其规格、花色、质量等方面有不同的需求。随着人们生活水平的不断提高，消费者的审美观念逐渐向个性化发展，更要求家具产品市场的多样性。靠单一款式造成火爆消费的时代一去不复返了。

3. 选择性

人们的需求是多种多样的，已经形成的需求经验使消费者对需求的内容能够进行选择。消费者将根据自身的消费经验、个人爱好、文化修养、经济收入等情况，重新选择自己的消费需求。家具款式的增多，家具商品可选择性的提高也对家具卖场店员的专业素质提出了更高的要求。

4. 时尚性

随着社会的不断发展，物质文明的高度进步，消费者的消费需求也在不断地变化和更新。家具是受时尚影响的产品，随着流行而变化。消费者购买家具时，会考虑它的时尚性。当基本的功能性完全被满足后，款式的时尚与否将成为购买的主要因素。

5. 连续性

消费需求的连续性也称为周期性、无限性等，是指消费需求不断地"出现—满足—再出现—再满足"周而复始地循环状态。人们的需求永无止境，是由于人们生存的需要永远不会完全被满足，促使人们不断地进行活动以满足它。一旦旧的需求得到满足，就会产生更新的、更高级的需求，达到目标的消费者会为自己确定更高的目标，这就要求家具设计师或厂家要不断挖掘消费者新的需求，吸引消费者再次消费。

6. 满足性

消费需求的满足是相对的，而永不满足才是绝对的。需求的满足性是指需求在某一具体阶段中所达到的满足标准。消费需求的相对满足程度，取决于消费者的消费水平。人们的消费需求是伴随着社会的发展、经济状况的改变、审美观念的提高等因素而得到相对满足的，这种相对的满足阻碍了新的消费，家具卖场的各种有吸引力的促销活动就是希望通过刺激欲望而不断拉动消费。

7. 发展性

消费需求的形成与发展是与社会生产力的高低密切相关的。需求的变化是随着社会生产力的提高和进步而改变的，需求由低级到高级、由物质到精神、由简单到复杂不断发展变化。消费的个性化，也是消费需求发展的必然倾向，消费内容越丰富，消费需求的层次性变化越大，需求的层次越高，消费选择性越强，就越能促进消费生活的个性化。需求是永无止境的，是无限发展的，发展也使商业竞争不断升级。

8. 目标性

人们的需求总是包括一定的内容或某种具体的事物，离开了具体事物和具体内容，就不会产生需求。但对于特定需求来说，又有着十分明确的对象目标。消费者的需求都具有一定的对象目标，不会凭空臆想出需求对象。为了满足消费需要，家具卖场往往集合多个品牌和风格的家具，会想方设法地帮助顾客寻找需求的对象。

9. 竞争性

在某一时期，消费者会存在多种需求，但只有最强烈、最迫切的需求才能转化为动机，成为行动的主要支配力量。因此，消费者的各种需求之间存在一种竞争，竞争也会要求获得满足。例如，在经济条件有限的情况下，一个家庭购置家具时，对各个家具的重要性会产生一定的需求竞争，竞争的结果就是一种决定，即刻就会转化为购买行为。

10. 伸缩性

消费者购买家具在量与质等方面往往随购买力、流行趋势、价格因素的变化而有所不同。伸缩性还表现在"可买可不买"的思维过程中。

11. 诱导性

消费需求不是人们先天就有的，是通过后天的外界影响、引导和诱导而产生的。消费需求受广告宣传、商品陈列、店员介绍、群体、亲朋好友等方面的影响发生变化或转移，由不准备买或不愿意买而演变为现实的购买行为。双休日制使很多人有了更多的时间逛家具卖场，他们有时并不知道自己要购买些什么，只是看看再说，这也给商家提供了成交机会。

12. 配套性

家具的款式与配件相配套，不协调的搭配，给人不伦不类的感觉。因此，人们在购买某款家具时，首先考虑的是与其他家具是否相配套。家具的配套包括色彩、款式、风格、尺寸等方面是否协调。

13. 互补性

消费者对家具的需求具有互补性的特点。在市场上，人们常常看到某种家具销量的减少而另一种销量在增加的情况。如原木家具销量增长会使复合板家具销量相对减少，又如沙发的流行会影响木制坐椅的销量。这就要求家具厂商要不失时机地根据市场发展趋势，有目的、有计划地推出适销对路的家具产品。

四、消费者需求的分类

（一）按照消费者的目的性分类

按照消费者的目的性可以分为初级的物质需求和高级的精神需求。其中，初级的物质需求表现在人们没有达到一定的消费能力之前，为了获取赖以生存的物质所带来的消费；精神需求则是在满足了物质需求后，为了得到更多的非物质需求而带来的消费。

结合消费者的消费实践，消费者对特定商品消费需要基本内容包括以下几方面。

1. 对家具基本功能的需要

基本功能指家具的有用性，即家具能满足人们某种需要的物质属性。家具的基本功能或有用性是家具被生产和销售的基本条件，也是消费者需要的基本内容。任何消费都不是抽象的，而是有具体的物质对象的，而成为消费对象的首要条件是要具备能满足人们特定需要的功能。在通常情况下，基本功能是消费者对家具诸多需要的第一需要。如果不具备特定功能，即使商品质量优良、外形美观、价格低廉，消费者也难以产生购买欲望。

2. 对家具质量性能的需要

质量性能是消费者对家具基本功能达到满意或完善程度的要求，通常以一定的技术性能指标来反映。就消费需要而言，家具商品质量不是一个绝对的概念，而是具有相对性。构成质量相对性的因素，一是家具的价格，二是家具的有用性，即家具的质量优劣高低是在一定价格水平下，相对于其实用程度所达到的技术性能标准。与此相适应，消费者对家具质量的需要也是相对的，一方面，消费者要求家具的质量与其价格水平相符，即不同质量有不同的价格，一定的价格水平必须有与其相称的质量；另一方面，消费者往往根据其实用性来确定对质量性能的要求和评价。某些质量中等，甚至低档的家具，因已达到消费者的质量要求，通常也会为消费者所接受。如 A、B 两种品牌的沙发，A 品牌在款式、面料等方面均逊于 B 品牌，但后者价格远高于前者，因而对于中低收入、单身或少人口家庭的消费者来说 A 品牌产品更有吸引力。

3. 对家具安全性能的需要

消费者要求所使用的家具卫生洁净、安全可靠，不危害身体健康。这种需要通常发生在对家具的购买和使用中，消费者希望家具在生产和制造中所用原材料的安全和家具组装部件连接的安全以及家具细节设计中的安全等，是人类对安全的基本需要在家具消费需要中的体现。

4. 对家具便利的需要

这一需要表现为消费者对购买和使用家具过程中便利程度的要求。在购买家具过程中，消费者要求以最少的时间、最近的距离、最快的方式购买到所需商品。同类家具，质量、价格几近相同，其中购买条件便利者往往会成为消费者首先选择的对象。近年来，随着网络技术和电子商品的发展，网上贸易以传统购物方式无法比拟的便利、快捷、零距离优势，正在越来越多地受到消费者的青睐。

在家具使用过程中，消费者要求家具使用方法简单易学，操作容易，携带方便，便于维修。实际上，许多家具虽然具有良好的性能、质量，但由于操作复杂、不易掌握或不便携带、维修困难等因素而不受消费者欢迎。

5. 对家具审美功能的需要

这一需要表现为对家具在工艺设计、造型、色彩、整体风格等方面审美价值上的要求。

爱美是人类的天然属性，它体现在人类生活的各个方面。在消费活动中，消费者对家具审美功能的要求，同样是一种持久性、普遍存在的心理需要。在审美需要的驱动下，消费者不仅要求家具具有实用性，同时还要求具备较高的审美价值；不仅重视家具的内在质量，而且希望家具拥有完美的外观设计，即实现实用性与审美价值的和谐统一。消费者通过家具消费，一方面美化环境，为自己创造优雅怡人的生活空间；另一方面美化自身，塑造富有魅力、令人喜爱的个人形象。

当然，不同的消费者往往具有不同的审美标准。每个消费者都是按照自己的审美观来认识和评价家具，因而对同一家具不同的消费者会得出完全不同的审美结论。

6. 对家具情感功能的需要

情感需要是消费者心理活动过程中的情感过程在消费需要中的独立表现，也是人类所共有的爱与归属、人际交往等基本需要在消费活动中的具体体现。而对家具功能的需要，是指消费者要求家具蕴涵深厚的感情色彩，能够外现个人的情绪状态，成为人际交往中感情沟通的媒介，并通过购买和使用家具获得情感上的补偿、追求和寄托。

消费者作为有着丰富情感体验的个体，在从事消费活动的同时，会将喜怒哀乐等各种情绪反映到消费对象上，即要求所购买的家具与自身的情绪体验相吻合、相响应，以求得情感的平衡。如，在欢乐愉悦的心境下，往往喜爱明快热烈的家具色彩；在压抑沉痛的情绪状态中，经常倾向于暗淡冷僻的家具色调。

另外，消费者作为社会成员，有着对亲情、友情、爱情、归属等情感的强烈需要，这种需要主要通过人与人之间的交往沟通得到满足。许多家具如茶具、咖啡馆家具等，能够在消费者体验家具本身时外现某种情感，因而成为人际交往的媒介和媒体，起到传递和沟通感情、促进情感交流的作用。

7. 对家具社会象征性的需要

即消费者要求家具体现和象征一定的社会意义，或者体现一定的社会地位，能够显示出自身的某些社会特性，如身份、地位、财富、尊严等，从而获得心理上的满足。在人的基本需要中，多数人都有扩大自身影响、提高声望和社会地位的需要，有得到社会承认、受人尊敬、增强自尊心与自信心的要求。对家具社会象征性的需要，是高层次社会性需要在消费活动中的体现。

8. 对良好服务的需要

在对实体形成多方面需要的同时，消费者还要求在购买和使用家具的全过程中享受到良好、完善的服务。良好的服务可以使消费者获得尊重、情感交流、个人价值认定等多方面的心理满足。对服务的需要程度与社会经济的发达程度和消费者的消费水平密切相关。现代消费中，家具与服务已经成为不可分割的整体，而且服务在消费需要中的地位迅速上升。消费者支付货币所购买的已不仅仅是家具实体，同时还购买了与家具相关的服务，包括售前、售中、售后服务。从某种程度上说，服务质量的优劣已成为消费者选择购买家具的主要依据。

（二）按照消费者消费需求的明确性分类

按照消费者需求的明确性可以分为显性需求、不明显需求和隐性需求，这里重点介绍隐性需求。隐性需求是指消费者没有直接提出、不能清楚描述的需求，这种需求往往是生产者根据技术的发展、对市场变化的预测等方面来提出的，是需要引导的。企业要激发消费者的隐性需求，要更了解和体会客户才能更好地满足消费者的隐性需求。

隐性需求的特点：

（1）不明显性　隐性需求不是直接显示出来的，而是隐藏在显性需求的背后，必须经过仔细分析和挖掘才能将其显示出来。隐性需求来源于显性需求，并且与显性需求有着千丝万缕的联系。

（2）延续性　在很多情况下，隐性需求是显性需求的延续，满足了用户的显性需求其隐性需求就会提出。两者需求的目的都是一致的，只是表现形式和具体内容不同而已。

（3）依赖与互补性　隐性需求不可能独立存在，它必须依赖于显性需求，离开了显性需求，隐性需求也就自然而然地消失了。同时，隐性需求和显性需求之间又是互为补充的，也就是说，隐性需求是为了弥补和完善显性需求的不足而存在的，它可使需求目标更好地实现。

（4）转化性　转化性是指以用户的显性需求为基础，通过与用户交流，可以启发用户将隐性需求转化为新的显性需求。

作业与思考题：

1. 消费者需求的定义和定义原则各是什么？
2. 消费者需求的特点有哪些？
3. 消费者需求的类型有哪些？

第二节　家具行业研究消费者需求

一、家具行业研究消费者需求的必要性

2011 年是家具行业的"寒冬"，就外部环境来看，国家金融政策不断收紧，企业融资艰难，成本不断增大；同时，家具行业的内部环境也比较严峻，市场消费总量缩水，原材料成本持续上升，家具卖场不断扩张，部分企业及经销商被卖场捆绑，导致销售渠道不畅；内外交困下，家具行业举步维艰。

从目前消费需求来看，中国家具市场出现结构性失调的局面，一方面产品同质化过多，每年全国家具滞销额估计为 300 亿～400 亿元；另一方面，消费者的需求无法得到满足，消费者很失望于无法快速、便捷地买到自己想要的商品，甚至根本无法买到。所以在未来家居行业的发展中企业需要在消费者研究上下功夫，必须知道消费者在想什么，才能做到给他们最需要的。

二、家具需求层次分析

心理学家马斯洛把人的需求层次分为五个层次，从高到低依次是：生理需求、安全需求、社会需求、受尊重需求、自我实现需求。

一般来说，购买达芬奇等高级家具的消费者就是为了满足自我实现的需求，购买中等价位家具的消费者就是为了满足归属与爱或者安全需求，购买低价位家具的消费者主要就是满足生理需求。

消费者购买家具时由于不同的需求层次就会产生相应的需求动机，最终通过购买相应的产品来满足这种需求动机。然而，购买家具时并不是只有一种需求和动机在起作用，例如有

人购买一套沙发既要舒适安全，又要体现个人的身份地位；但是在同样舒适安全的沙发面前，体现身份地位的这一套可能会更受欢迎，那么受尊重需求就起了主导作用。同一类型或同一品牌甚至同一件家具可能满足多个层次的不同需求，我们需要分析一下购买家具时起主要作用的需求。

那么究竟什么样的家具满足什么样的需求呢？

举个例子，人们在购买儿童家具时往往考虑的是安全和益智两个方面，这两个方面的考虑对应了安全需求和自我实现需求。如果把小孩的安全需求放在第一位，消费者可能就会选择松木等环保型家具，松木家具给人的印象就是注重环保，在甲醛等含量的控制方面比较好，对小孩无伤害。消费者也可能购买对小孩有特殊防护的家具，如宜家儿童家具就在家具边角处安装了防撞贴。可组合、可折叠的家具由于像变形金刚一样可以开发小孩子的智力也会受到一部分消费者的欢迎。

又如客厅家具主要是作为接待客人之用，一般来说，社交和受尊重就成了主要的需求。沙发就要大气、体面，满足受尊重的需求，同时沙发、茶几还应满足方便喝茶、聊天的社交需求。当然，对有的人来说沙发的舒适性是第一位的，下班后往沙发上一躺可以缓解一天的疲劳，这样沙发就又满足了基本的生理需求。

再如，在有些农村地区婚房一定要气派体面，因为要在结婚当天给亲戚朋友观看，所以在这个时候婚房家具就是为了满足受尊重的需求。

根据消费者家具需求层次的不同，列出家具和消费者需求的对应关系，如图 3 – 1 所示。

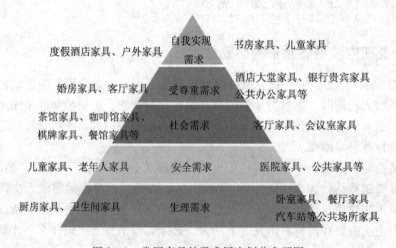

图 3 – 1　常用家具的需求层次划分参照图

三、中国家具市场的需求分析

2010 年 11 月 25 日中国家居产业经济指数研究中心正式成立并开展了一项有关家具消费情况的网络调查，推广持续了 1 个多月，共有 5 427 位网友参与了投票。本次投票面向全国的不同年龄层次的消费者，其中 50% 的参与者是 31 ~ 50 岁的人，26% 是 26 ~ 30 岁，10 ~ 25 岁的占 14%，50 岁以上的基本没有；另外，参与本次投票的家庭收入方面，8 万元以下的参与者占 25%，8 万 ~ 15 万的参与者占 36%，15 万 ~ 25 万的占 24%，25 万 ~ 35 万的占 8%，35 万以上的占 7%，从上述调查信息可以看出，本次调查人员基本上都具备了一定的购买能力，因而也具有普遍的代表性。

在有关"选购家具时，你更愿意选择哪种材质"这一问题的投票中，54%的网友选择了板式，其次分别是选择实木的占38%，松木的占4%，竹藤的占1%，其他的占3%，而没有人愿意选择金属和塑料材质的家具。

（一）板式家具一直以来都是受到消费者青睐和选择的产品

简约、实用、流行的板式家具给家居风格提供了充满艺术感的选择，并且在色彩、设计、技术、质量等方面不断创新，形成了多种多样的风格。网友flffvgw表示：伴随房价的高升，大家只能购买小户型，如果买实木的家具又笨重又不好看，而板式家具占用空间小，变化多样，色彩也更鲜亮，价格也便宜，适合大多数家庭；另外，简约现代装修的风格也是大众消费者在装修时考虑最多的风格，板式家具是再合适不过了。

同时我们也要看到，虽然板式家具占据了大的优势，但同其他材质的差距也在不断缩小。随着消费者消费水平的不断提高，越来越多的消费者开始注重品质与品味。一位男性网友hyjj88在调查中则说：实木类家具更耐用、大气，质量应该更可靠，而且价格上涨较快，比较保值。可见，实木家具也逐渐成为大家考虑的方向，开始占据一定的地位，有赶超板式之势。

（二）环保成为大家选购家具时优先考虑的因素

哥本哈根世界气候大会国家强烈要求低碳环保，让大家的环保意识愈加强烈。如今大多数人都追求绿色环保家具，在本次调查有关"在选购家具材质时，您最看重的因素是什么？"的投票中，29%的网友选择了环保，其次有21%的网友选择了价格适中，19%的网友选择了好看，17%的网友选择了耐用，10%的网友选择了容易打理，3%的网友选择了亲友推荐，还有1%的网友选择了其他。

此外，网友除了关注家具的环保性，关于产品价格、质量、外观、打理等方面都有不同的需求度，从整体上来看还是比较均衡，看来家具材质在满足消费者多样化需求上有着更严格的标准。

而在选购家具方面，有29%的网友更看重家具品牌，其次分别是材质和售后服务都是24%、价格15%、广告8%。由此我们不难看出，品牌还是决定消费者选购产品的先决条件；但是在家具领域，真正能称得上品牌的却为之尚少，在一二级市场没有谁敢说自己是强势品牌，只能说在某个区域称得上品牌。因此，做品牌还是家具企业不可忽视的重中之重，同时，材质和售后服务也是消费者比较关注的。

（三）消费者了解产品信息的主要渠道中网站广告位居第一

在"您通常通过何种渠道了解家具产品信息？"的调查中，网站广告竟然是消费者了解产品信息的主要渠道，占到32%，位居第一，13%的人群则是通过报纸杂志广告来了解，16%的人是亲友推荐慕名而去的，14%的消费者是随便进到卖场通过导购介绍才了解，20%的消费者是通过电视广告得知，还有各4%是通过媒体测评和设计师推荐的，另外1%是由其他渠道获得。

由上可知，网站广告是消费者获取产品知识、了解产品信息的主要途径，与传统媒体报纸、电视广告相比，网站上产品信息更全面、传播速度更快；而且随着网上电子商城的开启，消费者可以更直观地在网上看到实物，以及网上模拟家具摆设。最好的例子就是尚品宅配在网上做整体家居配套，客户可以根据自家结构在网上找到1∶1的户型，直接网上提交就可以出配套家具效果图，方便快捷。

（四）超四成网友预期花费 10 000 元以上来购买家具

在这项有关"您购买家具的预算约有多少？"的投票中，42% 的网友选择了 10 000 元以上，39% 的网友选择 5 000 ~ 10 000 元，17% 的网友选择 3 000 ~ 5 000 元，只有 2% 的网友选择在 3 000 元以下。

我们还对"大家在多长时间的周期会选择再次购买家具"进行了投票，61% 的人选择在 3 ~ 5 年就会更换一次，28% 的人选择 5 ~ 10 年才更换，而用 1 ~ 3 年更换或者一直用到坏的只占 5% ~ 7%，可见大家现在更换家具的频率是比较快的。另外，我们还对网友购买家具后出现哪些问题做了调查，最后发现质量问题还是家具问题中最主要的，占了 37%，其次是保养 21%、安装不规范 11%、环保 10%、辅料 7%，尚且不论其他包含什么，从调查结果来看，购买的家具中出现的质量问题是最严重的。

其实质量问题也一直是国家、企业、消费者普遍关注的，但是问题总是屡禁不止。近日，国家在第三次家具质检抽查中，又查出近三成家具不合格，其中部分品牌家具也"荣登"黑榜。因此，消费者在选购家具时不能只看重品牌，需要从多方面综合考虑，仔细挑选。同时，家具使用周期越长出现的问题当然也会越多，在此也提醒消费者最好按规定使用产品。

作业与思考题：
1. 家具行业研究消费者需求的必要性有哪些？
2. 简述家具需求层次。
3. 简述中国家具的市场需求情况。

第三节　影响家具消费者需求的因素

一、影响家具消费者需求的因素

家具消费主要取决于消费者对家具产品的需求，而消费者对家具产品的需求又受到多种因素的影响，既有各种自然条件和社会经济条件的制约，又受到消费者本身个体因素的影响；既有经济因素，也有非经济因素，概括起来主要有以下几种：

（1）商品本身的价格　商品本身价格高，需求量少；价格低，需求量多，这是人所共知的。

（2）其他相关商品的价格　各种商品之间存在着不同的关系，因此，其他商品价格的变动也会影响某种商品的需求。商品之间的关系有两种：替代品与互补品。替代品（substitute）是可以用来代替另一种物品的物品。例如，乘汽车是乘火车的替代品，热狗是汉堡包的替代品等。每一种物品都有许多种替代品，如果某种物品的替代品价格上升，人们就要购买这种物品，这种物品的需求量就会增加；相反，某种物品的替代品价格下降，人们也会减少这种物品的购买。因此，替代品价格的变动会影响一种物品的整个需求表，并使需求曲线移动。互补品（complement）是与另一种物品结合起来使用的物品。例如，录音机与磁带、CD 架与 CD、沙发与抱枕等。如果一种物品的互补品价格上升，人们也会减少对这种物品的购买。例如，录音机的价格上升，人们也会减少对磁带的购买。相反，某种物品的互补品价格下降，人们也会增加对这种物品的购买。因此，一种物品互补品价格的变动也会影响该种物品的整个需求表，并使需求曲线移动。

（3）消费者的收入水平　对于多数商品来说，当消费者的收入水平提高时，就会增加对商品的需求量；相反，当消费者的收入水平下降时，就会减少对商品的需求量。

（4）消费者对未来的预期　包括对自己的收入水平、商品价格水平的预期。如果预期未来收入水平上升或未来商品价格要上升，就会增加现在的需求；反之，如果预期未来收入水平下降或未来商品价格水平下降，就会减少现在的需求。

（5）人口数量与结构的变动　人口数量的增加会使需求数量增加，人口数量减少会使需求数量减少。人口结构的变动主要影响需求的构成，从而影响某些商品的需求。例如，人口的老龄化会减少对时尚服装、儿童用品等的需求，但会增加对保健用品的需求。

（6）政府的消费政策　例如，政府提高利息率的政策会减少消费，而实行消费信贷制度则会鼓励消费。

（7）消费者偏好　偏好是个人对物品与劳务的态度，即喜爱或厌恶的程度。随着社会生活水平的提高，消费不仅要满足人们的基本生理需求，还要满足种种心理与社会需求，因此，消费者偏好，即社会消费风尚的变化对需求的影响也很大。消费者偏好要受种种因素的限制，但广告却可以在一定程度上影响这种偏好，这就是许多厂商大做广告的原因。

二、中国家具消费需求的影响因素

目前近几年内，中国家具大的消费需求主要受以下一些因素的影响。

1. 家具消费观念更新

随着人们的物质文化生活水平的提高，人们对家具消费的观念也在发生变化。过去的若干年间，当人们整日为温饱问题而奔波忙碌的时候，不可能有心思对家具产生更大的奢望与兴趣，那时，人们对家具的要求是只要能方便坐、卧、工作就感到最大的满足了，许多人家甚至没有像样的家具，有的甚至找来一些木板，自己钉起来使用。

而今，人们的消费观念发生了根本的变化，家具不但成了首选物品，而且还要求它美观、实用、新潮。越来越多的家庭对家具的需求与日俱增，广大农民开始改变过去自制家具的习惯，转向购买家具。家具也由过去的功能型需求转向时尚化、个性化的需求，家具更新换代的周期从过去的十几年缩短为现在的 5～6 年。

2. 生活与居住条件的改善

经济形式的不断好转，房地产管理的规范以及信贷政策的改革，使得广大居民的住宅条件得以改善，这将进一步刺激对家具的需求，并且对于家具的质量、档次、款式的要求越来越高，中高档产品的需求将呈现上升势头。

3. 办公条件的现代化

人们在不断努力改进自己的工作条件，随着办公现代化时代的来临，旧式办公家具的更新换代已成趋势。据预测，在家具的总销售量中，办公家具所占份额将由过去的 20% 左右上升到今后的 30%～35%，占整个家具总销售量的 30%，新建工厂、写字楼、学校等每年消费的家具总额大约 300 亿元。

4. 宾馆饭店的更新

我国一些较具规模的宾馆饭店，大多为改革开放初期兴建和发展起来的，许多已显得破旧或者落后于时代。而有些宾馆因成绩卓著而欲大展宏图，这使得宾馆饭店的内部装饰进入更新时期。海外投资的大量涌入和旅游业的迅速发展，国内有近 2000 多家涉外宾馆，30 多万套客房进入更新改造的高峰期，更新改造费用大约 100 亿元左右，需要提供的中高档家具大约为 10%，即 10 亿元左右。

5. 儿童家具消费逐渐升温

我国现有少年儿童 2 亿人左右，随着城镇居民住房条件的不断改善，儿童家具已成为家具市场的消费热点之一。如今，不少城镇家庭中的独生子女都有自己的居室，绝大多数家长都想为他们的孩子购买价廉物美的床具、写字桌和书柜等中低档儿童家具。据不完全统计，儿童家具的销售量已占家具总销量的 18%，儿童家具人均消费额约 60 元。因此，适合 3 ~ 16 岁不同年龄、不同身高孩子的儿童家具将具有广阔的市场。

6. 青年结婚进入高峰期

全国每年约有 2 000 万青年男女进入结婚年龄，新组成的 1 000 万个家庭需要装修和购买家具，这部分新组建的家庭是家具的主要购买者，他们所需要的家具强调新潮、特色、个性。随着人们精神文化生活日趋丰富多彩，求新、求异、求美、求真的消费心理的变化以及对居住环境和室内陈设方面追求的增加，人们喜欢营造一个华贵的家庭气氛，这必将推动民用家具消费市场走向新一轮的高潮。

7. 农民消费观念改变与农村新房增加

我国有 9 亿农民，2 亿农产家庭，这是一个最大的潜在市场。随着农村乡镇企业经济的发展和"小城镇"建设进一步实施，农村与城镇的差距越来越小，大部分农民都较快地富裕起来，并普遍盖起了新房（一般每家有 200 ~ 300 平方米），农民对家具的消费观念正在发生根本性的转变，已由过去的自制家具逐渐发展到购买家具。虽然目前大多数购买的是中低档产品，但需求中高档家具的潜在市场十分喜人。目前农村人均家具消费不足城市人均消费的 20%，如果城市人均消费大约为 100 元，农村人均则为 20 元，则全国农村家具市场的年消费额为 180 亿元左右。农村近十年将新建住宅 64 亿平方米，预计购买家具的比例今后每年将以 30% 的速度递增。

8. 居民住宅进入改善期

居民住宅进入改善期：随着安居工程和房改政策的进一步实施，城市新住宅的大批建造和旧城改造以及居住条件的不断改善，居民购置家具、装饰住宅的热情将不断高涨，这将会带动民用家具需求量增加。目前，全国现有城镇居民 1.2 亿户，住宅面积 20 亿平方米，每年约有 10% 的家庭需要装修和更换家具，未来十年内我国住宅建设将突破 60 亿平方米，年均 6 亿平方米。住宅民用家具的需求已占家具总销售量的 1/2 以上。

9. 老年家具进入更新期

我国已逐渐步入老龄社会，60 岁以上的老年人已占全国人口的 10% 以上，老年人所用家具大多已进入更新期，人均消费额在 40 ~ 50 元。

10. 西部大开发为家具业带来了商机

国家西部大开发战略政策的实施，必将牵动该地区经济的起飞和发展。西部地区每年购置或置换住房面积约为 4 000 万平方米左右，以入住面积每千米消费 150 ~ 200 元家具计算，仅此项就有 70 亿 ~ 80 亿元的消费潜力，如果再加上西部经济开发带来现代化写字楼、宾馆和酒店等的涌现，西部家具市场将无可限量，国内家具企业将可开拓更大的发展空间，获得更多的发展机遇。

11. 自然灾害导致家具的需求

2008 年 5 月，接连不断的地震不是国人所希望的，但自然灾害我们也无法抵挡和抗拒。

在这些地震中，伤亡损失惨重，殃及的地区很广，受害的人数也很多。国家下定决心一定要为灾区重建家园，那么，家具行业的企业家们，也要配合国家有所行动，这次重建家园，家具的需求也很大，虽然这些家具不一定很高档，利润也不一定很高，但这些家具对灾区人民很重要，这批家具的数量也比较大。据新视角企业管理研究中心的家具专家团初步估计预算，民用、办公、酒店、学校家具的需求将超过 100 亿元。

三、家具未来市场前景

在国内市场上，我国家具前景很好，预计今后十年需求额将以每年 10% ～ 15% 的速度递增。

1. 人民收入和生活水平不断提高

随着改革开放搞活步伐的加快和人民物质文化生活水平的不断提高以及室内装饰业的迅速发展，人们对家具产品款式、档次、质量的要求，对居住环境、生活和工作空间条件的重视都在不断提高和加强，中高档产品的需求量将呈上升的势头。家庭月收入在 5 000 元以上的高收入阶层，他们的家具人均年消费额在 300 元左右，所需家具讲究品位，主要选择进口和国产的高档家具；中等收入阶层占城市人口 70% 左右，家具人均年消费额为 150 元左右，消费偏爱中档实木家具。

2. 第三产业和房地产业飞速发展

由于第三产业的发展和房地产的崛起，国内每年有数千万平方米的办公楼和公共建筑竣工，要求提供大量不同种类的家具，尤其是办公家具。同时，随着现代化办公方式的兴起，过去旧的办公桌椅已进入更新换代时期。因此，中高档办公家具在今后几年里将急剧增加，会客系列、会议系列、办公系列（包括办公自动化 OA 家具）等三大系列产品销势看好。据预测，近期，办公家具的销售将上升到占整个家具总销售量的 25% ～ 30%。新建的工厂、办公楼、宾馆、学校和商场等各种集团家具的消费规模每年大约在 300 亿元左右。

3. 国际家具市场提供了良好的机遇

在国际市场上，受木材资源短缺、原材料价格上涨、劳动力费用增大以及外汇率的变化等因素的影响，发达国家已将目光投向高科技、高技术密集型行业，而劳动密集型行业如家具等已向发展中国家和地区转移，他们会利用资金和技术优势在中国建厂或收购企业，实现家具 OEM 方式。同时，随着中国加入 WTO，家具进口关税将大幅度降低，发达国家将会运用现代营销理念在中国设连锁店、专卖店或进行电子商务与网络销售，这为我国家具行业的发展提供了良好的机遇。当前，国际市场需求的家具产品主要有中国传统红木家具（欧美、日本、东南亚市场）、桐木家具（日本）、餐桌椅、卧室家具（美国、西班牙、日本等）、儿童家具、旅游家具以及室外庭院家具等。

作业与思考题：

1. 影响家具消费需求的因素有哪些？
2. 简述中国家具消费需求的有利影响因素和不利影响因素。

第四节 家具行业发展应以消费者需求为导向

在家具业普遍进入供大于求的今天，也是到了产业结构调整的阶段。在这样一个调整的阶段，企业、经销商、卖场，这市场三主体却陷入了一个旋涡，企业责怪经销商不能把产品卖出去；经销商责怪卖场租金太贵，压榨了经销商的利润；而卖场则说企业与经销商并未思量如何提高产品销量，导致卖场生意惨淡。家具业直面经济危机的同时，折射出行业内惯有商业模式的缺陷。是否存在一种商业模式，可以让行业三主体的利益实现一致？卖场为何会成为众矢之的？经销商在连接卖场与企业之间怎样才能起到良好的桥梁作用？企业怎样才能通过卖场与经销商反馈的市场信息去调整产品生产线？实际上，市场三主题不仅是鱼水关系，更是一荣俱荣、一损俱损。

经过改革开放 30 年的发展，特别是 20 世纪 90 年代中期以后，家具市场需求大增，家具行业蓬勃发展，取得了全球瞩目的成绩：全球市场的快速扩张、国内市场的快速发展、家具展非常大地推动和搭建了平台、行业协会有所作为。20 年以来，家具行业年均产值一直保持 20% 以上的增速，在靠出口拉动内需的政策影响下，出口增长力度为 34.9%。预计今年家具生产总值将超过 6 000 亿元。短短的 20 年，中国家具创造了非常巨大的辉煌。然而，正是因为这些辉煌，在一些企业不经意遇到当今如此复杂的经济环境时，显得措手不及。问题的根本在于企业没有看清楚家具市场需求。

中国家具市场规模庞大、未来需求旺盛，多种因素挖掘家具市场潜力需求。2008 年北京奥运会和 2010 年上海世博会的召开，为酒店家具业带来了巨大的商机。据消费日报报道，在今后几年内北京的星级饭店将以每年 7% 的速度增长；同时，在目前北京现有的 773 家星级饭店中，八成以上近年都有改造需求，由此产生的市场需求高达 100 亿元，这其中包含的对酒店家具的需求不容忽视。同时，由于奥运会所带来的大批文化和商业设施的建设，也为家具业带来了无限商机。

建筑行业的蓬勃发展，必将带来家具业的巨大需求。据中国建筑材料工业协会统计，内地建筑装饰行业总产值每年以 20% 的速度递增，而全国家装行业总产值的增长幅度超过 30%。其中尤以橱柜家具市场增速惊人，2003 年需求量已逼近 80 万套，市场调查资料显示，目前，内地城市居民家庭中，整体橱柜家具拥有率仅有 6.8%，远低于欧美发达国家的 35% 的水平。据业内专家测算，在未来五年时间内，内地每年仅橱柜家具就有 350 亿元的市场空间。各种商业设施和文化设施的建设，同样会带来巨大的家具市场需求。

据调查，中青年一代是内地家具消费的主流，也是社会中收入最高、最有消费能力的一个群体。经常光顾家具市场的人群中 42% 是 20~30 岁的消费者，31~40 岁的占 22%，41~50 岁的占了 16%，50~60 岁的占了 10%，其余占 10%。因此，适合这一层次消费品位的家具产品会较为畅销。近年，家具消费群体知识结构与生活态度正发生改变。据调查，经常光顾家具市场的人群中有 78% 的学历均在大专以上，这一群体已不仅仅满足对家具功能的需求，而且在寻找一种新的生活方式，以期与他们的文化层次与个人品位相吻合。而一般文化程度人群光顾家具市场的则寥寥无几。

对于家具行业来说，2011 年无疑是一场"寒冰期"。无论是宏观环境还是行业本身，形势都不容乐观。政策的影响、成本的增加、业内的竞争等因素让整个家具行业陷入了困局。未来家具行业将何去何从？能否迎来行业春天？

最近两年家居市场生意不好做，想必不少商家也常常在冷清的午后，独处于卖场作深沉发呆状。对此也有业内人士认真思考分析过，并抛出七大问题：一是怎样提高销量？二是如何解决不促不销的现状？三是口碑不佳、区位较差如何提升顾客入店率？如何降低顾客流失率？四是大卖场冲击，终端同质化竞争又加剧，如何在区域内保持领头位置及持续发展？五是如何让顾客买产品，多买产品，店面如何能赚更多钱？六是每天由早忙到晚，店面事务繁多，除销售工作外还要努力做些什么工作？七是顾客的选择面越来越大了，问多买少，利润越来越低，挑战永远存在，界定问题、分解问题、筛选问题、解决问题才是商人的立足之本，必须化危机为机会。

2012 年从对家具市场影响较大的政策以及渠道方面来看，家具市场的"寒冬"似乎已经悄然过去，有望迎来一个行业春天。

首先，政策的倾斜给家具行业的发展带来了好消息，一方面，随着经济适用房的推出和老房翻新比重的加大，家具行业有望获得快速发展；另一方面，由于"十二五"期间国家将投入建设 3 600 万套保障房，为下游的家具行业又一次创造了潜力巨大的市场。作为国内家具品牌中的佼佼者，百强家具对国家政策的解读十分到位，"这十几年的改革开放，百强家具从一个不知名的企业变成现在国内知名的企业，首先要感谢国家的好政策。"百强家具掌门人陈晓太表示。作为一个企业，国家有了好的政策，就要充分利用。

其次，发展下游渠道成为了家具品牌"破冰"的又一利器。在这一方面，百强家具做出了表率。2011 年 9 月 29 日，百强国际家具商城在大钟寺中坤广场开业，这是百强面对市场变化进行的商业模式创新，是其第一家独立于家居卖场之外的门店。百强国际家具商城不但为百强家具搭建了一个全新的展示和销售欧洲顶级品牌的渠道，也使百强家具从一个制造品牌变身为一个商业品牌。

综合来看，无论从外部市场环境还是内部行业环境，家具市场都有望走出困境，但同时，对于各品牌家具在质量、渠道方面也提出了不小的要求。无论如何，对于当下的家具品牌来说，能够抓住这一时机转型升级，完善企业的方方面面，迎来行业春天将指日可待。

中国家具行业改革开放后发展起来，发展最快的也就是近 20 多年，整体来说还是一个很年轻的产业。而这个年轻的产业，已经让中国成为世界家具生产大国，中国的产值占世界 1/4，出口是世界第一，出口额为 388 亿美元，增长 15.16%。而全行业去年产值突破 1 万亿元，去年家具行业的整体增幅是 25%，成绩卓然。

面对严峻的市场环境，很多专家还是乐观的。中国每年 2 000 万对新人结婚，每年 1 600 万的新生婴儿的诞生，以及 13 亿中国人口的基数，可以大概感受到家具市场的潜力，家居产业应该具备信心。在 2012 年中国（中山）红木家具文化博览会暨第九届中国红木古典家具展览会上，对房地产楼市的政策调控是否会影响到家具市场的问题上，中国家居行业协会理事长朱长岭先生认为："房地产调控与家具销售关系不大，房地产调控抑制的是炒房行为，抑制的是投资性需求不是刚性需求，抑制的不是结婚买房，所以我认为房地产调控不会影响家具行业的发展。"

2011 年家具行业的整体增幅是 25%，2012 年 1～4 月份增幅是 17%，从这个趋势上看，家具市场是要被逐渐收窄的，市场也反应了民用家具的销售不是很好。总体来说，家具行业是产能过剩，结合中央提出来的稳中求进的发展规划，所以 2012 年家具行业的竞争非常激烈。从某些程度上来说，比如原材料涨价、人民币通胀等原因对家具价格会有一些影响，但正如前面所分析的，目前家具行业还处于产能过剩，且市场竞争非常激烈，在这样的形势下价格普遍上涨不太可能。

这几年品牌的效应已经开始持续显现，很多大品牌，这两年的增幅都很大。这说明，一是消费者的理性购买已经实现，消费者的需求向高处发展，要求个性化；另外，对质量、对品质的要求也在提高。所以家具的品牌对家具行业的发展有着重要的作用。但现在市场上的品牌大概有五六千个，真正能够在消费者当中有一定影响力的也就几百个。而且对于品牌，业内知道得多，业外知道得少。第一重要的是产品的品质是否达到要求；第二才是品牌；第三是它的品位，不光是质量跟品牌，还应该符合人们的需求、符合市场的需求、符合家庭的需求。

板式家具应该说生产的速度比较快，产品上市也快。随着消费者需求的不断变化，这种比较单一形式的需求也会差一些。另外，在板式家具市场中，竞争相当激烈，在价格上的利润都很低。

现在一部分企业生产板木家具也很有销路，更能满足消费者的需求，笔者觉得这不是一个简单的由低档转向高档的问题，而是一个市场需求促使企业发展的结果。其实市场上真正完全由木材做的家具比重不是很大，以木板跟木材综合做的家具为多，更能够体现家具一个总体概况，也深受消费者欢迎，所以这种板木结合的家具市场占有量可能会越来越大。

未来的消费趋势第一应该是个性化的，但是要适用。适用就是根据你的消费水平、房子的面积、生活方式的特点来决定你的家具。

作业与思考题：
试结合实例说明家具市场该如何以消费者需求为导向。

第五节　消费动机

一、消费动机的概念

消费者的消费行为是受动机支配的，指引购买活动去满足某种需要的内部驱动力。动机来源于需要，需要就是客观刺激物通过人体感官作用于人脑所引起的某种缺乏状态，需要的多样化决定了动机的多样性。

动机能否引起行为，取决于动机的强烈程度。一个人可能同时存在许多动机，这些动机不但有强弱之分，而且有矛盾和冲突，只有最强烈的动机即"优势动机"才能导致行为。依照动机来源的层阶性将消费动机分为生理性动机、社会性动机和心理性动机。

1. 消费动机的形成

消费动机的形成受制于一定的文化和社会传统，具有不同文化背景的人选择不同的生活方式与家具产品。美国著名未来学家约翰·纳斯比特夫妇在《2000年大趋势》一书中认为：人们将来用的是瑞典的宜家（IKEA）家具，吃的是美国的麦当劳、汉堡包和日本的寿司，喝的是意大利卡布奇诺咖啡，穿的是美国的贝纳通，听的是英国和美国的摇滚乐，开的是韩国的现代牌汽车。尽管这些描写或许一时还不能为所有的人理解和接受，但在互联网时代，文化的全球性和地方性无疑是并存的。文化的多样性带来消费品位的强烈融合，人们的消费观念受到强烈的冲击，尤其青年人对以文化为导向的产品有着强烈的购买动机，而电子商务恰恰能满足这一需求。

动机是需要引起的，但第一种动机不一定引起行为，只有最强烈的动机，即"优势动机"才能导致行为。

2. 一般动机理论

心理学将动机定义为引发和维持个体行为并导向一定目标的心理动力。动机是一种内在的驱动力量，消费者的消费行为也是一种动机性行为，他们所实施的购买行为直接源于各种各样的购买动机。

动机是一种基于需要而由各种刺激引起的心理冲动，它的形成要具备一定的条件。动机的产生必须以需要为基础，动机的形成还需要相应的刺激条件。当个体受到某种刺激时，其内在需求会被激活，使内心产生某种不安情绪，形成紧张状态，这种不安情绪和紧张状态会衍化为一种动力，由此形成动机。此外，需要产生以后，还必须有满足需要的对象和条件，才能形成动机。

消费者动机的形成上述三方面条件缺一不可，其中尤以外部刺激更为重要。因为在通常情况下，消费者的需求处于潜伏或抑制状态，需要外部刺激加以激活。外部刺激越强，需求转化为动机的可能性就越大；否则，需求将维持原状。因此，如何给消费者以更多的外部刺激是推动其购买动机形成乃至实现购买行为的重要前提。

3. 动机的功能及其与行为的关系

心理学认为，动机在激励人的行为活动方面具有下列功能：

（1）引发和终止行为的功能　动机作为形成行为的直接动因，其重要功能之一就是能够引发和终止行为，消费者的购买行为就是由购买动机的引发而进行的。

（2）指引和选择行为方向的功能　动机不仅能引发行为，还能将行为导向特定的方向。这一功能在消费者行为中，首先表现为在多种消费需求中确认基本的需求，如安全、社交、成就等；其次表现为促使基本需求具体化，成为对某种商品或服务的具体购买意愿。在指向特定商品或服务的同时，动机还势必影响消费者对选择标准或评价要素的确定。通过上述过程，动机使消费行为指向特定的目标或对象。同时，动机还可以促使消费者在多种需求的冲突中进行选择，使购买行为朝需求最强烈、最迫切的方向进行，从而求得消费行为效用和消费者需求满足的最大化。

（3）维持与强化行为的功能　动机的作用表现为一个过程，在人们追求实现目标的过程中，动机将贯穿行为的始终，不断激励人们努力采取行动，直至目标的最终实现。另外，动机对行为还具有重要的强化功能，即由某种动机强化的行为结果对该行为的再生具有加强或减弱的作用。消费者在惠顾动机的驱使下，经常对某些信誉良好的商店和商品重复光顾和购买，就是这一功能的明显体现。

当消费动机实现为消费行为的时候，有的动机直接促成一种消费行为；而有些动机则可能促成多种消费行为的实现；在某些情况下，还有可能由多种动机支配和促成一种消费行为；动机与消费行为之间并不完全是一一对应的关系。

购买动机是在消费需要的基础上产生的引发消费者购买行为的直接原因和动力。动机把消费者的需要行为化，消费者通常按照自己的动机选择具体的商品类型。因此，研究消费动机可以为把握消费者购买行为的内在规律提供更具体、更有效的依据。

只有了解购买动机，才能采取一定策略，引导购买行为发生。消费者的购买动机是一个黑箱，通常对购买动机的分析是分析刺激和反应的关系。刺激、反应存在着一一对应关系，通过推断的方式具体了解消费者购买动机的产生。

经济学家从经济学角度得出一些结论（各类学家得出来的结论可能是矛盾的，但在各自的领域都是正确的，因为他们有自己的一些理论），但在现实的社会中，要借助于经济的、心理的、社会的、综合的分析方法来做。如价格，消费者收入水平对购买动机的影响：消费者收入水平越低，经济因素影响大，消费者收入水平越高，社会文化心理因素影响大。

二、消费动机的特征和种类

（一）消费动机的特征

与需要相比，消费者的动机较为具体、直接，有着明确的目的性和指向性，但同时也具有更加复杂的特性，具体表现在以下方面。

1. 主导性

现实生活中，每个消费者都同时具有多种动机，这些复杂多样的动机之间以一定的方式相互联系，构成完整的动机体系。在这一体系中，各种动机所处的地位及所起的作用互不相同。有些动机表现得强烈、持久，在动机体系中处于支配性地位，属于主导性动机；有些动机表现得微弱而不稳定，在动机体系中处于依从性地位，属于非主导性动机。一般情况下，人们的行为是由主导性动机决定的，尤其当多种动机之间发生矛盾、冲突时，主导性动机往往对行为起支配作用。

2. 可转移性

虽然消费者的购买行为主要取决于主导性动机，但在动机体系中处于从属地位的非主导性动机并非完全不起作用，而是处于潜在状态。可转移性是指消费者在购买或决策过程中，由于新的消费刺激出现而发生动机转移，原来的非主导性动机由潜在状态转入显现状态，上升为主导性动机。

3. 内隐性

动机并不总是显露无遗的，消费者的真实动机经常处于内隐状态，难以从外部直接观察到。现实中，消费者经常出于某种原因而不愿意让他人知道自己的真实动机。除此之外，动机的内隐性还可能由于消费者对自己的真实动机缺乏明确的意识，即动机处于潜意识状态，这种情况在多种动机交织组合、共同驱动一种行为时经常发生。

4. 冲突性

当消费者同时具有两种以上动机且共同发生作用时，动机之间就会产生矛盾和冲突。冲突的本质是消费者在各种动机实现所带来的利害结果中进行权衡比较和选择。在消费活动中，常见的动机冲突有以下几种：

（1）利－利冲突　在这种情况下，相互冲突的各种动机都会给消费者带来相应利益，因而对消费者有着同样的吸引力。但由于消费条件限制，消费者只能在有吸引力的各种可行性方案中进行选择。吸引力越均等则冲突越厉害。由于对各种利益委决不下，因此消费者通常对外界刺激十分敏感，希望借助外力做出抉择。此时，广告宣传、销售人员的诱导、参照群体的示范、权威人士的意见以及各种促销措施常常会使消费者发生心理倾斜，从而做出实现其中一种利益的动机选择。

（2）利－害冲突　在这一情况下，消费者面临着同一消费行为既有积极结果，又有消极后果的冲突。其中，引发积极结果的动机是消费者极力追求的，导致消极后果的动机又是其极力避免的，因而使之经常处于利弊相伴的动机冲突和矛盾之中。利－害冲突常常导致决策的不协调，使消费行为发生扭曲。解决这类冲突的有效措施是尽可能减少不利后果的严重程度，或采用替代品抵消有害结果的影响。

（3）害－害冲突　有时，消费者同时面临着两种或两种以上、均会带来不利结果的动机。由于两种结果都是消费者企图回避或极力避免的，而因情境所迫又必须对其中一种做出选择，因此两种不利动机之间也会产生冲突。面对这类冲突，消费者总是趋向选择不利和不愉快程度较低的动机作为实现目标，以便使利益损失减少到最低限度。此时，如果采取适当方式减少不利结果，或从其他方面给予补偿，将有助于消费者减轻这方面的冲突。例如，分期付款、承诺售出家具产品以旧换新，可以使消费者的购买风险大大减少，从而使动机冲突得到明显缓和。

（二）消费者购买动机的类型

消费者的需要和欲望是多方面的，其消费动机也是多种多样的。从不同角度可以对动机的类型作多种划分。按照需要的层次不同，可以分为生存性动机、享受性动机和发展性动机；按照动机形成的心理过程不同，可以分为情绪性动机、理智性动机、惠顾性动机；按照动机作用的形式不同，可以分为内在的、非社会性动机，外在的、社会性动机等。就购买活动而言，消费者的购买动机往往十分具体，其表现形式复杂多样，与购买行为的联系也更为直接。因此，对于企业经营者来说，深入了解消费者形形色色的购买动机，对于把握消费者购买行为的内在规律，用以指导企业的营销实践，具有更加现实的意义。消费者的购买动机可以作如下划分。

1. 追求实用的购买动机

这是以追求商品的使用价值为主要目的的购买动机。具有这种购买动机的消费者比较注重家具的功用和质量，要求家具具有明确的使用价值，讲求经济实惠，经久耐用，而不过多强调家具的品牌、包装、装饰和新颖性。这种动机并不一定与消费者的收入水平有必然联系，而主要取决于个人的价值观念和消费态度。

2. 追求安全、健康的购买动机

抱有这种动机的消费者通常把商品的安全性能和是否有益于身心健康作为购买与否的首要标准。就安全性能而言，消费者不仅要求家具在使用过程中各种性能安全可靠，而且刻意选购各种防卫保安方面考虑较多的家具用品和服务。与此同时，追求健康的动机日益成为消费者的主导性动机。

3. 追求便利的购买动机

追求便利是现代消费者提高生活质量的重要内容。受这一动机的驱动，人们把购买目标指向可以减少家务劳动强度的各种家具和服务。

4. 追求廉价的购买动机

这是以注重家具价格低廉，希望以较少支出获得较多利益为特征的购买动机。出于这种动机的消费者，选购商品时会对商品的价格进行仔细比较，在不同品牌或外观质量相似的同类商品中，会尽量选择价格较低的品种，同时喜欢购买优惠品、折价品或处理品，有时甚至因价格有利而降低对商品质量的要求。求廉的动机固然与收入水平较低有关，但对于大多数消费者来说，以较少的支出获取较大的收益是一种带有普遍性的甚至是永恒的购买动机。

5. 追求新奇的购买动机

这是以追求家具的新颖、奇特、时尚为主要目的的购买动机。具有这种动机的消费者往往富于想象，渴望变化，喜欢创新，有强烈的好奇心。他们在购买过程中，特别重视家具的款式是否新颖独特、符合时尚，对造型奇特、不为大众熟悉的新产品情有独钟，而不大注意家具是否实用及其价格的高低。这类消费者在求新动机的驱动下，经常凭一时兴趣进行冲动式购买。他们是时装、新式家具、新式发型及各种时尚家具的主要消费者和消费带头人。

6. 追求美感的购买动机

体现在消费活动中，即表现为消费者对家具美学价值和艺术欣赏价值的要求与购买动机。具有求美动机的消费者在挑选家具时，特别重视家具的外观造型、色彩和艺术品味，希望通过购买格调高雅、设计精美的家具获得美的体验和享受。这类消费者同时注重家具对人体和环境的美化作用，以及对精神生活的陶冶作用。

7. 追求名望的购买动机

这是因仰慕家具品牌或企业名望而产生的购买动机。求名的购买动机不仅可以满足消费者追求名望的心理需要，而且能够降低购买风险，加快家具选择过程，因而在品牌差异较大的家具购买中，成为带有普遍性的主导动机。

8. 自我表现的购买动机

这是以显示自己的身份、地位、威望及财富为主要目的的购买动机。具有这种动机的消费者在选购家具时，不太注重商品的使用价值，而是特别重视家具所代表的社会象征意义。

9. 好胜攀比的购买动机

这是一种因好胜心、与他人攀比、不甘落后而形成的购买动机。具有这种动机的消费者，是为了争强好胜，赶上他人、超过他人，借以求得心理上的平衡。

10. 满足嗜好的购买动机

这是以满足个人特殊偏好为目的的购买动机。这些嗜好往往与消费者的职业特点、知识结构、生活情趣有关，因而其购买动机比较理智，购买指向也比较稳定和集中，具有经常性和持续性的特点。

11. 惠顾性购买动机

也称习惯性动机，是指消费者对特定商店或特定家具品牌产生特殊偏好，从而在近似条件反射基础上习惯性地、重复地光顾某一家具卖场，或反复地、习惯性地购买同一品牌、同一商标的家具。

消费动机的形成主要是由于消费者在各种消费需要刺激下引起心理上的冲动，促使消费行为的产生。因此，消费需要决定着消费动机，不同的消费需要可以产生不同的消费动机，消费动机可分为两种：生理本能动机和心理动机。

（1）生理本能动机

第一，维持生命动机，消费者正常的新陈代谢随时都需要得到相应的补充；

第二，保护生命动机；

第三，延续生命动机；

第四，发展生命动机。

（2）心理动机

消费者的心理过程包括认识情感、意志等，由此产生的动机也可分为以下几种：情感动机、理智动机、惠顾动机和社会动机。

通过对以上两种消费动机的学习，营业员可以了解顾客购物时的特点，从而采取适当措施。

总之，消费动机有主导性、转移性、冲突性等特点。主导性是指购买动机可能是由一种动机或几种动机中有一种在起主要作用而驱使购买行为的特点。转移性是指一种或两种动机在进行过程中因受阻碍而发生转变的特点。冲突性是指由多种动机同时驱使购买行为时，相互间的作用方向有可能不一致的特点。

三、消费动机研究

（一）消费动机研究的特点

由于消费者的部分需要和产品的某些属性功能价值的重叠是构成消费动机的原因，所以在分析产品的属性价值时始终要将限定范围内的消费者的需要作为衡量的依据。

虽然，消费者的需要均来源于生理、安全、归属、自尊、自我实现、冒险、求知和审美中的一种或多种终极需要，但就与消费动机最直接关系的角度来说，需要通常都是工具性、手段性的需要，是连接终极需要与产品之间的桥梁。正因为如此，动机研究通常需要具有非常强的逻辑推理能力和丰富的心理学知识。

（二）消费动机研究的逻辑

作为产品的出品者来说，产业和行业的所属通常已经是既定的事实，因此，即使是还没有最后确定产品（品牌）的形势和内涵，但作为产品的一般性概念对于顾客价值的实现来说通常都是非常有限的。所以，以产品的各个属性为出发点再去考量其对于顾客的价值以及顾客的特征、制约的条件等的方法是符合逻辑的。但是，如果以消费者永无止境的需要满足途径为出发点去考量产品的属性价值，首先在第一步的工作上就决定了这种工作方式是永远没有尽头的，是不切实际。

（三）消费动机研究的程序

消费动机的研究程序为：产品属性分析→属性功能分析→属性价值分析→需要对象分类→产品属性的再设计分析→消费动机条件分析。

1. 产品属性分析

产品属性分析又分为基本属性分析和边缘属性分析。

基本属性是指构成产品的主要功能或用途的物理属性与文化属性。以面包为例，主要原料为面粉，营养物质这一基本属性构成了面包可以解决饥饿问题这一基本价值的物理属性。而货币则是以文化属性作为产品的基本属性和基本价值的典型商品。

产品的基本属性的数量有时可能只有一个，有时也可能有好几个，这要看具体的产品情况以及所限定的消费者范围。

边缘属性则是指除了产品的基本属性之外，构成产品的其他次要功能或用途的物理属性或文化属性。再以面包为例，它的风味、造型、色泽、香气等边缘属性则是构成它的边缘价值的物理属性。而葡萄酒的身份、品位等象征价值则是葡萄酒的边缘价值。边缘价值并不是不重要的价值，而是指它的价值体现必须有基本价值为基础才得以实现。边缘价值与基本价值对于消费者可接受的市场价格的影响权重是由产品市场的成熟程度以及消费者的消费层次所决定的。一般来说，市场发展越成熟，消费者的消费层次越高，边缘价值对消费者可接受的市场价格的影响权重就越大。以奢侈品的消费价格为例，其边缘价值往往是制定销售价格的主要依据。

2. 属性功能分析

一块石头的功能包括哪些？显然，对于建筑工人、地质学家、哲学家、考古学家而言，它的功能是完全不同的。

3. 属性价值分析

很多时候，对于不同的消费者来说，相同的产品功能也未必就意味着具有相同的价值。

例如，电话的功能是沟通，但是公司安装电话主要是为了商业沟通，而居民安装电话则主要是为了感情沟通。

4. 需要对象分类

在以上三个步骤的介绍中我们明显地注意到，产品的属性、功能、价值始终是以人的需要为评价依据的，并且针对不同类型的人而言其功能和价值往往也会有完全不同的性质。正因为如此，产品市场才具有了分类和细分的内在自然条件。

通过对产品属性、功能、价值的研究，事实上已经将消费者或潜在消费者的之于这一产品的主要相关特征挖掘出来了，那么，这一阶段的工作就是要对这些消费者特征进行第一个层面的分类（细分）。

5. 产品属性的再设计分析

前面几个阶段所做的分析是基于产品已被较为普遍的认同的属性而进行的，然而由于产品的自然属性和文化属性可能具有无限延展的可设计特征，在这个阶段可以根据对第四阶段分类的结果再对各类消费者的其他相关性需要进行挖掘，看是否还有一些需要可以并且有必要与目前的产品进行结合。这个阶段的工作事实上就是发现空白市场或者说"蓝海"市场。在比较成熟的市场环境中，产品属性再设计工作通常是制定品牌战略、实现品牌差异化、个性化最为重要的工作。

6. 消费动机条件分析

购买动机的实现除了要具备主体的需要和满足需要的产品之外，还会受到其他外部或内部因素的制约。也就是说，主体的需要和客体的功能价值（诱因）只是构成了购买动机产生的条件，但并未构成动机实现的充足条件，因此还必须满足其他条件的要求。另外，主体对产品及其文化的需要往往也不是完全靠本能就能驱动的意识性需要，而是由主体的内在条件以及其所处的外部环境共同作用才能被主体意识到的需要。所以，在确定目标顾客的特征之前，我们还要对影响动机实现和形成的所有一般性条件通过各种动机研究技术、逻辑推理方法或心理分析等方法挖掘出来。这些因素主要包括两大方面——消费者的购买力及其自然特征和行为特征。

消费者的自然特征主要包括社会阶层、职业、收入、出身、年龄、健康、外貌、知识、性别、居住区域及其性质、人口规模等方面。消费者的行为特征则主要包括生活方式、信念、价值观、习惯等方面。

四、家具消费者的购买动机

动机是引导人们做出行为的过程。当消费者希望满足的需要被激活时动机就产生了，一旦一种需要被激活，就有一种紧张的状态驱使消费者试图减轻或除去这种需要，这种需要达到的最终状态就是消费者的目标。消费者购买家具的原因主要有三类：

1. 新房购买

消费者购买新房后，连锁产生家具购买行为。这种购买行为一般数量巨大并且比较集中。有调查数据显示，我国每年约有 2 000 万人进入结婚年龄，这些新建家庭几乎都要购置新家具。未来的年轻人组合的新式家庭，不仅是家具消费的主力军，而且他们的观念将改变市场的发展趋势，向设计新奇、体现个性、或典雅、或俏丽的趋势改变。

2. 装修购买

消费者重新装修住房后产生的购买行为。这种购买行为较第一种行为在数量上有所下降，但仍然比较集中。随着人们生活水平的提高，生活方式的改变，家具消费观念由功能型的追求转向时尚、个性化的追求。现代消费者都希望拥有一个与众不同的、能彰显自己个性和素养的生活空间，这一点不仅体现在室内装修上，更多的则是体现在家具的选择上。

3. 以旧换新或添置家具

这种购买所产生的数量较小且具有随意性。随着消费者对家具产品认识的深入，更多的消费者将树立家具消费的品牌观念，更多的注重家具的艺术性与审美性，以及家具消费的品质与服务保证。消费者现有的家具已经不能满足其需求，而自己的资金又有限，于是出现了家具的以旧换新。要拥有一个舒适的居家环境并不是一次性购买全部的家具，因为随着家庭成员、经济状况的不断改变，家具随时都有可能被调整，所以先买必备的家具，再根据生活的需要慢慢添购齐全。

随着生活水平的提高，越来越多的人开始注重环保问题。人们从开始装修新房时就层层把关，到家具的选购。家具是人们每天都必须亲密接触的伙伴，它们的质量、性能对人类健康的影响重大。环保家具是不但在使用过程中对人体和环境无害，在生产过程及回收再利用方面也要达到环保的要求。绿色环保家具是社会提倡的、人们追求的，环保家具将作为家具新主流涌进市场。消费者从自身利益出发，会注重环保家具的选购，以后的家具绝不仅仅是由价格、款式、质量所决定，注重环保将会是消费者更多的考虑因素，家具企业将面临更为严峻的挑战。

作业与思考题：

1. 消费者动机的概念和影响因素是什么？
2. 消费者动机的种类有哪些？
3. 消费者研究的方法有哪些？
4. 举例说明消费者购买家具的动机。

第四章　消费者态度与家具消费行为

第一节　消费者态度

一、消费者态度的含义

人们几乎对所有事物都持有态度，这种态度不是与生俱来的，而是后天形成的。比如，我们对某人形成好感，可能是由于他或她外貌上的吸引，也可能是由于其言谈举止的得体、知识的渊博、人格的高尚使然。不管出自何种缘由，这种好感都是通过接触、观察、了解逐步形成的，而不是天生固有的。态度一经形成，具有相对持久和稳定的特点，并逐步成为个性的一部分，使个体在反应模式上表现出一定的规则和习惯性。在这一点上，态度和情绪有很大的区别，后者常常具有情境性，伴随某种情境的消失，情绪也会随之减弱或消失。正因为态度所呈现的持久性、稳定性和一致性，使态度改变具有较大的困难。哥白尼的"日心说"，虽然是科学的真理，但在最初提出的很长一段时间，招来的是一片带有偏见的愤怒谴责。这一真理的承认，是以很多人遭受囚禁，甚至献出生命为代价的。由此可见，在对待科学的态度上，人们要改变原有的情感、立场和观念是何等的不易。

二、消费者态度的功能

消费者对产品、服务或企业形成某种态度，并将其储存在记忆中，需要的时候就会将其从记忆中提取出来，以应付或帮助解决当前所面临的购买问题。通过这种方式，态度有助于消费者更加有效地适应动态的购买环境，使之不必对每一新事物或新的产品、新的营销手段都以新的方式做出解释和反应。从这个意义上，形成态度能够满足或有助于满足某些消费需要，或者说，态度本身具有一定的功能。虽然学术界已经发展起了不少关于态度功能的理论，但其中受到广泛注意的则数卡茨（D. Katz）的四功能说。

（1）适应功能（Adjustment Function）　也称实利或功利功能，它是指态度能使人更好地适应环境和趋利避害。人是社会性动物，他人和社会群体对人的生存、发展具有重要的作用。只有形成适当的态度，才能从某些重要的人物或群体那里获得赞同、奖赏或与其打成一片。

（2）自我防御功能（Ego Defense Function）　是指形成关于某些事物的态度，能够帮助个体回避或忘却那些严峻环境或难以正视的现实，从而保护个体的现有人格和保持心理健康。

（3）知识或认识功能（Knowledge Function）　指形成某种态度，更有利于对事物的认识和理解。事实上，态度可以作为帮助人们理解世界的一种标准或参照物，有助于人们赋予变幻不定的外部世界以某些意义。

（4）价值表达功能（Value – Express Function） 指形成某种态度，能够向别人表达自己的核心价值观念。在 20 世纪 70 年代末、80 年代初，对外开放的大门刚刚开启的时候，一些年轻人以穿花格衬衣和喇叭裤为时尚，而很多中老年人对这种装束颇有微词，由此实际上反映了两代人在接受外来文化上的不同价值观念。

三、消费者态度与信念

消费者信念是指消费者持有的关于事物的属性及其利益的知识。不同消费者对同一事物可能拥有不同的信念，而这种信念又会影响消费者的态度。一些消费者可能认为名牌产品的质量比一般产品高出很多，能够提供很大的附加利益；另一些消费者则坚持认为，随着产品的成熟，不同企业生产的产品在品质上并不存在太大的差异，名牌产品提供的附加利益并不像人们想象的那么大。很显然，上述不同的信念会导致对产品的不同态度。

四、消费者态度的特点

作为消费者，每个人对产品、服务、广告、直邮广告、互联网和零售商店都有着不同的态度。无论何时被问到是否喜欢或不喜欢一件产品、一项服务、一个零售商、一种直复式销售商，或者是一句广告商时，即是正在被要求表达态度（attitude）。

1. 态度具有一贯性

态度的一个性质就是它对所反映的行为具有相对的一贯性。然而，尽管它具有一贯性，态度也不是永久不变的，它们的确在改变。

2. 态度是一种习得的倾向

大家普遍同意态度是通过经验习得的。这就是说与购买行为相关的态度是作为一种直接经验的结果而形成的，这种直接经验包括产品、从他人那里获得的口头信息、受到大众传媒广告的影响、互联网和各式各样的直接营销形式。有一点值得注意，虽然态度有可能是行为的结果，但它并不是行为的同义词。它反映了对态度对象的一种喜欢或是不喜欢的评价。作为通过学习或经验习得的倾向，态度有一种动机性质，那就是它们可以驱使消费者形成一种特殊的行为，也可以使消费者抵制某一种行为。

五、消费者信念

在购买或消费过程中，信念一般涉及三方面的联结关系，由此形成三种类型的信念。这三种信念是：客体—属性信念，属性—利益信念，客体—利益信念。

1. 客体—属性信念

客体可以是人、产品、公司或其他事物，属性则是指客体所具备或不具备的特性、特征。消费者所具有的关于某一客体拥有某种特定属性的知识就叫客体—属性信念。比如，某种发动机是汽轮驱动，阿斯匹林具有抑制血栓形成功能，这些就是关于产品具有某种属性的信念。总之，客体—属性信念使消费者将某一属性与某人、某事或某物联系起来。

2. 属性—利益信念

消费者购买产品、服务是为了解决某类问题或满足某种需要。因此，消费者追求的产品属性，是那些能够提供利益的属性。实际上，属性—利益信念就是消费者对某种属性能够带来何种结果、提供何种特定利益的认识或认知。比如，阿斯匹林所具有的阻止血栓形成的属性有助于降低心脏病发作的风险，由此使消费者建立起这两者之间的联系。

3. 客体—利益信念

客体—利益信念是指消费者对一种产品、服务将导致某种特定利益的认识。在前述阿斯匹林例子中，客体—利益信念是指对使用阿斯匹林与降低心脏病发病几率的联系的认知。通过分析消费者的需要和满足这些需要的产品利益，有助于企业发展合适的产品策略与促销策略。

六、消费者态度与行为

（一）消费者态度对购买行为的影响

一般而言，消费者态度对购买行为的影响，主要通过以下三个方面体现出来：首先，消费者态度将影响其对产品、商标的判断与评价；其次，态度影响消费者的学习兴趣与学习效果；最后，态度通过影响消费者购买意向，进而影响购买行为。

费希本（M. Fishbein）和阿杰恩（I. Ajzen）认为，消费者是否对某一对象采取特定的行动，不能根据他对这一对象的态度来预测，因为特定的行动是由采取行动的人的意图所决定的，要预测消费者行为，必须了解消费者的意图，而消费者态度只不过是决定其意图的因素之一。

（二）购买行为与态度不一致的影响因素

前面已指出，消费者态度一般要透过购买意向这一中间变量来影响消费者购买行为，态度与行为在很多情况下并不一致。造成不一致的原因，除了前面已经提及的主观规范、意外事件以外，还有很多其他的因素，下面则要对这些影响因素作一简单讨论。

1. 购买动机

即使消费者对某一企业或某一产品持有积极态度和好感，但如果缺乏购买动机，也不一定会采取购买行动。比如，一些消费者可能对 IBM 生产的计算机怀有好感，认为 IBM 计算机品质超群，但这些消费者可能并没有意识到需要拥有一台 IBM 计算机，由此造成态度与行为之间的不一致。

2. 购买能力

消费者可能对某种产品特别推崇，但由于经济能力的限制，只能选择价格低一些的同类其他品牌的产品。很多消费者对"奔驰"汽车评价很高，但真正做购买决定时，可能选择的是其他品牌的汽车，原因就在于"奔驰"的高品质同时也意味着消费者需承担更高的价格。

3. 情境因素

如节假日、时间的缺乏、生病等，都可能导致购买态度与购买行为的不一致。当时间比较宽裕时，消费者可以按照自己的偏好和态度选择某种品牌的产品；但当时间非常紧张，比如要赶飞机、要很快离开某个城市时，消费者实际选择的产品与他对该产品的态度就不一定有太多的内在联系。

4. 测度上的问题

行为与态度之间的不一致，有时可能是由于对态度的测量存在偏误。比如，只测量了消费者对某种产品的态度，而没有测量消费者对同类其他竞争品的态度；只测量了家庭中某一成员的态度，而没有测量家庭其他成员的态度；或者离开了具体情境进行测度，而没有测量态度所涉及的其他方面等。

5. 态度测量与行动之间的延滞

态度测量与行动之间总存在一定的时间间隔。在此时间内，新产品的出现、竞争品的新的促销手段的采用以及很多其他的因素，都可能引起消费者态度的变化，进而影响其购买意向与行为；时间间隔越长，态度与行动之间的偏差或不一致就会越大。

作业与思考题：

1. 消费者态度的含义和功能各是什么？
2. 消费者态度有哪些特点？
3. 结合实例说明消费者态度和消费者购买行为的关系。

第二节　消费行为与消费者购买行为

一、消费行为

（一）消费行为的概念

消费行为（consumer behavior）又称消费者行为，消费者为获得所用的消费资料和劳务而从事的物色、选择、购买和使用等活动。对消费行为的研究，主要是从市场角度考察消费者选购某种消费对象的动机及其决策过程。

消费心理与消费行为两者在范围上有一定的区别。消费行为是每一个顾客在一定消费心理支配下的所作所为。消费心理主要体现在人体大脑内部思维活动，即所想所思；而消费行为则表现在人的外部，以实际行动的方式表现出来。实际上，二者有着不可分割的联系，心理是行为的基础，行为是满足心理愿望的行动，二者经常结合在一起进行研究。

1. 消费者行为研究一般需要了解的信息

WHAT：消费者购买和使用什么产品或品牌？

WHY：消费者为什么购买和使用？

WHO：购买和使用产品/品牌的消费者是谁？

WHEN：在什么时候购买和使用？

WHERE：在什么地方购买和使用？

HOW MUCH：购买和使用的数量是多少？

HOW：如何购买和使用的？

WHERE：从哪里获得产品/品牌的信息？

结合消费心理及消费观念等方面的相关信息，对消费者的各种行为进行全面分析。

2. 消费者行为研究的具体指标

（1）消费者对产品/品牌认知状况研究；

（2）消费者对产品/品牌态度与满意度评价研究；

（3）消费者购买行为与态度研究；

（4）消费者使用行为与态度研究；

（5）产品/品牌促销活动的认知及接受研究；

（6）产品/品牌相关信息来源研究；

（7）消费者个人资料信息的研究。

（二）消费者行为研究的分析方法

（1）聚类分析　根据研究对象间的相似性进行分类，对市场进行分层，寻找竞争对手。

（2）回归分析　寻找某些事物的影响因素及描述其影响程度，还可用于对某些事物的预测。

（3）因子分析　从众多的观测变量中找到具有本质意义的少量的因子，更加明确地把握事物变化的原因。

（4）相关分析　研究各变量间关系的密切程度。

（5）差异性检验和方差分析　分析和检验不同类别或变量间是否存在显著差异。

（6）对应分析　用于探索和研究各分类变量之间的关系。

（7）判别分析　利用已经获得的一些信息来判断其属性。

（8）结合分析　测量消费者对众多产品属性的偏好，以及确定消费者在多属性产品之间做出选择。

（三）消费者行为研究的用途

消费者行为的研究构成营销决策的基础，它与企业市场的营销活动是密不可分的。它对于提高营销决策水平、增强营销策略的有效性方面有着很重要意义。它可以为以下各方面的研究提供支持：

1. 品牌形象及品牌管理

通过消费者行为研究，在了解各品牌的知名度、购买/使用率、忠诚度、转换率、美誉度等各项指标，了解各品牌在消费者心目中的形象、地位及评价，以及产品类别形象和品牌使用者形象等的基础上，制定出品牌的发展策略。

2. 产品定位

只有了解产品在目标消费者心目中的位置、了解产品是否被消费者所接受，才能发展有效的营销策略。

3. 市场细分

市场细分是制定大多数营销策略的基础。企业细分市场的目的就是为了找到合适自己的目标市场，并根据目标市场的需求特点制定有针对性的营销方案，使目标市场的消费者某种独特的需要得到更充分的满足。

4. 新产品开发

企业可以通过了解消费者的需求与欲望、了解消费者对各种产品属性的评价开发新产品。可以说，消费者行为研究是新产品构思的重要来源，也是检验新产品各方面因素（如产品性能、包装、口味、颜色、规格等）能否被接受和应在哪些方面进一步完善的重要途径。

5. 产品定价

产品定价如果与消费者的承受能力或与消费者对产品价值的认同脱节，再好的产品也难以打开市场。

6. 分销渠道的选择

消费者喜欢到哪些地方以及如何购买到产品，也可以通过对消费者的研究了解到。

7. 广告和促销策略的制定

对消费者行为的透彻了解，是制定广告和促销策略的基础。通过消费者行为研究，可以了解他们获得信息的途径、了解他们对广告或促销行为的态度及评价，以及广告或促销行为对他们消费行为的影响等，从而制定出合理、有效的广告或促销策略。

二、消费者购买行为

消费者购买行为是指消费者为满足其个人或家庭生活而发生的购买商品的决策过程。消费者购买行为是复杂的，其购买行为的产生是受到内在因素和外在因素的相互促进、交互影响的。企业营销通过对消费者购买行为的研究来掌握其购买行为的规律，从而制定有效的市场营销策略，实现企业营销目标。

（一）消费者购买行为的形成机制

消费者购买行为的发生并不简单，是一个复杂的过程，是各种因素相互作用的结果。消费者最终产生的购买行为，实质上是由刺激产生的，消费者尽管产生需要，但最终的购买行为仍由购买动机决定，而购买动机难以猜测，难以把握。

1. 刺激

营销刺激——家具销售渠道呈多元化格局。中国家具市场规模大、销售系统复杂、市场呈多元化格局。有国际品牌专卖店、超市、综合性居室用品店、旧家具店、连锁店、网络销售等。不同的销售渠道所售家具的价格水平也不同。对中国家具市场的销售渠道做深入了解有利于产品销售时候的定位，可根据产品的不同性质利用不同的渠道进行销售。

（1）品牌专卖店 即国际名牌专卖店，例如意大利著名品牌专销店陈列的家具高档、时尚，设计前卫，价格也昂贵，每件家具都要近万元，销售对象一般都是追求和讲究个性的人们。

（2）家具超市 比如宜家的大卖场，规模非常大，仓储销售的味道非常浓，同时又很有居家的生活气息。还有一些类似宜家的大卖场，这里的家具不太注重陈列方式，沙发、柜子、床、餐桌椅相互紧挨着，且不分次序，不分类别，价格要比专卖店便宜得多。超市里的家具调整更换相对较快，具有明显的潮流性。

（3）综合性的居室用品店 规模不小，品类繁杂，小到餐巾蜡烛，大到沙发、柜子，应有尽有。从价格上我们可以领略到商家刻意经营，尾数都是 0.5 元，而不直接标上 250 元、180 元。除此之外，这里店里的家具往往带有一种乡土气息，竹编藤编的椅、柜，铁艺的餐桌、椅、屏风等，或多或少地为家具艺术的多元化增添了活力。它与超市既有不同，又可以相应补充。

（4）旧家具店 无需解释，旧家具店即出售旧家具的店，此类店出售的家具有的具有收藏价值，所以价格未必比新品便宜。

（5）网上销售 上海家具制造商一般通过制造商展厅、目录和互联网向消费者出售家具，网上销售市场非常大，大约占 30% 以上。随着消费者迅速适应网上购买家具，网上家具销售市场在未来几年中将迅速扩大，目前网上售出的多为小型家具。

（6）邮购家具 网上家具销售热度趋升的同时，邮购也比传统渠道增长得快。

2. 外部环境

在中国，由于绝大多数家具制造厂商及零售业者均为中、小型企业，在整个家具产销过程中，需依赖批发商给予各方面的支持，因此家具批发商特别重要。家具批发商提供的服务及支持包括：商品促销、产品规划协调、信息收集与提供、网罗齐全的家具种类、商品储存、少量多次配送、贷款、融资、维修及卖旧换新等，具有规避及分散风险的作用。

批发商的存在，有其正面、不可或缺的作用，却也使得制造商及零售商的独立性不够，计划、销售及市场活动往往受到限制，也因此无法适应瞬息万变的竞争环境，尤其在产品选择、售价及进货渠道上受到严重的限制。此外，由于多层次批发架构，使得进货成本及最终售价都大幅增加，这些都为外来家具进入中国市场创造了良机。

长三角的精细与珠三角的粗犷：长三角的家具销售渠道近年来已朝简化及多样化发展，但基本模式仍为由制造商至批发商至零售商，这种模式确实对外来家具进入长三角市场有所阻碍，但这一销售结构有其一定的背景及重要性，其经销环节非常紧密，样品展示会及对外采购的方式也不同于珠三角等地。例如，长三角的家具企业一般不在家具展览会场中决定特定的采购合约或年度交易，而是展览会后由销售负责人拜访客户来敲定交易，近年来的趋势是厂商将客户直接邀请至其产品展示室进行交易协商。

中国市场家具的销售渠道一直维持制造商至批发商至零售商的基本架构，但与家具销售紧密相连的房地产有开发商、承销商、物业管理单位等，而家具行业又有代理商、批发商和零售商等，再加上家具企业的直营专卖店，重重叠叠，非常复杂。近年来，这种传统结构已经起了重大变化，有的尝试以"无中间商销售"摆脱批发环节，有的制造商、批发商则直接将产品销售到消费者，整体而言，整个家具销售渠道拓宽了。

区域家具批发商是近年来中国家具销售系统的核心，他们的职责在于找到家具制造商，并将产品推出到消费市场。在经济高度增长时期，家具制造商在这种架构下建立了产销系统，制造商规模变大，零售商的实力也增强，销售方式随着交通系统的提高以及网络通信迅猛发展而改善，随着规模扩大，家具制造商开始企图摆脱旧模式的束缚，有的制造商已从事直接批发。但直到现在，由于一般制造商规模还小，而仍须相当程度地依赖批发商及其对零售商的支持；而零售业者也相当依赖批发业者所提供的仓储、配销、产品信息、货品收集及销售支持等服务。许多大型零售商利用批发商的服务来降低风险，虽然有一小部分零售商直接和制造商交易，但大部分仍经由和房地产有往来的大批发商进货。另有许多规模较大的制造商设立销售公司直接进行销售业务，比如顾家工艺就是非常典型的例子。

大型家具连锁店利用其较强的销售能力来扩大直接采购，自发式的连锁专卖店也建立起具有批发性质的共同采购组织。家具批发商为适应兴起的直销或直接采购趋势，开始利用高效率及信息导向的销售系统来加强其传统地位，并积极扩张其销售、投标、住房建筑等零售领域的优势，形成垄断。而家具零售业也面临销售渠道多元化的挑战，大型零售店、家居建材市场、折扣店、邮购业者、住家相关产业都积极进入家具批发领域，中小型家具店面对这些竞争往往处境困难。家具销售及零售系统结构的转变为外来家具提供了大好机会，也使批发商及零售商开始考虑直接向外来家具供应商进货，此举措不但对家具的价格产生影响，也为消费者提供了更多选择。

在中国市场上家具承包业务近年来成长迅速，进口家具在这领域也有较佳表现，这种合约式投标必须在建筑或公共设施计划阶段即先行洽谈并收集资料，且只有被指定的投标者才能参与竞标，得标者必须在短期内交付大量家具并提供售后服务。有意获得合约的供货商有必要考虑在各地派遣常驻的专业人员以收集信息，并在当地建立授权制造或其他生产体系，否则必须和当地家具制造商或经销商合作才有可能进入这一市场领域。

3. 其他

还有其他一些影响因素，包括需求、购买动机和购买行为。这些将在后面的章节中进行探讨。

（二）消费者购买的基本特征

企业要在市场竞争中能够适应市场、驾驭市场，必须掌握消费者购买的基本特征。

1. 购买者多而分散

消费购买涉及每个人和每个家庭，购买者多而分散。消费者市场是一个人数众多、幅员广阔的市场。由于消费者所处的地理位置各不相同，闲暇时间不一致，造成购买地点和购买时间分散。

2. 购买量少，多次购买

消费者购买是以个人和家庭为单位的，由于受到消费人数、需要量、购买力、储藏地点、商品保质期等诸多因素的影响，消费者为了保证自身的消费需要，往往购买批量小、批次多，购买频繁。

3. 购买的差异性大

消费者购买因受年龄、性别、职业、收入、文化程度、民族、宗教等影响，其需求有很大的差异性，对商品的要求也各不相同，而且随着社会经济的发展，消费者消费习惯、消费观念、消费心理不断发生变化，从而导致消费者购买差异性大。

4. 大多属于非专家购买

绝大多数消费者缺乏相应的专业知识、价格知识和市场知识，尤其是对某些技术性较强、操作比较复杂的商品，更显得知识缺乏。在多数情况下消费者购买时往往受感情的影响较大。因此，消费者很容易受广告宣传、商品包装、装潢以及其他促销方式的影响，产生购买冲动。

5. 购买的流动性大

消费者购买必然慎重选择，加上在市场经济比较发达的今天，人口在地区间的流动性较大，因而导致消费购买的流动性很大，消费者购买经常在不同产品、不同地区及不同企业之间流动。

6. 购买的周期性

有些商品消费者需要常年购买、均衡消费，如食品、副食品、牛奶、蔬菜等生活必需商品；有些商品消费者需要季节购买或节日购买，如一些时令服装、节日消费品；有些商品消费者需要等商品的使用价值基本消费完毕才重新购买，如电话机与家用电器。这就表现出消费者购买有一定的周期性。

7. 购买的时代特征

消费者购买常常受到时代精神、社会风俗习俗的导向，从而使人们对消费购买产生一些新的需要。如 APEC 会议以后，唐装成为时代的风尚，随之流行起来；又如社会对知识的重视，对人才的需求量增加，从而使人们对书籍、文化用品的需要明显增加。这些显示出消费购买的时代特征。

8. 购买的发展性

随着社会的发展和人民消费水平、生活质量的提高，消费需求也在不断向前推进。过去只要能买到商品就行了，现在追求名牌；过去不敢问津的高档商品如汽车等，现在有人消费了；过去自己承担的劳务现在由劳务从业人员承担了等。这种新的需要不断产生，而且是永无止境的，使消费者购买具有发展性特点。

认清消费者购买的特点意义重大，有助于企业根据消费者购买特征来制定营销策略，规划企业经营活动，为市场提供消费者满意的商品或劳务，更好地开展市场营销活动。

（三）消费者购买行为的类型

消费者在购买商品时，会因商品价格、购买频率的不同，而投入购买的程度不同。西方学者阿萨尔（Assael）根据购买者在购买过程中参与者的介入程度和品牌间的差异程度将消费者的购买行为分为四种类型。不同划分依据可将消费者购买行为分成多种类型。

1. 根据消费者的介入程度和品牌间的差异程度划分的购买类型

（1）复杂的购买行为　当消费者初次选购价格昂贵、购买次数较少的、冒风险的和高度自我表现的商品时，则属于高度介入购买。由于对这些产品的性能缺乏了解，为慎重起见，他们往往需要广泛地收集有关信息，并经过认真地学习，产生对这一产品的信念，形成对品牌的态度，并慎重地做出购买决策。

对这种类型的购买行为，企业应设法帮助消费者了解与该产品有关的知识，并设法让他们知道和确信本产品在比较重要的性能方面的特征及优势，使他们树立对本产品的信任感。这期间，企业要特别注意针对购买决定者做介绍本产品特性的多种形式的广告。

（2）减少不协调感的购买行为　当消费者高度介入某项产品的购买，但又看不出各品牌有何差异时，对所购产品往往产生失调感。因为消费者购买一些品牌差异不大的商品时，虽然他们对购买行为持谨慎的态度，但他们的注意力更多是集中在品牌价格是否优惠，购买时间、地点是否便利，而不是花很多精力去收集不同品牌间的信息并进行比较，而且从产生购买动机到决定购买之间的时间较短，因而这种购买行为容易产生购买后的不协调感，即消费者购买某一产品后，或因产品自身的某些方面不称心，或得到了其他产品更好的信息，从而产生不该购买这一产品的后悔心理或不平衡心理。为了改变这样的心理，追求心理的平衡，消费者广泛地收集各种对已购产品有利的信息，以证明自己购买决定的正确性。为此，企业应通过调整价格和售货网点的选择，并向消费者提供有利的信息，帮助消费者消除不平衡心理，坚定其对所购产品的信心。

（3）广泛选择的购买行为　又叫做寻求多样化购买行为。如果一个消费者购买的商品品牌间差异虽大，但可供选择的品牌很多时，他们并不花太多的时间选择品牌，而且也不专注于某一产品，而是经常变换品种。比如购买饼干，他们上次买的是巧克力夹心，而这次想购买奶油夹心，这种品种的更换并非对上次购买饼干的不满意，而是想换换口味。

面对这种广泛选择的购买行为，当企业处于市场优势地位时，应注意以充足的货源占据货架的有利位置，并通过提醒性的广告促成消费者建立习惯性购买行为；而当企业处于非优势地位时，则应以降低产品价格、免费试用、介绍新产品等独特方式，鼓励消费者进行多种品种的选择和新产品的试用。

（4）习惯性的购买行为　消费者有时购买某一商品，并不是因为特别偏爱某一品牌，而是出于习惯。比如醋是一种价格低廉、品牌间差异不大的商品，消费者购买时，大多不会关心品牌，而是靠多次购买和多次使用形成的习惯去选定某一品牌。

针对这种购买行为，企业要特别注意给消费者留下深刻印象，企业的广告要强调本产品的主要特点，要以鲜明的视觉标志、巧妙的形象构思赢得消费者对该企业产品的青睐。因此，企业的广告要加强重复性，加深消费者对产品的熟悉程度。

2. 根据消费者的购买目标划分的购买类型

（1）全确定型　指消费者在购买商品前，已经有明确的购买目标，对商品的名称、型号、规格、颜色、式样、商标以至价格的幅度都有明确的要求。这类消费者进入商店以后，一般都是有目的地选择，主动提出所要购买的商品，并对所要购买的商品提出具体要求，当商品能满足其需要时，则会毫不犹豫地买下商品。

（2）半确定型　指消费者在购买商品前，已有大致的购买目标，但具体要求还不够明确，最后购买需经过选择比较才完成的。如购买空调是原先计划好的，但购买什么牌子、规格、型号、式样等心中不是很明确。这类消费者进入商店以后，一般要经过较长时间的分析、比较才能完成其购买行为。

（3）不确定型　指消费者在购买商品前，没有明确的或既定的购买目标。这类消费者进入商店主要是参观游览、休闲，漫无目标地观看商品或随便了解一些商品的销售情况，有时感到有兴趣或合适的商品偶尔购买，有时则观后离开。

3. 根据消费者的购买态度划分的购买类型

（1）习惯型　指消费者由于对某种商品或某家商店的信赖、偏爱而产生的经常、反复的购买。由于经常购买和使用，他们对这些商品十分熟悉，体验较深，再次购买时往往不再花费时间进行比较选择，注意力稳定、集中。

（2）理智型　指消费者每次在购买前对所购的商品要进行较为仔细研究比较。购买感情色彩较少，头脑冷静，行为慎重，主观性较强，不轻易相信广告、宣传、承诺、促销方式以及售货员的介绍，主要靠商品质量、款式。

（3）经济型　指消费者购买时特别重视价格，对于价格的反应特别灵敏。购买无论是选择高档商品还是中低档商品，首选的是价格，他们对"大甩卖"、"清仓"、"血本销售"等低价促销最感兴趣。一般来说，这类消费者与自身的经济状况有关。

（4）冲动型　指消费者容易受商品的外观、包装、商标或其他促销努力的刺激而产生的购买行为。购买一般都是以直观感觉为主，从个人的兴趣或情绪出发，喜欢新奇、新颖、时尚的产品，购买时不愿做反复的选择比较。

（5）疑虑型　指消费者具有内倾性的心理特征，购买时小心谨慎、疑虑重重。购买一般缓慢、费时。常常是"三思而后行"，会因犹豫不决而中断购买，购买后还会疑心是否上当受骗。

（6）情感型　这类消费者的购买多属情感反应，往往以丰富的联想力衡量商品的意义，购买时注意力容易转移，兴趣容易变换，对商品的外表、造型、颜色和命名都较重视，以是否符合自己的想象作为购买的主要依据。

（7）不定型　这类消费者的购买多属尝试性，其心理尺度尚未稳定，购买时没有固定的偏爱，在上述几种类型之间游移，这种类型的购买者多数是独立生活不久的年轻人。

（四）消费者购买行为的影响因素

1. 消费者购买行为的内在影响因素

消费者购买行为的内在影响因素很多，主要有消费者的个体因素与心理因素。个体因素包括消费者的年龄、性别、经济收入、教育程度等，这些因素会在很大程度上影响消费者的购买行为，这部分内容将在本章第三节中进行分析，在此主要分析影响消费者购买的心理因素。

消费者心理是消费者在满足需要活动中的思想意识，它支配着消费者的购买行为。影响消费者购买行为的心理因素有动机、感受、态度和学习。

（1）动机

①需要引起动机：需要是人们对于某种事物的要求或欲望。就消费者而言，需要表现为获取各种物质需要和精神需要。马斯洛的"需要五层次"理论，即生理需要、安全需要、社会需要、尊重需要和自我实现的需要。需要产生动机，消费者购买动机是消费者内在需要与外界刺激相结合使主体产生一种动力而形成的。

②购买动机的多样性：人们的购买动机不同，购买行为必然是多样的、多变的。企业营销需要深入细致地分析消费者的各种需求和动机，针对不同的需求层次和购买动机设计不同的产品和服务，制定有效的营销策略，获得营销成功。

（2）感受　感受指的是人们的感觉和知觉。消费者购买如何行动，还要看他对外界刺激物或情境的反应，这就是感受对消费者购买行为的影响。

所谓感觉，就是人们通过感官对外界的刺激物或情境的反应或印象。随着感觉的深入，各种感觉到的信息在头脑中被联系起来进行初步的分析综合，形成对刺激物或情境的整体反应，就是知觉。知觉对消费者的购买决策、购买行为影响较大，在刺激物或情境相同的情况下，消费者有不同的知觉，他们的购买决策、购买行为就截然不同。消费者知觉是一个有选择性的心理过程：有选择的注意、有选择的曲解和有选择的记忆。分析感受对消费者购买影响目的是要求企业营销掌握这一规律，充分利用企业营销策略，引起消费者的注意，加深消费者的记忆，使消费者正确理解广告，并影响其购买。

（3）态度　态度通常指个人对事物所持有的喜欢与否的评价、情感上的感受和行动倾向。消费者态度对消费者的购买行为有着很大的影响，企业营销人员应该注重对消费者态度的研究。消费者态度包含信念、情感和意向，它们对购买行为都有各自的影响作用。

消费者态度来源于：

①与商品的直接接触；

②受他人直接、间接的影响；

③家庭教育与本人经历。

研究消费者态度的目的在于企业充分利用营销策略，让消费者了解企业的商品，帮助消费者建立对企业的正确信念、培养对企业商品和服务的情感，让企业产品和服务尽可能适应消费者的意向，使消费者的态度向着企业的方面转变。

（4）学习　学习是指由于经验引起的个人行为的改变，即消费者在购买和使用商品的实践中逐步获得和积累经验，并根据经验调整自己购买行为的过程。学习是通过驱策力、刺激物、提示物、反应和强化的相互影响、相互作用进行的。

驱策力是诱发人们行动的内在刺激力量。例如，某消费者重视身份地位，尊重需要就是一种驱策力，这种驱策力被引向某种刺激物（如高级名牌西服）时，驱策力就变为动机。在动机支配下，消费者需要做出购买名牌西服的反应，但购买行为发生往往取决于周围提示物的刺激，如看了有关电视广告、商品陈列，他就会完成购买。如果穿着很满意的话，他对这一商品的反应就会加强，以后如果再遇到相同诱因时，就会产生相同的反应，即采取购买行为。如反应被反复强化，久而久之就成为了购买习惯，这就是消费者的学习过程。

企业营销要注重消费者购买行为中"学习"这一因素的作用，通过各种途径给消费者提供信息，如重复广告，目的是加强诱因，将人们的驱策力激发到马上行动的地步。同时，企业商品和服务要始终保持优质，消费者才有可能通过学习建立起对企业品牌的偏爱，形成其购买本企业商品的习惯。

2. 影响消费者购买行为的外在因素

（1）相关群体　相关群体是指那些影响人们的看法、意见、兴趣和观念的个人或集体。研究消费者行为可以把相关群体分为两类：参与群体与非所属群体。

参与群体是指消费者置身于其中的群体，有主要群体和次要群体两种。

①主要群体：是指个人经常性受其影响的非正式群体，如家庭、亲密朋友、同事、邻居等。

②次要群体：是指个人并不经常受到其影响的正式群体，如工会、职业协会等。

非所属群体是指消费者置身之外，但对购买有影响作用的群体，有期望群体和游离群体两种。

①期望群体：是个人希望成为其中一员或与其交往的群体。

②游离群体：是遭到个人抵制或拒绝，极力划清界限的群体。

企业营销应该重视相关群体对消费者购买行为的影响作用；利用相关群体的影响开展营销活动；还要注意不同的商品受相关群体影响的程度不同。商品能见度越强，受相关群体影响越大。商品越特殊、购买频率越低，受相关群体影响越大。对商品越缺乏专业知识，受相关群体影响越大。

（2）社会阶层　社会阶层是指一个社会按照其社会准则将其成员划分为相对稳定的不同层次。不同社会阶层的人的经济状况、价值观念、兴趣爱好、生活方式、消费特点、闲暇活动、接受大众传播媒体等各不相同，这些都会直接影响他们对商品、品牌、商店和购买方式的选择以及会影响购买习惯。企业营销要关注本国的社会阶层划分情况，针对不同的社会阶层爱好要求，通过适当的信息传播方式，在适当的地点运用适当的销售方式，提供适当的产品和服务。

（3）家庭状况　一家一户组成了购买单位，我国现有 24 400 万左右的家庭，在企业营销中应关注家庭对购买行为的重要影响。研究家庭中不同购买角色的作用，可以利用有效营销策略，使企业的促销措施引起购买发起者的注意，诱发主要营销者的兴趣，使决策者了解商品，解除顾虑，建立购买信心，使购买者购置方便。研究家庭生命周期对消费购买的影响，企业营销可以根据不同的家庭生命周期阶段的实践需要开发产品和提供服务。

（4）社会文化状况　每个消费者都是社会的一员，其购买行为必然受到社会文化因素的影响，文化因素有时对消费者购买行为起着决定性的作用，企业营销必须予以充分的关注，这部分内容将在本章第三节中作分析。

三、研究家具消费行为的意义

研究消费者行为，对于企业适销产品的生产与销售、保证最大盈利以及对于西方国家制定稳定经济的发展战略与政策都具有一定的实用意义。在社会主义条件下，中国借鉴西方消费行为研究的某些合理成分，开展消费者心理和消费者意识及其变动趋势的研究，对于充分利用市场机制搞好市场预测、大力发展有计划的商品经济、加快社会主义建设，有着重要的意义。

（一）消费者行为研究是做出营销决策和制定营销策略的基础

消费者行为研究决定了营销策略的制定，具体可以从以下几方面来看。

1. 市场机会分析

从营销角度看，市场机会就是未被满足的消费者需要。要了解消费者哪些需要没有被满足或没有完全被满足，通常涉及对市场条件和市场趋势的分析。比如，通过分析消费者的生活方式或消费者收入水平的变化，可以了解消费者有哪些新的需要和欲望未被满足，在此基础上，企业可以针对性地开发出新产品。

2. 市场细分

市场细分是制定大多数营销策略的基础，其实质是将整体市场分为若干子市场，每一子市场的消费者具有相同或相似的需求或行为特点，不同子市场的消费者在需求和行为上存在较大的差异。企业细分市场的目的是为了找到适合自己进入的目标市场，并根据目标市场的需求特点制定有针对性的营销方案，使目标市场消费者的独特需要得到更充分的满足。市场可以按照人口、个性、生活方式进行细分，也可以按照行为特点进行细分，如可按小量使用者、中度使用者或者大量使用者进行细分。另外，也可以根据使用场合进行市场细分，比如将手表按照是在正式场合戴、运动时戴或者平时一般场合戴细分成不同的市场。

3. 产品与店铺定位

营销人员只有了解产品在目标消费者心目中的位置，了解其品牌或商店是如何被消费者所认知的，才能制定有效的营销策略。科玛特（K–Mart）是美国一家影响很大的连锁商店，它由 20 世纪 60 年代的廉价品商店发展到七八十年代的折扣商店。进入 20 世纪 90 年代后，随着经营环境的变化，科玛特的决策层感到有必要对商店重新定位，使之成为一个品位更高的商店，同时又不致使原有顾客产生被离弃的感觉。为达到这一目标，科玛特首先需要了解它现在的市场位置，并与竞争者的位置作一比较。为此，通过消费者调查，它获得了被目标消费者视为非常重要的一系列店铺特征。经由消费者在这些特征上对科玛特和它的竞争对手的比较，科玛特公司获得了对以下问题的了解：哪些店铺特征被顾客视为最关键；在关键特性上，科玛特与竞争对手相比较处于何种位置；不同细分市场的消费者对科玛特和竞争商店的市场位置以及对各种商店特征的重要程度是否持有同样的看法。在掌握这些信息并对它们进行分析的基础上，科玛特制定了具有针对性且切实可行的定位策略，原有形象得到改变，重新定位获得了成功。

4. 市场营销组合

（1）新产品开发　企业可以通过了解消费者的需求与欲望、了解消费者对各种产品属性的评价来开发新产品。可以说，消费者调查既是新产品构思的重要来源，也是检验新产品能否被接受和应在哪些方面进一步完善的重要途径。通用电器公司设计出节省空间的微波炉和其他厨房用品，在市场上获得了巨大成功，其产品构思就是直接源于消费者对原有产品占有太多空间的抱怨。

（2）产品定价　产品定价如果与消费者的承受能力或与消费者对产品价值的感知脱节，再好的产品也难以打开市场。一次性尿布在试销过程中定价为 10 美分一块，预计销售 4 亿块，但试销的结果只达到预计销量的一半，很不理想。后经过进一步分析发现，在整个试销过程中，没有把价格这一环节与消费者连接起来。虽然消费者很欢迎这种产品，但 10 美分一块太贵了，很多家庭只有带孩子旅游或参加宴会的时候才舍得使用。公司通过成本分析，找到了节约单位产品成本的途径，后将售价由每块 10 美分降到 6 美分，产品再度投放市场时，需求量剧增。很快，美国一半以上的婴儿用上了这种名为"贝贝"的一次性尿布。由此可见，产品定价也离不开对消费者的分析和了解。

5. 分销渠道的选择

消费者喜欢到哪些地方购物以及如何购买到该企业的产品，也可以通过对消费者的研究了解到。以购买服装为例，有的消费者喜欢到专卖店购买，有的喜欢到大型商场或大型百货店购买，还有的则喜欢通过邮寄方式购买。比例多少以及哪些类型或具有哪些特点的消费者主要通过上述渠道购买服装，这是服装生产企业十分关心的问题。只有了解目标消费者在购物方式和购物地点上的偏好和为什么形成这种偏好，企业才有可能最大限度地降低在分销渠道选择上的风险。

6. 广告和促销策略的制定

对消费者行为的透彻了解也是制定广告和促销策略的基础。美国糖业联合会试图将食糖定位于安全、味美、提供人体所需能量的必须食品的位置上，并强调适合每一个人尤其是适合爱好运动的人食用。然而，调查表明，很多消费者对食糖形成了一种负面印象。很显然，糖业联合会要获得理想的产品形象，必须做大量的宣传工作。这些宣传活动成功与否很大程度上取决于糖业联合会对消费者如何获取和处理信息的理解以及对消费者学习原理的理解。总之，只有在了解消费者行为的基础上，糖业联合会在广告、促销方面的努力才有可能获得成功。

（二）为保护消费者权益和制定有关消费政策提供依据

随着经济的发展和各种损害消费者权益的商业行为不断增多，消费者权益保护正成为全社会关注的话题。消费者作为社会的一员，拥有自由选择产品与服务以及获得安全的产品、正确的信息等一系列权利。消费者的这些权利也是构成市场经济的基础。政府有责任和义务来禁止欺诈、垄断、不守信用等损害消费者权益的行为发生，也有责任通过宣传、教育等手段提高消费者自我保护的意识和能力。

政府应当制定什么样的法律、采取何种手段保护消费者权益、法律和保护措施在实施过程中能否达到预期的目的，很大程度上可以借助于消费者行为研究所提供的信息来了解。例如，很多国家规定食品供应商应在产品标签上标明各种成分和营养方面的数据，以便消费者做出更明智的选择。这类规定是否真正达到了目的取决于消费者在选择时是否依赖这类信息。

作业与思考题：
1. 消费者行为的概念以及消费者行为研究的用途有哪些？
2. 消费者购买行为的形成机制是什么？
3. 消费者购买的基本特征有哪些？
4. 简述影响消费者购买的内在因素和外在因素。
5. 简述研究家具消费行为的意义。

第三节 家具消费行为

一、一般产品的消费者购买过程分析

1. 产生需要

当消费者认识到对某种产品有需要时，购买过程就开始了。消费者的需要通过两种途径产生：

（1）内在积累　比如一个人随着时间的推移，会由于体内营养的消耗而逐渐感到饥饿，从而产生对食物的需要，这就需要内在积累。

（2）外在刺激　比如一个人因为看到电视中床垫的广告或由于同事、邻居说使用某床垫效果很好，他会对这种产品产生兴趣，从而进一步产生潜在需要。

2. 收集信息

消费者产生需要后，会有下面三种情况产生：

（1）不采取行动　感到需要并不迫切或没有满足的可能，会忽略这种需要而不采取任何行动。

（2）直接采取购买行动　对需要的产品十分熟悉，且需要强烈、产品容易获得，就会直接采取购买行动。

（3）开始收集信息　需要比较迫切但对产品不熟悉，就会开始收集有关信息。

3. 判断评估

经过收集信息，顾客逐步缩小了选择范围，最后只剩下几个品牌的产品作为购买的候选对象。评估过程如下：

（1）确定购买标准　根据自己的需要，确定应该评价的若干产品特性作为评价产品的基本标准。

（2）进行综合评价　根据这个标准对几种候选品牌进行评价。

（3）确定购买品牌　形成对各种品牌的态度和对某种品牌的偏好，确定所要购买的品牌。

分析：尽管这个阶段是顾客的一种心理活动过程，导购员仍然可以通过努力影响顾客。比如，可以说服顾客改变评估产品的标准、改变顾客对我们产品特征的认识，从而使顾客的评估过程有利于我们的产品。

4. 购买决策

经过评价过程，顾客决定了将要购买的品牌，形成了购买意向。然而，在购买意向和购买行动之间往往还有很长的距离。如果顾客没有采取购买行动，主要原因可能是：

（1）受他人态度的影响　比如家人反对购买。

（2）受预期心理的影响　比如顾客估计该产品的价格会下降等。

（3）受其他意料之外情况的影响　比如经济条件不允许。

5. 购后感受与评价

消费者的购买过程并不随着购买行动的结束而结束，而是通过产品使用和他人评判，消费者会将产品的实际性能与购买前对产品的期望值进行比较，建立起购后感觉，作为今后购买决策的参考。消费者若发现产品实际性能与期望大体相符，就会产生良好的购后感觉；如发现产品性能与购前期望不一致，就会感到失望和不满。

二、家具消费过程

所有的家具消费心理现象可以体现在六个相互联系的行为过程中。

1. 形成消费需求

当人们意识到自己缺乏某种东西而产生心理紧张时，一定的需求就形成了。商品经济条件下，需求大多表现为消费需求。家具作为家庭生活的必备用品，特别是在新房入住需要配置家具的情况下，可以说是一种刚性需求。

2. 产生购买动机

消费需求一旦形成便会推动个体去寻求相应的满足。当必须通过购买才能满足消费需求时，个体的购买动机便会随之产生。但每个消费者的需求层次不同，会产生不同的购买动机。同样是家具，处于生理需求层次上的消费者求廉求实；处于自尊需求的消费者求名求异。

3. 了解信息阶段

一旦对家具产生购买动机，消费者便会主动而又全面地寻求有关商品信息。消费者获得信息的主要来源主要有四个方面：

（1）个人来源 指从家庭、朋友、邻居、同事等个人交往中获得信息。

（2）商业性来源 这是消费者获得信息的主要来源，其中包括广告、导购员介绍等提供的信息。这一信息是企业可以控制的，也是最为重要的信息来源。

（3）公共来源 指消费者从电视、广播、报纸、杂志等客观报道和消费者团体的评论所获得的信息。

（4）经验来源 消费者从自己亲自接触、试验和使用商品过程中得到的信息。一般而言，消费者有关产品的信息，大部分来自商业性来源，即家具厂商所能控制的来源，然而，具有最大效果的却是消费者的个人来源。

4. 进行选择阶段

消费者会将已了解到的关于家具的主要信息进行整理，根据一定的选择标准做相互比较，以便最后做出选择。

5. 发生购买阶段

消费者在做出家具选择决定后，一般很快就会着手购买。

6. 评价所购家具阶段

购买并实际使用家具产品后，消费者自然会对其有所评价。当所购的家具比较满意时，虽然家具作为大众耐用消费品，但还是会在以后家具添置更新的情况下优先选购，而且会向周围的人作义务宣传，扩大产品影响。但若对所购家具不满意，特别是材质、环保等方面出现问题，则会有相反的效果。

以上消费者行为规律的六个阶段，具体到各个消费者不尽相同，但消费者心理过程的复杂性是存在的，探究消费者行为规律的内容也是丰富的。

三、消费者购买行为的"黑箱"

商场里人头攒动，商品琳琅满目，促销眼花缭乱，着实热闹。可商家心里仍然没底：消费者到底会不会买？会买哪种牌子？买多少？什么时候买？消费者的头脑就像一个神秘的"黑箱"，让商家捉摸不透。不过细细观察，这个有趣"黑箱"也有规则可循：追求快乐、规避"不想要"、选择"绿叶"陪衬下的"红花"、重视显著信息，目的只有一个，那就是追求心理利益的最大化。

规则一：快乐导致购买

每周去超市前，王女士都会把要买的必需品列在一张清单上。这天也一样，王女士拿着购物清单进入卖场，就向小件家居用品区域走去。当她回到家中，发现她居然买下了两三件不同款式的小件置物架。实际上，像王女士这样"冲动购物"的人，在超市和商场中并不是少数，非计划的冲动购买率高达 60%。

他们为什么会冲动购买呢？原因有很多，其中之一是商场或超市为了刺激消费者购买，在卖场布局、商品陈列、促销方式，甚至背景音乐、温度等方面精心设计，在潜移默化中影响消费者的购买行为。例如，根据消费者对日常用品的需求，把消费者的购物路线设计成"强制路线"，就是把电梯设计成上下不同侧，消费者要上下楼就得在商场或超市里面绕一圈。商场或超市在显眼的区域集中促销应季商品，夏天卖风扇、凉席，儿童节卖玩具、文具。很多超市用大红、明黄这样醒目的颜色标出特价，用"全市最低价"等字眼来"刺激"消费者。灯光也很有讲究，为了使瓜果蔬菜看起来更诱人，一般采用暖色调的灯光；而在海鲜区，则用偏冷色调的灯光突出新鲜度。几乎所有的商场或超市都采用悦耳的背景音乐、适宜的温度，希望让消费者在购物过程中感觉更愉快，从而达到刺激购买的目的。

为什么消费者感觉愉快就容易购买呢？这是因为通过消费追求快乐是消费者消费的根本动力之一。而消费者认为快乐与否是一个认知和情绪交互作用的过程。认知回答"价格高不高？"、"质量怎么样？"等问题，而情绪则回答"我喜欢它吗？"、"用上它我会感觉怎么样？"等问题。认知会影响情绪，例如，"我觉得它质量好，价格实惠，所以我喜欢。"反过来，情绪也会影响认知。

虽然认知和情绪对消费者的快乐感共同起作用，但是在很多情况下，情绪的作用更大一些。尤其是在经过认知的判断，消费者在几个选择之间难以取舍的时候，消费者通常会问自己"我感觉它怎么样？"。这种情况下，消费者往往会根据自己的情绪反应来做出购买决定。而且，这种情绪反应，常常对其今后的购买行为产生持续的影响。

规则二：从"不想要"出发

一年一度的暑假旅游热快要到了，辛苦了半年的吴先生想带同样辛苦的太太和取得了优异成绩的儿子外出旅游。当全家人在旅游目的地清单中挑选去什么地方的时候，儿子首先说"××不好玩"，太太则说"××的吃住太贵了"、"××太远了"、"××交通太不方便了"等烦心的问题，到底去哪儿呢？

吴先生一家选择旅游地点的决策过程，大多数消费者在制订买房、买保险和买家具等购买计划以及给某重要人物买礼品（如生日礼物）等介入度很高的商品时，都有过类似的经历—总是担心所买的商品或服务有缺陷而导致不喜欢，而最终的结果不是选择最喜欢的而是避免购买最讨厌的。在消费者对所要购买的商品不熟悉因而不能全面地了解的情况下，可能会对该商品是否满意及其有关服务产生担心的情绪。这样，从直觉上来讲，"不想要"和拒绝就成为某一类消费者下意识的反应。这从另一个方面印证了查尔斯·达尔文（1907 年）在《男人降世与性关系的选择》中的论断："女性选择最不讨厌而不是最具吸引力的男性。"

进一步的研究还发现，消费者常常更多地注意和认可与自己的信念、目标等一致的信息。在不同的消费目标（任务）下，消费者注重不同的信息。例如，消费者把想要的商品挑选进空的购物篮和把不想要的商品从满的购物篮中排除出去，两种方式重视的信息不同，因而最终的选择结果可能不一样。Park 等人（2000 年）进行了一个模拟选购汽车的实验。一组人被要求从 10 种汽车中选择任何想要的（选择组），另一组人被要求从同样的 10 种家具中排除任何不想要的（排除组）。结果，排除组的人选择的家具总价格比选择组的要高，而且感觉购物过程更有趣。这是因为，消费者在选择的时候注重考虑添加一件商品要失去的钱袋里的金钱，而在排除的时候注重考虑减去一件商品要失去的一件物品的效用。消费者厌恶损失，所以导致在排除任务中购物篮里留下了较多的商品。

规则三：在参照中选择

A 品牌家具的价格为 2 000 元，是目前市场中价格最高的，它的市场份额为 30%。最近，一个新的高档品牌 H 牌家具进入市场，定价为 8 000 元。按照常理，由于市场上品牌数量增加，原有品牌的市场份额应该有所下降。但是在品牌质量没有任何变化、公司也没有增加促销活动的情况下，A 品牌的市场份额却上升到 40%，为什么呢？这是因为消费者对产品的评价是相对的，是基于某个参照点做出的。在对一个产品单独评价时，消费者可能采用任何可用的参照点。例如，可以是以前见过的别人用的产品，也可以是心中想象的一个标准；在对两个以上的产品联合评价时，消费者更多得是在产品之间进行比较，互为参照点。改变参照点，就可能改变对产品的偏好。例如，消费者在一种情境下单独评价一款价格为 1 000 元的 J 品牌家具；在另一种情境下，对 J 家具和另一款 S 品牌家具（价格为 1 300 元，假设其他产品属性的差异非常小）同时评价。在后一种情境下，选购 J 品牌家具的可能性增加，因为前一种情景是和某个不确定的内在标准相比，而后一种情景是和 S 品牌相比，J 品牌家具的性价比显得更高。可见，消费者对商品的选择受其他在场商品的影响，这被称为背景效应。

Simonson 和 Tversky（1992 年）提出了关于背景效应的两个法则：权衡对照法则和极端厌恶法则。在权衡对照法则下，假设其他条件都相同，沙发 X 的材质是皮革，价格是 1 500 元；沙发 Y 是真皮，价格是 5 000 元，多花 3 500 元可以获得质感的提高。假设还有另外一款沙发 Z，材质是高级 PU 皮，价格为 3 000 元，意味着多花 1 500 元可以获得质感的提高。这种情况下，消费者从 X 和 Y 中选择 Y 的趋势将增加，因为和 Z 相比，Y 的性价比显得较高。极端厌恶法则指的是由于消费者厌恶产品的缺点，缺点比优点显得大，消费者倾向于选择中间选项，又称折中效应。比如，假设消费者在三款沙发中进行选择，X 品牌质量最好、价格最高，Z 品牌质量最差、价格最低，Y 品牌质量和价格都是中等。根据极端厌恶法则，消费者倾向于选择 Y，因为中间选项的缺点在质量和价格两方面来说都相对较小。

规则四：根据显著性选择

现代零售商品种类丰富，消费者需要处理的信息量急剧增加，平均要以每秒 33 件的速度从 5 万件商品中挑选出 17 件商品。购物时，如果商品种类和信息过于复杂，消费者会觉得不舒服，这就会增加他们放弃选择商品的可能。复杂的信息处理过程会引发负面情绪，所以消费者倾向于回避复杂的信息处理。现在许多企业只是单纯地将尽可能多的商品不加管理地展露在消费者面前，殊不知这不仅不能有效地吸引消费者的眼球，反而可能将消费者推开。

企业通常认为消费者的需求是多样的，商品种类越丰富越能满足消费者的需求。但是，Hauser 和 Wernerfelt（1990 年）的研究发现，过多的商品选择可能会使消费者失去购买动力。当商场中商品数量和信息量增加的时候，消费者会感受到更多的冲突，从而减少选择行为。Iyengar 和 Lepper（2000 年）的研究则表明，数量有限、精心选择的商品能够刺激购物。这给我们的启示是企业一定要做好对商品种类的管理工作。例如，利用商品销售的扫描数据建立销售数据库，及时分析各品牌的销售情况，力求将商品种类控制在一定限度内，同时又能最大限度地满足消费者的多样化需求；通过对购物篮的分析，发现那些经常被一起购买的商品类目，以合理摆放商品和安排打折商品，促使相关类目商品的销售互相带动。

由于精力有限，消费者不会对信息平均分配注意力，而会主动寻找他认为重要的信息，如价格、质量等。这个过程中，那些"看得见，摸得着"的信息容易引起注意，而且越显著的信息越能得到重视，如产品外观、现场的其他品牌等。Hsee 和 Leclerc（1998 年）研究发现，消费者在几个商品中做选择的时候，用当场看得见的品牌互为参照点，而内在的、看不见的参照点则作用微弱。例如，某消费者在去商场之前，看好了朋友家新买的一款微波炉，打算买个类似的。到了商场之后，刚开始挑选的时候，还与朋友的那个款式比较，后来就在商场卖的那些品牌间互相比较，最后买到的可能是和当初打算的完全不同的类型。问题就是好品牌之间互相比较，会使它们的吸引力都降低（Hsee 和 Leclerc，1998 年）。商家应当考虑提供一个可见的参照点，来陪衬本商场所销售的品牌。例如，有些建材或家居超市，展示市场上一些廉价的劣质品的样品来衬托自己的品牌产品的质量。

消费者在不了解产品质量的时候，往往判断价格高的商品质量好，价格低的商品质量差，这和人们通常所持的"质量好的产品价格高"信念一致。Broniarczyk 和 Alba（1994 年）的研究发现，消费者在进行信息推断时常常受此类直觉信念的强烈影响。即使在提供了有关产品质量的信息和线索的情况下，消费者还是特别信赖他们的直觉信念。所以，新产品上市的时候，要谨慎考虑低价策略，特别是那些质量很重要的产品类别，比如家具产品和电器产品以及质量很难立即判断的产品类别，比如宜家在卖场内布置一些抽屉的耐用指数的测试装置供消费者对其产品的耐用性有个直观的了解。对此类产品，消费者特别容易把价格作为一种重要指标来推断产品质量。

企业要特别注意将重要的、隐藏的产品信息以显著的方式呈现给购物者，特别是质量信息。例如，让消费者看得到家具加工过程，出示产品所用的原材料，现场演示和体验产品使用，甚至展示产品使用若干年后的状况、和其他品牌的详细比较等这些消费者很关注、又较难搜寻处理的信息。

四、家具消费者消费行为的影响因素

（一）影响消费者消费行为的因素

影响消费者消费行为的个体与心理因素有：需要与动机，知觉，学习与记忆，态度，个性，自我概念与生活方式。这些因素不仅影响并在某种程度上决定消费者的决策行为，而且它们对外部环境与营销刺激的影响起放大或抑制作用。

影响消费者行为的环境因素主要有：文化，社会阶层，社会群体，家庭等。

（二）影响家具消费者消费行为的因素

根据消费心理学的原理，家具消费者消费行为主要取决于消费者对家具产品的需要与欲求，而后者在大多数情况下，要受到许多因素的影响，这些因素主要有文化、社会、个人和其他四大类。分析影响消费者消费行为的因素，对于企业正确把握消费者行为、有针对性地开展市场营销活动具有极其重要的意义。

1. 文化因素

文化是理解消费者行为的一个关键因素。人们可以把文化看成是社会的个性，不能离开文化背景去简单理解消费者的选择。消费选择来自文化，文化是一面"透镜"，人们通过它而审视产品。

文化因素包括文化和亚文化。文化属于一种宏观环境因素，它影响和决定一个社会的消费习俗、价值观念和思维方式等。亚文化则是指某些较少的社会团体所遵循的文化标准，主要有民族亚文化群、宗教亚文化群和地理亚文化群。不同的亚文化，特别是不同民族、地区的社会群体中的亚文化影响着人们对各种家具产品的喜好。区域消费行为差异既包含区域购买力的差距，也包含非经济因素的区域消费文化差别，其差异的影响因素也可以分为经济因素和非经济因素。

2. 社会因素

影响消费者购买行为的社会因素大体上有四类：社会阶层、相关群体、家庭和角色地位。

社会阶层既是一个人的拥有状态，也是一个人的存在状态。阶层是关于一个人如何处置财产和如何界定自己在社会中的角色的问题。或许有人不喜欢社会中的某些成员比其他成员更优越或"不一样"的说法，但大多数消费者承认阶层差异的存在以及它对消费者的影响。不同社会阶层的人由于价值观、消费观、审美观和生活习惯等的不同，对选购家具的方式、数量、质量、款式要求都不同。

中国人群体感强，在购买行为中表现为以社会上大多数人的一般消费观念和消费行为来规范和约束自己的消费行为，其消费行为具有明显的社会取向和他人取向的特点，所以消费者周围的相关群体对消费者的家具购买行为有较大的影响。

家庭是消费者最基本的相关群体，因而家庭成员对消费者购买行为的影响显然最强烈。现在大多数市场营销人员都很注意研究家庭不同成员，如丈夫、妻子、子女在商品购买中所起的作用和影响。一般来说，夫妻购买的参与程度大都因产品的不同而有所区别。家具作为价值昂贵的、不常购买的产品，往往是由夫妻双方包括已长大的孩子共同做出购买决定的。

亲戚、朋友、同事、邻居等也是影响消费者购买行为的重要相关群体。这些相关群体是消费者经常接触、关系较为密切的人。由于经常在一起工作、聊天等，消费者在购买商品时往往受到这些人对商品评价的影响，有时甚至是决定性的影响。

3. 个人因素

个人因素主要包括外在因素和心理因素。外在因素包括个人的年龄、经济收入状况和生活方式等个人情况，个人的实际情况影响着家具的购买行为。

（1）外在因素　从年龄来看，少年、儿童对有着千变万化的图案和形形色色的鲜艳色彩的家具非常喜爱，而家长也希望能为孩子创造一个令人愉快的小空间，同时也非常注重家具的安全性。而青年消费者内心丰富，热情奔放，思想活跃，思维敏捷，在消费心理和行为方面表现为追求美的感受、追求个性化的居家概念、追求新颖与时尚、崇尚品牌与名牌、亮出个性与自我、注重情感与直觉，因此，那些具有流行色彩、时代感比较强、造型新颖的家具往往会被青年消费者所钟情。中年人的消费行为则看重消费需求的实惠性、消费行为的合理性、选择商品的精确性。他们大多比较喜欢体现沉稳气质的家具，对色彩方面一般为较为传统的原木色，而且一般喜欢购买成套家具，对功能方面没有什么特别的要求，实用是他们购买家具的首要目标。老年人在消费方面则注重方便实用，将质量放在首位，更偏爱成熟稳重型的家具，喜爱古典家具的很多，古典家具的古风古蕴使老年人更容易对逝去时代和以往的文化有一种怀念、留恋之情。

从经济收入状况来看，低收入人群购买家具主要注意物美价廉，也就是在购买中表现为求廉、求实倾向。中等收入的工薪阶层购买家具上升一个档次，他们求廉、求实的同时，也注意家具的美观、使用便利。高收入的人群在购买中则注重求名、求新等特点。

家具是生活方式的体现，生活方式不同会反应在对于家具的消费使用上的不同。SOHO一族与朝九晚五的上班族在选购家具上就会有着明显的不同。与其他人群不同，SOHO族的居室集居住、休闲、娱乐于一室，他们推崇"自由而丰富的生活方式"，因此，在家具的选择上倾向于简单舒适、一物多用的产品，电脑桌只要围屏插上实木架就可用来摆放电话、文件等杂物，既节省空间又彰显独特个性，非常适合 SOHO 族的品位和要求。在家具的颜色以及材质方面，自然色成了他们的最爱。那些热烈、鲜艳夺目的颜色只能短暂吸引眼球，只有自然的才是真正永恒的、不令人厌烦的，"自然就是美"，天然木材再配以少量五金结构组合成了这种家具的主体，摒弃了以往大量使用的塑料、橡胶材料，营造一个舒适而又开阔的居家氛围，非常适合思考和挖掘创作灵感。

消费者个人因素还包括职业因素、经济因素、生活方式、个性因素等，家具设计或者家具销售中必须要综合考虑消费者个人因素中多方面的影响，才能做到让消费者满意。

（2）心理因素

①动机（motive）：弗洛伊德理论、马斯洛需求层次论和赫兹博格"双因素"理论。

②感觉因素（perception）：选择性注意（selective attention）、选择性曲解（selective distortion）和选择性记忆（selective retention）。

③学习因素（learning）

④信念和态度（belief and attitude）

（3）其他影响因素　家具的选购是一门综合性的学问，在选购家具时除了考虑人们的文化修养、性情、经济条件等对购买行为的影响，还要考虑到居住环境对人们选购家具的影响。不同的居住环境、不同的使用者对家具的要求是不一样的。

①居室背景：购买家具时，首先要考虑家具的色彩与居室的整体环境是否协调，要把居室背景的主要色调、灯光和采光作为主要的考虑因素。如果居室背景的色调较浓重就不适宜选择色调深沉的家具，因为这样整个空间会显得更沉重，形成沉郁昏暗的室内气氛，给人造成压抑和紧迫感。另外，色彩过于强烈的家具往往不耐看，而且容易产生视觉疲劳。所以，一般情况下，选择中性色调的家具更适宜，也容易搭配。当然，这并不是唯一的标准，有人更喜欢通过家具的色调实现强烈的色彩对比与视觉冲击，以增添生活的乐趣和体现其独特的品位。

②空间大小：较大的居室空间会给家具购买带来更多的选择，不必受到太多的限制，如果空间有限，就不要选择规格尺寸较大的家具，而且家具的种类不要太多，否则有可能使居室显得拥塞。然而，无论空间大小，处理好家具和空间的比例关系都是非常重要的。家具的平、立面尺度要和房间面积、高度相吻合，以免所购买的家具放不进去或破坏了已构思好的平面布局。

购买家具时，居室空间的布置、格局都要仔细考虑。不要被一些传统的观念限制，如卧室一定要大衣柜再加上两个床头柜等。如果整个空间都被塞满了，只剩下走道，一些家具又永远不能移动，那就显得非常沉闷了。整天生活在一成不变的空间中，不仅人的思想容易僵化，也不符合当今流行的简约风格，因此在选购家具时要注意空间留白。空间留白还能不断地添置新的家具，为居室生活带来新的面孔和注入新的活力。

③地面材料：用瓷砖、水磨石或大理石铺成的地面，本身就给人清凉和爽滑的感受，所以最好避免选择同样给人冷冰冰感觉的金属家具以避免有"雪上加霜"的感觉。家里最好还是要装扮得温暖一点，建议选用木质家具来调和，也可以在局部加铺地毯，缓和地面材料冷硬的质感。现在很多家庭喜欢铺木地板，它不仅给人干净和舒服的感觉，而且也比较容易和各式家具搭配。

④室内软性装饰：家具的选购不仅要和居室整体色调相一致，也要与室内的布艺、小挂饰、案头摆设等软性装饰相互协调。当然，家具在整个居室的地位比这些小饰物来得重要，所以室内的软性装饰可以在购买家具后再配置，从而营造一个连贯呼应、相得益彰的整体居室效果。

⑤购买地点：随着家具消费者购买行为的日趋成熟和理性，连锁经营、统一品牌管理的家具大卖场已经成为消费者购买家具的首选。随着消费者对家具产品认识的深入，更多的消费者将树立家具消费的品牌观念，更加注重家具消费的高品质及服务享受。而家具大卖场一般都有着良好的形象、群体称赞的好口碑，有着过硬的产品、优质的售后服务，诚信经营，顾客慕名而来。

在选购家具时，还要充分考虑到家具要适应人的生理需要。家具的主要功能是盛放各种物品或为人们休息所用，其次才是美观，所以选择家具要以人为本，以适应人的生理需要为原则。此外，选购家具时还应考虑不同款式、颜色对居住者心理上的影响。有研究表明，温暖、淡雅的居住环境，能令人心平气和、精神乐观，对某些疾病还有辅助治疗的作用。造型古朴、典雅的家具，使人产生沉静、安详的感觉；造型现代、前卫风格的家具，则会令人积极、不断上进。家具的这些延展作用，会长时间地对人产生潜移默化的作用，从而会影响人们的身心健康。

购买家具还要关注是否有完善的售后服务，家具不是一次性消费商品，它将在相当长的一段时间内伴随消费者。周到的售后服务工作，能使企业声誉提高、产品的知名度增加、顾客对企业的信任度提高，将顾客长期吸引在企业周围，使企业迅速地收集并反馈信息、完善和更新产品，提高经营管理素质。

作业与思考题：

1. 一般消费品的购买过程和家具的购买过程有何共同点和不同点？
2. 举例说明消费者购买的"黑箱"理论。
3. 简述消费者行为的影响因素。

第四节　家具消费者购买决策过程

一、购买决策过程的参与者

企业管理者和营销人员除需了解影响消费者的各种因素、消费者购买模式之外，还必须弄清楚消费者购买决策以便采取相应的措施，实现企业的营销目标。

消费者消费虽然是以一个家庭为单位，但参与购买决策的通常并非一个家庭的全体成员，许多时候是一个家庭的某个成员或某几个成员，而且由几个家庭成员组成的购买决策层，其各自扮演的角色也是有区别的。人们在一项购买决策过程中可能充当以下角色：

（1）发起者　首先想到或提议购买某种产品或劳务的人。

（2）影响者　其看法或意见对最终决策具有直接或间接影响的人。

（3）决定者　能够对买不买、买什么、买多少、何时买、何处买等问题做出全部或部分的最后决定的人。

（4）购买者　实际采购的人。

（5）使用者　直接消费或使用所购商品或劳务的人。

了解每一购买者在购买决策中扮演的角色，并针对其角色地位与特性采取有针对性的营销策略才能较好地实现营销目标。比如购买一台空调，提出这一要求的是孩子，是否购买由夫妻共同决定，而丈夫对空调的品牌做出决定，这样空调公司就可以对丈夫做更多有关品牌方面的宣传以引起丈夫对该企业生产的空调的注意和兴趣；至于妻子在空调的造型、色调方面有较大的决定权，公司则可设计一些在造型、色调等方面受妻子喜爱的产品，只有这样了解了购买决策过程中的参与者的作用及其特点，公司才能够制订出有效的生产计划和营销计划。

二、购买决策过程

每一消费者在购买某一商品时，均会有一个决策过程，只是因所购产品类型、购买者类型的不同而使购买决策过程有所区别，但典型的购买决策过程一般包括以下几个方面：

（1）认识需求　认识需求是消费者购买决策过程的起点。当消费者在现实生活中感觉到或意识到实际与其需求之间有一定差距并产生要解决这一问题的要求时，购买的决策便开始了。消费者的这种需求的产生既可以是人体内机能的感受所引发的，如因饥饿而引发购买食品、因口渴而引发购买饮料，又可以是由外部条件刺激所诱生的，如看见电视中的西服广告而打算自己买一套、路过水果店看到新鲜的水果而决定购买等。当然，有时候消费者的某种需求可能是内外原因同时作用的结果。

市场营销人员应注意识别引起消费者某种需要和兴趣的环境，并充分注意到两方面的问题：一是注意了解那些与该企业的产品实际上或潜在的有关联的驱使力；二是消费者对某种产品的需求强度，会随着时间的推移而变动，并且被一些诱因所触发。在此基础上，企业还要善于安排诱因，促使消费者对企业产品产生强烈的需求，并立即采取购买行动。

（2）收集信息　当消费者产生了购买动机之后，便会开始进行与购买动机相关联的活动。如果他想购买的物品就在附近，便会实施购买活动，从而满足需求。但是当所需购买的物品不易购到或者说需求不能马上得到满足时，他便会把这种需求存入记忆中，并注意收集与需求相关和密切联系的信息，以便进行决策。

三、影响消费者购买决策的因素

影响消费者购买决策的因素可以分为环境因素、刺激因素、个人及心理因素。

个人因素包括年龄、性别、职业、经济状况和个性等。心理因素不能直接被看到，又被称作"黑箱"。而刺激因素则由企业出发，然后被输入消费者"黑箱"，经过消费者的心理活动过程变为有关购买的决策输出。

1. 环境因素

如文化环境、社会环境、经济环境。

2. 刺激因素

如商品的价格、质量、性能、款式、服务、广告、购买方便与否等。

3. 消费者个人及心理因素

心理因素包括：

（1）动机　任何购买活动总是受着一定的动机所支配，这种来自消费者内部的动力反映了消费者在生理上、心理上和感情上的需要。

（2）感觉与知觉　两个具有同样动机的消费者会因为各自的感觉和知觉不同而做出不同的购买决策。

（3）学习　学习是一种由经验引起的个人行为相对持久变化的心理过程，是消费者通过使用、练习或观察等实践逐步获得和积累经验，并根据经验调整购买行为的过程。企业应创造条件，帮助消费者完成学习过程。

（4）信念与态度　消费者在购买和使用商品的过程中形成了信念和态度，这些又反过来影响其未来的购买行为，企业可以改变自己的产品以适应消费者已有的态度，而不是试图改变消费者的态度。

四、家具消费者的购买决策过程

家具作为非经常性购买的耐用消费品，选择与喜好因人而异。消费者介入的程度比较大，考虑的比较慎重，所涉及的参与者比较多，基本上是家庭所有的成员都会参与。在购买家具时，由于消费者缺乏相关的商品知识，需要有一个学习过程。消费者首先会广泛收集商品的信息资料，详细了解各品牌商品之间的差异，分析比较不同品牌商品的优缺点，然后形成对某品牌商品的信念和态度，最后做出慎重的购买选择。

在家具的购买行为中，消费者购买决策过程由引起需求、收集信息、比较评价、购买决策、购后感受五个阶段构成。

1. 引起需求

消费者家具消费观念的更新使得对于家具追求发生变化，家具的更新周期缩短。家具的购买主要是由新房购买和装修购买组成。年轻人组合的新式家庭不仅是家具消费的主力军，而且他们的消费观念将改变市场的发展趋势。伴随着住房条件的提高，越来越多的独生子女都拥有自己的房间，儿童家具市场的发展潜力也非常大。

2. 收集信息

消费者的需求被唤起以后，有的不一定能立刻得到满足。这种尚未被满足的需求会造成一种心理的紧张感，促使消费者乐于接受想要商品的信息，甚至会促使消费者主动地收集相关信息。

3. 比较评价

消费者从各种信息来源获取资料后将会进行整理、分析，对各种可能选择的商品和品牌进行比较评价，从而确定自己所偏好的品牌。

消费者进行比较评价的一般步骤：一是分析商品的性能和特点，特别是与其消费需要密切相关的各种属性；二是根据自己的需求，分析各种属性的重要性，排定考虑顺序；三是根据自己的偏好提出品牌选择方案。消费者并不是在真空状态下处理产品信息的，相反，人们会根据对产品或其他类似产品的已有了解来评估产品，"货比三家"是一般消费者选择产品的方式。

4. 购买决策

一旦收集并评估了对一些产品的相关意见，消费者就必须做出选择。产品或对产品已有的使用经验、购买时出现的信息以及由广告引发的品牌信念等综合性信息都会影响家具消费者的选择。

消费者的购买意向是否能转化为购买决策，还受所购商品价格的高低、购买风险的大小和消费者自信心的强弱等因素影响。

5. 购后感受

消费者满意还是不满意是由消费者在购买家具后对家具的整体感觉或态度决定的。随着所买家具成为日常生活的一部分，消费者也开始对这些家具进行持续不断地评价。

消费者购后感受一般会有三种：

（1）满意的感受　消费者对所购家具感到满意时会强化消费者对所购品牌的信念，增加其重复购买的可能性，还会促使其向他人进行宣传。

（2）不满意的感受　消费者对所购家具通过使用而感到失望可能导致消费者要求退货，以后不再购买这一品牌的商品。

（3）不安的感受　这种感受介于满意与不满意之间，往往是在使用过程中遇到一些问题时会怀疑自己的选择是否明智，如果改买其他品牌的家具会不会使自己更满意，于是产生一种不安的感受。这种不安的感受可能会引起消费者对该品牌作反面宣传，对其他消费者的影响相当大。

消费者把家具产品买回来以后通过使用体验购买决定的效果，实用性能是否良好、在室内布置是否合理、与环境是否协调、使用效果是否与预期的相一致等，都是对购买行动是否明智的最后决策和判断。

掌握家具消费者消费行为规律特点可以有效提高企业市场营销活动效果、增强市场竞争能力，有效促进企业经营管理水平与服务水平的提高，有效提高企业在产品开发过程中的针对性，同时，也可以更好地引导消费者的合理消费。

作业与思考题：

1. 分别列举儿童家具、办公家具和老年人家具购买决策过程的参与者。
2. 简述消费者购买决策过程的影响因素。
3. 简述一般家具消费者购买决策过程。

第五章 设计心理学与消费者满意度

第一节 设计心理学的概念

一、设计心理学的定义

设计心理学是设计专业一门理论课，是设计师必须掌握的学科，是建立在心理学基础上，把人们心理状态，尤其是人们对于需求的心理通过意识作用于设计的一门学问，它同时研究人们在设计创造过程中的心态，以及设计对社会及对社会个体所产生的心理反应，反过来再作用于设计，起到使设计更能够反映和满足人们心理的作用。

美国认知心理学家唐纳德·A·诺曼是最早提出"物品的外观应为用户提供正确操作所需的关键线索"的学者之一，他认为这些关于日用品设计的原则构成了心理学的一个分支——研究人和物互相作用方式的心理学，"这是一门研究物品预设用途的学问，预设用途是指人们认为具有的性能及实际上的性能，主要是指那些决定物品可以作何用途的基本性能……"。很明显，唐纳德·A·诺曼的设计心理学概念是站在使用的角度来定义的。

人机交互专家贾克珀·尼尔森（Jakob Niesen）给设计心理学的定义：互联网和人机界面的可用性设计。

2001年国内学者李彬彬在《设计心理学》一书中给设计心理学的定义：设计心理学是工业设计与消费心理学交叉的一门边缘学科，是应用心理学的分支，它是研究设计与消费者心理匹配的专题。设计心理学是专门研究在工业设计活动中，如何把握消费者心理，遵循消费行为规律，设计适销对路的产品，最终提升消费者满意度的一门学科。该设计心理学概念是站在消费角度来定义的。

2004年赵江洪在《设计心理学》中的定义：设计心理学属于应用心理学范畴，是应用心理学的理论、方法和研究成果解决设计艺术领域与人的"行为"和"意识"有关的设计研究问题。

设计艺术心理学是设计艺术学与心理学交叉的边缘科学，它既是应用心理学的分支，也是艺术设计学科中的重要组成部分。设计艺术心理学是研究设计艺术领域中的设计主体和设计目标主体（消费者或用户）的心理现象，以及影响心理现象的各个相关因素的科学。

家具设计心理学是研究家具设计与家具消费心理的一门边缘交叉学科，它着重研究家具消费及家具使用过程中消费者的相关心理现象，在家具设计活动中如何把握消费者心理、遵循消费行为规律、设计适销对路的家具产品，最终提升家具消费者满意度的一门学科。

二、设计心理学的意义

（1）设计心理学为好的设计服务，开展设计心理学的研究是企图沟通生产者、设计师与消费者的关系，使每一个消费者都能买到称心如意的产品。

（2）消费者满意度是现代设计管理的根本。

（3）消费者满意度是现代设计的依据。

（4）现代家具设计必须了解消费者心理。

（5）研究消费者心理可以指导设计家具新产品和改进现有家具产品。

（6）研究消费者心理有助于提高生产者和设计师的经济效益和营销水平。

（7）研究消费者心理有助于提高工业设计人员的素质。

（8）研究设计心理学有助于提高设计水平，促进对外贸易。

三、设计心理学的研究方法

1. 观察法

观察法是心理学的基本方法之一，所谓的观察法是在自然条件下有目的、有计划地直接观察研究对象的言行表现，从而分析其心理活动和行为规律的方法。观察法的核心是按观察的目的确定观察对象、方式和时机。观察记录的内容应该包括观察目的、对象、时间、被观察对象言行、表情、动作等的质量、数量等，另外，还有观察者对观察结果的综合评价。观察法的优点自然、真实、可信、简便易行、花费低廉，缺点是被动的等待，并且事件发生时只能观察到怎样从事活动并不能得到从事这样的活动的原因。

2. 访谈法

访谈法是通过访谈者与受访者之间的交谈，了解受访者的动机、态度、个性和价值观的一种方法。访谈法分为结构式访谈和无结构式访谈。

3. 问卷法

问卷法就是事先拟订出所要了解的问题，列出问卷交消费者回答，通过对答案的分析和统计研究得出相应结论的方法。优点是短时间内能收集大量资料，缺点是受文化水平和认真程度的限制。问卷法分为封闭式问卷法和混合式问卷法两种。

4. 实验法

实验法，在严格控制的环境中或创设一定条件的环境中诱发被试者产生某种心理现象，从而进行研究的方法。

5. 案例研究法

案例研究法通常以某个行为的抽样为基础，分析研究一个人或一个群体在一定时间内的许多特点。

6. 抽样调查法

抽样调查法是揭示消费者内在心理活动与行为规律的研究技术。

7. 投射法

8. 心理描述法

四、设计心理学的研究对象和研究范畴

家具设计心理学以心理学的理论和方法研究决定设计结果的"人"。其研究对象不仅仅

是消费者，还包括设计者。

家具设计心理学研究对象主要包含用户（消费者）"黑箱"和设计者"黑箱"，如图5-1所示。

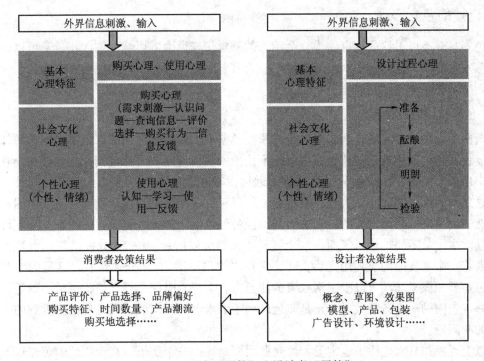

图5-1　用户"黑箱"和设计者"黑箱"

设计心理学应作为设计学科的一门工具学科，它帮助人们运用心理学中经受检验、相对稳定的原理解读设计中的现象，达到改善和辅助设计工作的开展、提高设计者创意能力的目的。

设计心理学在设计中典型应用有以下几点：

（1）产品造型语义　在设计中运用特定的符号通过一定的表达方式向用户传达信息，利用信息传达对用户做出有效的引导，为产品的操作设计提供一定的方向性。

（2）认知心理　设计师在进行产品设计时，必须将人机界面设计与用户的操作行为联系起来，需要了解人的感觉器官是如何接受、处理信息以及如何学习、记忆、思维的，这就涉及认知心理学的问题。

（3）人机关系　人机协调性与心理学的基础研究理论不可分割，设计需要创造友好、简洁的视觉界面感受，需要在使用者和机器之间建立起融洽与和谐的关系。

作业与思考题：

1. 如何理解设计心理学的含义及其研究对象？
2. 简述设计心理学与人体工程学的发展阶段以及发生转变的原因。
3. 结合做过的设计实践，分析其中涉及哪些心理现象。
4. 结合中国目前的国情和设计现状，谈谈如何理解设计心理学研究的重要意义。

第二节　家具设计中的色彩心理学

一、奇妙的色彩心理

色彩具有不可思议的神奇魔力，会给人的感觉带来巨大的影响。例如，色彩可以使人的时间感发生混淆，这是它的众多魔力之一。人看着红色，会感觉时间比实际时间长，而看着蓝色则感觉时间比实际时间短。

（一）色彩与环境的营造

请两个人做一个实验，其中一人进入粉红色壁纸、深红色地毯的红色系房间，另外一人进入蓝色壁纸、蓝色地毯的蓝色系房间。不给他们任何计时器，让他们凭感觉在 1 小时后从房间中出来。结果，在红色系房间中的人远远没有在蓝色系房间中的人待得时间长。有人说，这是因为红色的房间让人觉得不舒服，所以感觉时间特别漫长，确实有这个原因，但也不尽然，最主要的原因是人的时间感会被周围的颜色扰乱。举个例子，在时下非常流行的休闲运动潜水中，需要携带氧气瓶，一个氧气瓶大约可以持续 40 ~ 50 分钟供氧，但是大多数潜水者将一个氧气瓶的氧气用光后，却感觉在水中只下潜了 20 分钟左右。这是因为海洋里的各色鱼类和漂亮珊瑚可以吸引潜水者的注意力，会感觉时间过得很快，更重要的是，海底是被海水包围的一个蓝色世界，正是蓝色麻痹了潜水者对时间的感觉，使他感觉到的时间比实际的时间短。

以上现象在日常生活中也常见，灯光照明就是其中一个例子。在青白色的荧光灯下，人会感觉时间过得很快，而在温暖的白炽灯下，就会感觉时间过得很慢。因此，如果单纯出于工作的需要，最好在荧光灯下进行。白炽灯会使人感觉时间漫长，容易产生烦躁情绪。反之，卧室中就比较适合使用白炽灯等令人感觉温暖的照明设备，这样会营造出一个属于自己的悠闲空间。

快餐店给我们的印象一般是座位很多，效率很高，顾客吃完就走，不会停留很长时间。有人喜欢和朋友约在快餐店碰面，但其实快餐店并不适合等人，这是因为很多快餐店的装潢以橘黄色或红色为主，这两种颜色虽然有使人心情愉悦、兴奋以及增进食欲的作用，但也会使人感觉时间漫长。如果在这样的环境中等人，会越来越烦躁。比较适合约会、等人的场所应该是那些色调偏冷的咖啡馆，咖啡的香味也有使人放松的效果，在这样的环境中等待自己的梦中情人，相信等再久也不会烦躁吧。

运用色彩心理学营造理想的公司会议环境。现代社会中，公司职员都有一个挥之不去的烦恼，那就是长时间的会议。超过两个小时的会议，都会觉得烦。然而，开会又是公司必不可少的程序。建议公司的会议室最好以蓝色为基调进行室内装潢，例如使用蓝色系的窗帘、蓝色的椅子、蓝色的会议记录本。蓝色的东西会让人觉得时间过得很快，从而产生会议很快便结束的观念。

此外，由于蓝色还有使人放松的作用，在放松的环境中开会，人也更容易产生有创意的点子或提出建设性的意见。因此，使用蓝色装潢会议室，不仅会使漫长的会议变得紧凑，而且会议内容也会变得更加充实，讨论也更有效率。

如果想在会议中让自己的发言受关注，建议佩带一条红色的领带，红色有引人注意的作用。不过，如果穿一件红色的衬衫那就适得其反了，因为如果红色的面积过大，会分散对方的注意力，使其难以做出决断，因而要特别注意。

(二) 感觉重的颜色与感觉轻的颜色

色彩是有重量的。请不要误解，颜色自身是没有重量的，只是有的颜色使人感觉物体重，有的颜色使人感觉物体轻。例如，同等重量的白色箱子与黄色箱子相比，哪个感觉更重一点？答案是黄色箱子；此外，与黄色箱子相比，蓝色箱子看上去更重；与蓝色箱子相比，黑色箱子看上去更重。

不同的颜色使人感觉到的重量差到底有多大？有人通过实验对颜色与重量感进行了研究。结果表明，黑色的箱子与白色的箱子相比，前者看上去要比后者重1.8倍。此外，即使是相同的颜色，明度（色彩的明亮程度）低的颜色比明度高的颜色感觉重，例如，红色物体比粉红色物体看上去更重；彩度（色彩的鲜艳程度）低的颜色也比彩度高的颜色感觉更重，例如，同是红色系，但栗色就要比大红色感觉重。

冬天穿着西装会感觉比其他季节穿着时重。除了穿得比较多之外，也是因为冬天西装的颜色比较深，而较深的颜色会让我们感觉重。重是一种主观感觉，因而会随着周围环境以及自身状态的不同而产生差异。例如，傍晚下班时，我们虽然背着和早晨一样的皮包，却感觉格外沉重。这就是工作一天后感觉疲惫的原因，如果早晨去上班就感觉皮包很沉重的话，那你可要注意休息了。为了让自己感觉更轻松，可以换颜色浅一些、鲜艳一些的皮包，比如白色等。

色彩与重量的关系在室内装修中也得到了广泛应用。比如，天花板采用明快的颜色，从墙面到床再到地板采用逐渐加深的颜色，可以制造出一种稳定感，使人感觉安全和安心。如果保龄球从轻到重采用由深入浅的色彩的话，那么我想我可以使用更重一点的球。

为什么保险柜多为黑色或灰色等厚重的色彩呢？从出现保险柜的那一天开始，就多用黑色。不管是公司中的大型保险柜，还是影视剧中出现的巨型保险柜，大多是黑色的。我们常见的财会人员保管的保险柜也是深深的墨绿色。为了防止被盗，保险柜都设计为无法轻易破坏的构造，还必须尽可能地加大它的重量，使之无法轻易被搬动。然而，为保险柜增加物理重量是有极限的，于是便给它涂上了让人心理上感觉沉重的深色，使人产生无法搬动的感觉。白色和黑色在心理上可以产生接近两倍的重量差，因而使用黑色可以大大增加保险柜的心理重量，从而更有效防止被盗的发生。

为什么包装纸箱多为浅褐色？包装纸箱之所以多为浅褐色是因为它是利用再生纸制造而成的，保持了纸浆的原色。包装纸箱可以说是废物回收再利用中的佼佼者，八成以上的包装纸箱都会得到回收再利用。然而，包装纸箱多用浅褐色的理由并不仅仅只有这一个，和心理重量也有着紧密联系。浅褐色可以使人感觉包装纸箱的重量比较轻。最近，除了浅褐色之外，白色包装纸箱也多了起来。某些大型企业已经把自己的包装纸箱统一为白色。这是因为与浅褐色相比，白色的就更轻了。使用白色纸箱包装货物，可以减轻搬运人员的心理负担。再有，白色看起来也比较整洁。

(三) 让人感觉暖与感觉冷的颜色

颜色有让人感觉暖与冷之分。不过，这只是颜色所具有的心理效果中最普通的一种。红色、橙色、粉色等就是暖色，可以使人联想到火焰和太阳等事物，让人感觉温暖。与此相对，蓝色、绿色、蓝绿色等被称为冷色，这些颜色能让人联想到水和冰，使人感觉寒冷。在四季分明的温带地区居住的人们，能够更好地运用暖色与冷色。例如，他们可以根据季节的变化调整室内装饰品和服饰的颜色，即使很多人并不知道什么是暖色与冷色，但却可以感觉到不同颜色的温度差，从而更好地调节自身的温度。

暖色与冷色使人感觉到的温度还会受到颜色明度的影响。明度高的颜色，都会使人感觉寒冷或凉爽；明度低的颜色，都会使人感觉温暖。与深蓝色相比，浅蓝色看上去更凉爽；与粉红色相比，红色看上去更温暖。冷色与暖色在心理上的感觉因人而异，这个差异是由不同的成长环境和个人经验造成的。比如，在冰天雪地的北方长大的人，看到冷色会联想到冰雪，因而他们看到冷色会感觉更冷。而在热带岛屿长大的人，看到冷色很难意识到寒冷，这是因为他们基本上没有过寒冷的感觉。在热带，即使是海水也是温热的。因此，想知道某个人对冷色或暖色的感觉，必须首先了解他的成长环境。

在酷热难耐的夏季，电风扇可以消暑解热，很多家庭都有电风扇，可是你留意过它的颜色吗？电风扇一般都为白色、黑色或灰色等冷色，很少能见到红色的电风扇。当然，你要是想买红色电风扇的话还是可以买到的，但是需要花费一番功夫寻找。相信购买红色电风扇的人也不是为了凉快，可能是为了装饰等其他目的。其实，不管电风扇是什么颜色，从功能上讲都可以吹出一样的凉风，但红色等暖色会让人从心理上感觉温暖，因而看到红色电风扇时，会感觉它吹出的是温热的风，在闷热的夏季，这会使人更觉烦闷。因此，还是白色、黑色或灰色等冷色的电风扇让人感觉舒服些。

（四）色彩是最环保的"空调"

如能熟练掌握暖色与冷色的使用方法，就可以通过改变颜色来很好地调节人的心理温度，减少空调的使用，从而节省能源、保护环境。夏天，使用白色或浅蓝色的窗帘会让人感觉室内比较凉爽。如果再配上冷色的室内装潢，就可以起到更好的效果。到了冬天，换成暖色的窗帘，用暖色的桌布，沙发套也换成暖色的，则可以使屋内感觉很温暖。暖色制造暖意比冷色制造凉意的效果更显著。因此，怕冷的人最好将房间装修成暖色。有实验表明，暖色与冷色可以使人对房间的心理温度相差 2~3℃。还有一个实例，有些餐厅和工厂的装修为冷色调，结果到了冬季就会有顾客或员工抱怨；而把色调改为暖色之后，这种抱怨就大大减少了。由此可见，色彩可以起到调节温度的作用，虽然只是人的心理温度，但至少可以让人感觉舒适。

（五）物理上反光不吸热的颜色与吸光吸热的颜色

暖色和冷色使人从心理上感觉温暖或者寒冷。实际上，有些颜色可以反射光线而不吸热量，使物体实际温度比较低，而有些颜色吸收光线的同时还会吸收热量，使物体实际温度比较高。白色、黄色和浅蓝等明亮的颜色可以反射光线，但却不容易吸收热量，而黑色和紫红色等颜色容易吸收光线和热量。

记得孩提时代，我们曾用放大镜聚焦太阳光线把纸点燃。黑色的纸非常容易点燃，而白色的纸则需要一段时间。这是由于黑色更容易吸收光线和热量、温度能够更快上升到燃点的缘故。最吸热的颜色莫过于黑色，其次是茶色等浓重的颜色，之后依次排下去分别是红色、黄色、白色、蓝色和绿色物体。由于材质和色彩明度的差别，其反光吸热的比率会有所不同，但是大体而言比较接近。值得一提的是藏青色，浴衣和工作服中经常会见到藏青色。藏青色的明度比较低，而且是比较浓重的颜色，但它的吸热率却比较低。吸热率最低的要数白色系，这类颜色不仅让人从心理上感觉到凉爽，实际上它们也确实可以使物体保持相对较低的温度。

遮阳伞是女性夏日的必备品。白色遮阳伞可以反射太阳光，不至于太热。前段时间，日本某电视台的电视购物节目中，推出了一种黑色的遮阳伞，似乎还受到不少女性的青睐。厂家宣传这种黑色遮阳伞可以吸收紫外线，从而阻断紫外线对皮肤的伤害。实际上，如果黑色遮阳伞的材质不够厚的话，会适得其反。同时，黑色还有一个缺点就是吸收红外线，使物体温度相对较高。因此，总体说来，黑色遮阳伞是弊大于利的。另外，黄种人的头发多为黑色。夏天外出时，头发会吸收紫外线和红外线，因此最好戴遮阳帽再出门，以防止头部温度过高造成各种疾病。

在家用电器的卖场中，我们看到冰箱多为白色或其他比较浅的颜色，这是因为白色或浅色对光的反射率比较高，因而冰箱表面的温度不会太高，这样就不必耗费更多的能源为冰箱表面降温，从而节省了能源。此外，白色或浅色还给人一种清凉的感觉，因而不管是从心理上还是物理上，冰箱都适合使用白色或浅色。

不管是在建筑工地还是工厂的车间里，工人们都戴着黄色的安全帽。黄色的可视性高，可以唤起人们的危险意识，因而特别适合建筑工地和工厂车间等危险性高的工作场所。然而，这并不是安全帽使用黄色的唯一理由。黄色可以很好地反射光线，能有效保证物体表面温度不会太高。因而，在烈日炎炎的建筑工地上，黄色安全帽可以使工人的头部免受阳光暴晒，使头部温度不至于太高，从而可以降低中暑和其他疾病的发生。

黑色衣服使人看上去要苗条一些，因而特别受女性的青睐。然而，一直穿黑色衣服对肌肤是有害无利的。黑色会吸收阳光，因而夏天穿黑色衣服会格外地热。此外，黑色可以将包括紫外线在内的所有光线遮断，使光线几乎无法到达皮肤。长期这样，皮肤就会加速老化，产生皱纹。因此，奉劝那些黑色服装的狂热爱好者们，最好还是适当穿一些其他颜色的衣服，以防皮肤过快衰老。

（六）颜色可以将物体放大或缩小

你听说过膨胀色和收缩色吗？像红色、橙色和黄色这样的暖色可以使物体看起来比实际大，而蓝色、蓝绿色等冷色系颜色则可以使物体看起来比实际小。物体看上去的大小，不仅与其颜色的色相有关，明度也是一个重要因素。

暖色系中像粉红色这种明度高的颜色为膨胀色，可以将物体放大。而冷色系中明度较低的颜色为收缩色，可以将物体缩小。像藏青色这种明度低的颜色就是收缩色，因而藏青色的物体看起来就比实际小一些。明度为零的黑色更是收缩色的代表。例如，女同事穿黑色丝袜，我们就会觉得她的腿比平时细，这就是色彩所具有的魔力。实际上，只是女同事利用了黑色的收缩效果，使自己的腿看上去比平时细而已。可见，只要掌握了色彩心理学，就可以使自己变得更完美。

此外，如能很好地利用收缩色，可以打造出苗条的身材。搭配服装时，建议采用冷色系中明度低、彩度低的颜色。特别是下半身穿收缩色时，可以收到立竿见影的效果。下身穿黑色，上身内穿黑色外搭其他收缩色的外套，敞开衣襟效果也很不错。纵贯全身的黑色线条也非常显瘦。可是，虽然黑色显得苗条，但是如果从头到脚一身黑的话，也不好看，会让人感觉很沉重。黑色短裤配白色 T 恤衫是比较常见的搭配方式。如果反过来，白色短裤配黑色 T 恤衫，就会立刻显得很新潮。白色短裤、白色 T 恤衫并外罩黑色衬衫的话，也很时尚。

在室内装修中，只要使用好膨胀色与收缩色，就可以使房间显得宽敞明亮。比如，粉红色等暖色的沙发看起来很占空间，使房间显得狭窄、有压迫感。而黑色的沙发看上去要小一些，让人感觉剩余的空间较大。

膨胀色可以使物体的视觉效果变大，而收缩色可以使物体的视觉效果变小。颜色还有另外一种效果，有的颜色看起来向上凸出，而有的颜色看起来向下凹陷，其中显得凸出的颜色被称为前进色，而显得凹陷的颜色被称为后退色。前进色包括红色、橙色和黄色等暖色，主要为高彩度的颜色；而后退色则包括蓝色和蓝紫色等冷色，主要为低彩度的颜色。

前进色和后退色的色彩效果在众多领域得到了应用。例如，广告牌就大多使用红色、橙色和黄色等前进色，这是因为这些颜色不仅醒目，而且有凸出的效果，从远处就能看到。在同一个地方立两块广告牌，一块为红色，一块为蓝色，从远处看红色的那块要显得近一些。在商品宣传单上，正确使用前进色可以突出宣传效果，把优惠活动的日期和商品的优惠价格用红色或者黄色的大字显示，会产生一种冲击性的效果，相信顾客都无法抵挡优惠价格的诱惑。

此外，在工厂，为了提高工人的工作效率，管理人员进行了各种各样的研究。例如，根据季节适时地更换墙壁的颜色，夏季涂成冷色，冬季涂成暖色，可以有效调节室内工人的心理温度，使他们感觉更加舒适。合理搭配前进色与后退色则可以减轻工作场所给工人造成的压迫感，使用明亮的色调使空间显得宽敞、无杂乱感，这样的环境可以提高工人的工作效率。

在化妆界，前进色和后退色更是得到了广泛的应用。合理运用色彩可以帮助化妆师画出富有立体感的脸，可以制造立体感和纵深感的眼影就是后退色。在日本的传统插花艺术中，前面摆红色或橙色的花，后面摆蓝色的花，可以构造出一种具有纵深感的立体画面。

（七）让房间看起来更宽敞的秘诀

正确使用前进色和后退色可以使房间看起来更加宽敞。此时，要特别注意用色的明度，所有明度高的颜色都可以使房间显得很宽敞。

较低的天花板给人压抑的感觉，但是只要涂上淡蓝色等明度高的冷色，就可以感觉向上拉高天花板。对于比较狭窄的墙壁，可以使用明度高的后退色，使墙壁看起来比实际位置后退了，这样不就显得宽阔了吗？此外，对于比较深的过道，可以在过道尽头的墙面使用前进色，使这面墙产生凸出感，从而缩短过道的长度。对于卫生间，可以统一使用白色或者米色，这样不仅使人感觉清洁、明快，还能使不大的卫生间看起来宽敞一些，减少压迫感。

（八）使人胃口大开的颜色与使人食欲减退的颜色

各种颜色中，有的看了就可以令人胃口大开、食欲大振，红色、橙色和黄色等颜色就有这样的效果。总之，鲜艳的色彩都有增进食欲的效果。水果的红色和橙色、蔬菜的绿色、红烧肉的红色、生鱼片的白色和黄色配以芥末的绿色、牛肉盖浇饭的黄白搭配等让人看了就有垂涎欲滴的感觉。

食欲与颜色的关系也是主观的，这与个人以前的经验有很大的关系。如果以前吃某一种颜色的食物时有过不愉快的经历，也许以后再看到这个颜色的食物就会感到反感。以日本人为例，首先日本人食物的颜色比较广泛，从米饭和面条的白色到黑胡椒的黑色，真可谓多种多样、五颜六色。因此，可以唤起日本人食欲的颜色也是多种多样的。总的来说，可以唤起食欲的颜色，其前提条件是这种颜色可以让人联想到某种可口的食物，红色和橙色比较容易让人联想到美味的食物，因而是最具开胃效果的颜色，而紫色和黄绿色等则是最能抑制食欲的颜色。

要想唤起食欲，食物的颜色固然重要，但餐厅的颜色与照明同样不可忽视，盛食物的器皿的颜色尤其重要。在日本，制作餐具器皿被当作一门艺术，一些匠人制作餐具器皿的技术和色彩感都非常出色。盛食物的器皿以白色居多，这是因为白色可以更好地突出食物颜色，食物中少有的蓝色也可以起到同样的作用。因此，在日本，蓝边的白盘子非常常见。此外，黑色餐具器皿在日本料理中也得到了比较广泛的应用。这是因为黑色可以和食物的颜色产生强烈的对比，从而更加突出食物颜色，而且日本料理的微妙味道可以在黑色的衬托下得到淋漓尽致的发挥。

（九）催人入眠的颜色与使人清醒的颜色

蓝色可以降低血压，消除紧张感，从而起到镇定、催眠的作用。建议经常失眠以及睡眠质量不好的朋友多看看蓝色。在卧室中增加蓝色可以促进睡眠，但是如果蓝色太多的话也不尽然。夏天还好，可是到了冬天，一屋子的蓝色会让人感觉很冷。此外，蓝色太多还能引起人的孤独感。因此，建议卧室装修以淡蓝色为主，搭配白色和米色为佳。这样的色彩搭配可以自然而然地消除身体的紧张感，促使人迅速入睡。

除了蓝色外，在绿色中也有一部分具有催眠的作用。然而，绿色与蓝色的催眠原理不同，蓝色可以使人的身体得到放松，而绿色则使人从心理上得到放松，从而达到催眠的效果。虽说暖色是令人清醒的颜色，但淡淡的暖色和蓝色一样，也有催人入睡的作用。白炽灯、间接照明等发出的温暖的米黄色灯光以及让人感觉安心的淡橙色灯光都有催眠的作用。相反，当人头脑不清醒的时候，看一看彩度高的红色，就可以立刻清醒过来。红色就是所谓使人清醒的颜色，它可以增强人的紧张感，使血压升高。目前，市场上可以买到的提神产品多以黑色包装为主，也许是想让人联想到有提神作用的黑咖啡吧。然而，这类商品更适合使用红色包装。最近，日本出现了一种早晨专用的罐装咖啡，罐子的外包装就是红色的。这种红色包装的咖啡可以说是提神的佳品。首先，咖啡中的咖啡因就可以刺激大脑，增强大脑的活力；其次，高彩度的红色包装具有增强紧张感的作用。因此，可以说这种商品具有双重提神效果。

为什么被子多为白色和淡蓝色？一提到被子，我们首先想到的是白色。白色不仅看起来干净整洁，还有催眠的作用。当然，现在也有其他颜色的被子，但想象一下，如果盖深红色的被子睡觉，血压不断升高，精神也紧张起来，还怎么睡呢？因此，被子切忌使用令人清醒的颜色，而镇静效果显著的淡蓝色等比较浅的颜色才是被子颜色的上上之选。此外，被子上最好也不要有太多图案和花纹，以单色为佳。有人说，睡觉时都闭着眼睛，被子的颜色能有什么影响呢？其实不然，肌肤对色彩同样有感觉，和我们用眼睛看是一样的效果。因此，即使闭上眼睛睡觉，还是会受到被子颜色的影响。

（十）睡眠与照明的关系

照明的颜色与睡眠有着紧密的关系。照明的颜色会对人体内一种叫做褪黑素的分泌产生影响。褪黑素是促使人自然入睡的激素，不仅如此，它还有改善人体机能、提高免疫力和抵抗力的功能。这种荷尔蒙通常在夜间分泌，而青白色的荧光灯有抑制褪黑素分泌的作用。因此，卧室里最好安装白炽灯或者其他可以发出温暖的黄色和米黄色的灯具。反之，如果为了准备考试而挑灯夜读或者熬夜加班的话，最好在荧光灯下学习或者工作，这样才不容易困倦。

二、家具设计与色彩心理

当今，人们在疲于快节奏的生活时，也开始重新审视对其居住空间的营造，渴望拾起心灵深处的"自然"。因而客观与主观的原因使得设计师必须考虑所设计的家具应该如何符合当今的社会环境以及人们审美需求和精神需求，而家具的色彩包装能恰如其分地满足以上两点的需求。

(一) 家具色彩设计的原则

色调是一种总体的色彩感觉，色调的选择决定家具风格的生动与活泼、精细与庄重、冷漠与沉闷以及亲切与明快等，所以色调的选择应格外慎重。一般可根据家具的功能、结构、时代性及使用者的喜好等，艺术地加以确定。确定的标准是色形一致，以色助形，形色生辉。比如，儿童家具的色彩设计就要选用鲜艳的色彩和生动活泼的风格。儿童的想象力丰富，各种不同的颜色可以刺激儿童的视觉神经，而千变万化的图案可满足儿童对整个世界的想象，这些是儿童成长不可缺少的重要环节。鲜艳的色彩除了能吸引儿童的目光，还能刺激儿童视觉发育，提高儿童的创造力，训练儿童对于色彩的敏锐度，所以儿童家具的色彩设计就应选择明快、亮丽和偏浅的色调。

另外，色调是在总体色彩感觉中起支配和统一全局作用的色彩设计要素。色调的确定一般还要参考以下几点：

(1) 暖色调有温暖的效果，冷色调会使人感到冷清。

(2) 以高彩度的暖色为主调能使人感觉刺激兴奋，以低彩度的冷色为主调可以让人平静思索。

(3) 高明色调清爽、明快，低明色调深沉、庄重。

(4) 充分考虑色彩的心理效应。

人们在观看色彩时，由于受到色彩的视觉刺激，会在思维方面产生对生活经验和环境事物的联想，这就是色彩的心理暗示，因而不同色彩在不同家具上的应用同样会产生不同的心理效应。色彩的直接心理效应来自色彩的物理光刺激对人的生理产生的直接影响。心理学家们发现在红色环境中，人的脉搏会加快，血压有所升高，情绪兴奋冲动；而处在蓝色环境中，脉搏会减缓，情绪也较沉静。颜色还能影响脑电波，脑电波对红色反应是警觉，对蓝色的反应是放松。自 19 世纪中叶以后，心理学已从哲学转入科学的范畴，注重实验所验证的色彩心理效果，不少色彩理论中都对此专门作过介绍，明确肯定了色彩对人心理的影响。

冷色和暖色这两个色系术语显示的只是人们的心理感觉，与色彩的实际温度无关。除了在温度上有不同感觉外，还会带来其他的一些感受，例如重量感、湿度感等。近年来，各国科学家和心理学家对颜色进行了深入细致的研究，并得出"颜色能治病"的结论。试验表明，对生活用品和家具进行恰当的颜色搭配和摆设，其将会成为一种有益健康的"营养素"，反之，则对健康不利。

在应用以上原则营造健康的家居空间时，还要考虑实际的居住空间、涂料的成分等因素。如在中小空间里，两种以上对比强烈的色彩易产生杂乱感，但两种以上的相近色彩则可使空间在相对统一中显得丰富与扩张。所以，设计师在进行家具的色彩设计时必须充分考虑以上因素，做到色彩符合家具的功能、结构、使用环境及使用者的喜好，利用色彩的心理效应设计出为不同消费群体服务的人性化家具。

（二）流行色在家具设计中的应用

所谓流行色，是指在一定的时期和地区内，被大多数人所喜爱或采纳的几种或几组时尚的色彩，是适时的时尚颜色，是一定时期、一定社会的政治、经济、文化、环境和人们心理活动等因素的综合产物。流行色的演变大约为 5～7 年，可分为始发期、上升期、高潮期和消退期 4 个时期，其中，高潮期称为黄金销售期，一般为 1～2 年。事实上，流行色只是一种趋势和走向，是一种与时俱进的颜色，其特点是流行最快而周期最短。流行色常在一定期间演进变化，今年的流行色在明年不一定还是流行色，其中有可能有一两种又被其他颜色所替代。流行色的应用有一定的局限性，因为流行色变化的时间跨度太小，只适用于一些使用寿命短、相对比较便宜的家具。对于一些比较贵重、传统、使用寿命比较长的家具，在家具设计时也无须考虑采用流行色，但可以应用流行色来点缀家具设计的基本色，以取得画龙点睛、相得益彰的奇妙效果。

综上所述，设计师在运用色彩进行家具设计时，应充分考虑色彩的固有属性，关注色彩的流行趋势，在充分考虑人性化的基础上，设计出符合当今时代背景下人的审美需求以及精神需求的家具。

（三）家具设计中的色彩搭配

1. 黄 + 绿 = 新生的喜悦

在年轻人的居住空间中，使用鹅黄色搭配紫蓝色或嫩绿色是一种很好的家具配色方案。鹅黄色是一种清新、鲜嫩的颜色，代表的是新生命的喜悦，是最适合家里有婴儿的居家色调。

如果绿色是让人内心感觉平静的色调，可以中和黄色的轻快感，让空间稳重下来。所以，这样的配色方法是十分适合年轻夫妻使用的方式。

2. 银蓝 + 敦煌橙 = 现代 + 传统

以蓝色系与橘色系为主的色彩搭配，表现出现代与传统、古与今的交汇，碰撞出兼具超现实与复古风味的视觉感受。蓝色系与橘色系原本又属于强烈的对比色系，只是在双方的色度上有些变化，这两种色彩能给予空间一种新的生命，如红木家具的独有特色一般。

3. 黑 + 白 + 灰 = 永恒经典

黑加白可以营造出强烈的视觉效果，而将近年来流行的灰色融入其中，缓和黑与白的视觉冲突感觉，从而营造出另外一种不同的风格。

三种颜色搭配出来的空间充满冷调的现代与未来感。在这种色彩情境中，会由简单而产生出理性、秩序与专业感。

4. 蓝 + 白 = 浪漫温情

一般人在居家中，不太敢尝试过于大胆的颜色，认为还是使用白色比较安全。如果喜欢用白色，又怕把家里弄得像医院，不如用白 + 蓝的配色，就像希腊的小岛上，所有的房子都是白色，天花板、地板、街道全部都刷上白色的石灰，呈现苍白的调性。但天空是淡蓝的，海水是深蓝的，把白色的清凉与无瑕表现出来，这样的白令人感到十分自由，好像是属于大自然的一部分，令人心胸开阔，居家空间似乎像海天一色的大自然一样开阔自在。

第三节　家具造型设计心理

在一定的情况下，许多家具设计因功能及特征的不同，造型也各不相同，造型的特征有时可以显示出不同的消费群、使用功能及使用环境。

儿童家具的设计追求的是简洁、稚嫩的造型，鲜艳、活泼的色彩，整个造型体现出一种俏皮、可爱的卡通特征。

中老年人家具的设计在造型上注重沉稳、端正，色调上讲究素色、雅致，整个家具造型尽可能地呈现出一种安详、静谧的环境特征。

青年人家具的设计在造型上崇尚的是前卫、时尚，色彩上追求张扬、个性，反映出青年人的潮流意识和情感需要。

其实，在引导消费者购买产品时，家具造型上这种暗示是无形的，我们可以清楚认识到，决定和影响家具造型语言的不只是家具的自身功能与特性，更为重要的是消费者对于家具功能外的心理感受与情感追求。对于家具设计师而言，要准确把握家具消费者的普遍心理，并将其运用在具体的家具设计中，使家具具有一种暗示消费者的特征，即家具的针对性，这种暗示是以家具自身造型为语言特征的。一款好的家具造型设计，要能鲜明地体现出它的功能用途及特性，这是家具造型设计的根本目的与设计方向。

一、产品语义学的概念

"产品语义学"这一概念的提出，是借用语言学的一个名词，它产生的理论基础来源于符号学理论，但它的产生却具有社会、历史、哲学的背景，工业设计史上关于产品语义的研究始于 20 世纪 60 年代。1983 年克里彭多夫（Klaus Krippendorf）和郎诺何（R. Butter）夫妇正式提出"产品语义学"（Product semantics）的概念，并定义为"产品语义学是研究人造物的形态在使用情境中的象征特性，并将此运用于设计中"；1984 年克里彭多夫对产品语义学进一步下了定义，他认为产品语义学是对旧有事物的新觉醒，产品不仅要具备物理机能，还应该能够向使用者揭示或暗示出如何操作使用，同时产品应该具有象征意义，能够构成人们生活当中的象征环境。

二、家具设计中的产品语义学

现代家具是一类利用现代工业原材料、通过高效率高精度的工业设备批量生产出来的工业产品，因此家具设计理所当然属于工业设计的范围。家具设计的定义为：家具设计是为满足人们使用的、心理的、视觉的需要，在投产前所进行的创造性的构思与规划，并通过图纸、模型或样品表达出来的全过程。其具体的内涵包括对家具产品的功能、材料、构造、艺术、形态、色彩、表面处理、装饰形式等诸要素从社会的、经济的、技术的、艺术的角度进行综合处理，使之满足人们的物质功能的要求，有满足人们对环境功能与审美功能的需求。

产品语义学运用于家具设计中，不仅是功能意义的传达，同时也表达象征意义和情感。语义学的目的是要使产品成为一个用来沟通和表达的媒介。从产品语义学的角度来看，家具的视觉符号具有形式的外延与内涵两个方面。其外延为家具的外在形态，如色彩、图形、线形、结构等物质形态；其内涵即家具形态所包含的一定概念和含义，如自由、象征、隐喻等，并借此提升其内在品味，强化符号形态的鲜明与完美。

（一）家具语义设计的外延意义

家具设计的外延意义表达产品的物理属性，包括产品的功能、结构、操作、属性、特征、结构间的人机关系等。通过家具产品的外形、结构等表达它的使用功能及使用方式，语义学通过形式的自明性来实现这一功能。诺曼（Norman）说："当一个简单的物体需要图片、标注或者介绍，这个设计就是失败的"。因此，语义设计通过使用者的认知行为需要，而不是产品的内部结构来确定产品的形式。如躺椅设计，设计是通过赋予躺椅以一种特定的形态令人产生休息的感官体验和精神联想。家具设计师从人体工程学的角度考虑了什么样的动作是具有休息和放松意义的，捕捉了休息动作的普遍性，把这个动作通过造型设计赋予给了躺椅。使用者一看到这样的躺椅形式，就自然知道如何使用这一家具。因为躺椅外形的形式告诉人们这个是可以躺下去好好休息放松的，是可以把手枕在头部、把脚伸直躺下的东西。这里可以说躺椅的外形表达了躺椅的使用方法，赋予了人一种休息放松的感受。

现代家具是一种通过市场进行流通的商品，它的外观形象直接影响到人们的购买行为。而造型能最直接地传递美的语义，通过视觉语义对形体的感觉，激发人们愉快的情感，从而产生购买欲望。因此，现代家具造型设计至关重要。一般老年人偏爱稳重、古典样式的现代家具；青年人喜欢新奇、特异的现代家具；儿童则喜欢纯真、象征性强的现代家具。因此，我们要结合立体知觉的形态语义进行现代家具造型方面的设计，通过点、线、面、体的分割、错位、折曲、积聚等形态语义指导现代家具造型设计。

色彩也给人们传达了一定的情感语义，经过时代的变迁，不同的色彩给了人约定俗成的生理和心理感受，从而不同的色彩代表了不同的语义。如红色在生理上能使人的血压升高、脉搏加速，在心理上给人温暖、喜庆的感觉；蓝色在生理上能使躯体活动减弱、头脑清醒，在心理上给人宁静、轻柔的感觉等。它们分别向人们传达了不同的语义，根据这一语义特征可以分析总结所有色彩传达的语义，指导现代家具设计中色彩的运用。

（二）家具语义设计的内涵意义

家具设计的内涵意义表达产品在使用情境中显示出的心理的、社会性、文化性象征价值，体现产品与使用者的感觉、情绪或文化价值交汇时的互动关系。

家具设计内涵意义的语义层次包括三层含义，即浅层含义、中层含义和深层含义。每种物品有它固有的含义，如牡丹象征富贵，石榴象征多子，蝙蝠象征福，喜鹊象征喜庆，鱼象征富足，瓶象征平安等。

家具产品不是单纯产品实用价值的创造，它还有产品的象征价值创造的使命以满足使用者的身心的需求。设计师在设计中赋予产品象征价值要尽可能得到使用者最广泛的认可，形成最广大的知音群体，只有这样才能使象征价值在产品的销售与使用中起到应有的作用。所以一位好的设计师应该以消费者、使用者所认可、喜闻乐见的形式来阐释特定功能下的产品的象征价值。

从语义学的角度看，家具不仅是一件产品，它同时构成其所在的环境。我们进入一个空间的时候总是习惯性看看哪里是可以坐或是可以做桌子使用的（当然一些特殊的场合是例外的），家具的体积也许并不一定占用多大空间，但是它给人造成的心理空间却放大了，这就是它的语义功能。因此，它对环境气氛的影响举足轻重。家具对环境的隐喻性常常表现为对环境的暗示作用，它常常能够让我们识别环境的特征。家具在作为指示性符号的时候是受制于空间的，也改变着空间。单独的一把椅子、一个柜子，我们不太容易判断它的指示性，但当它被置于一定的环境中，它的特性就会更加明确化。

家具设计不仅为人们提供了合理的功能，同时也通过家具的色彩、构造、表面处理和装饰等为人们提供了丰富的精神审美功能，表达一定的象征意义、社会意义等。基于产品语义学的家具设计在满足这类需求的同时，更进一步通过家具本身的形态、色彩构造等传达给使用者一个独特的信息。人们通过对设计者的信息符号（通过家具的形态传达）的解读，理解了设计者的意图，体会到其中包含的文化意蕴，达到一种用户—家具—设计师之间的深层次的共鸣。

设计是为大众服务的，产品设计的目的是为了使人们的生活更加便捷和美好。在今天，人们需要的依然是形态美观、功能良好、充满人文关怀和环境意识的产品。设计师在进行现代家具产品设计时，必须运用产品语义学的设计原理，综合考虑现代家具产品的功能、材料、结构、色彩等因素，设计出符合所处不同地域文化和环境、社会地位、文化修养、审美情趣等使用者所喜爱的现代家具，从根本上满足消费者的需求。

三、家具设计中的内涵性语义

（一）家具内涵性语义概述

在产品语义学中，外延性意义与符号和指称事物之间的关系有关，它在产品文脉中是直接表现的"显在"关系，即由产品形象直接说明产品内容本身，借助形态、构造、特征等元素来表达使用上的目的、操作、功能和可靠性等内容。而内涵性意义则是与符号和指称事物所具有的属性、特征之间的关系有关。它是一种感性的信息，更多地与产品形态的生成相关，即由产品形象间接说明产品物质内容以外的方面——产品在使用环境中显示出的心理性、社会性和文化性的象征价值。例如，消费者认为产品有某种现代、前卫的感觉，或通过产品感受到一种时尚的生活方式，或从中感受到一个高性能的、让人值得信赖的品牌形象……这种意义只能在欣赏产品形态的时候借助感觉去领悟，使产品和消费者的内心情感达到某种一致。由于其内容的广泛和不确定性，所以，针对其象征价值的不同特性又细分为浅层含义、中层含义和深层含义三个方面。

浅层含义是指感觉、情绪，是消费者对产品造型产生"情感性"的认知结果，是对美与丑的直接反应，是喜爱、偏好的直接感受，如产品造型给人稳重、轻巧、柔和、圆润、趣味和高雅等感性特征。想象和联想在这种认知的过程中起着激活人们情感的作用，这与消费者本身的感性、个性及成长的背景有关，一般是"非功利性"取向的。消费者在与家具的形式、色彩和质感等这些产品语义最有特性的要素的接触中，首先产生情感性的语义认知。

中层含义是指身份、地位、个性，是一种流行风尚、社会价值观，是在与相关对象和相关环境的关系中产生的特定含义，是消费者对家具产生的一种更深层的认知结果，这些定型的思考方式往往左右着人们对事物的看法。消费者往往透过造型符号感受到某种身份、地位和个性，体会到特定社会的时代感和价值取向，其中具有一定的功利内涵。例如，中国传统家具中的明清家具，因为明清两代受儒家思想的影响，在处理人与环境的关系时，天人合一的观念决定了明清家具的设计风格。在明式家具制作中按照文人士大夫的审美理念进行设计，力求体现文儒雅士的意趣；而清式家具是按照满清贵族的审美理念进行的设计，追求统治阶级至高无上的尊贵地位，所以这种内涵语义上的差异造成了明清家具迥然不同的造型样式。同时明清家具在取材上也显示了主人的品位，如：黄花梨赋予了家具质朴纯正、简洁明快的艺术禀性和优美形式，使家具蕴涵淳厚的文人气息；而紫檀木色调深沉，由于适宜精雕细琢的装饰工艺，所以较能获得一些崇尚豪华的达官贵人们的宠爱。

深层含义是指象征意义、历史文化意义、社会意义。更值得关注的是，在商品经济高度发达的社会，消费者所认知的这种深层的内涵性语义还体现了商品、经济等外围因素，在消费者心中自然形成了对某一品牌产品独具特色的固定看法（产品中的品牌印象），如品牌的一致性和与其他产品区别的差异性。产品应该延续一个统一的视觉形象，尽管每次的诉求侧重点不同，但使得消费者认知的内涵性信息应该是一致或有延续性的，而这些更是建立品牌忠诚度最有形的力量。例如，国内公认最早的家具品牌——联邦家具，其家具设计追求高尚品位，是源于"原创设计"内涵语义，在造型和材料上都延续了统一的风格，打造了中国家具一大经典。

（二）家具内涵性语义的传达方法

内涵性语义是家具设计的核心，从小我们写作文的时候就讲究立意，内涵性语义针对家具设计就如作文里的"意"，我们只有把这个"意"立好了，才可以设计出好的家具产品来。意在笔先，首先我们要做的就是确定一个明确的内涵性语义，譬如说要表达怎样一种情感，其身份、地位、个性如何，有何象征、历史文化和社会意义等，我们可以同时概括这三个层次的语义，也可以只涉及里面的几个点。

确定了要表达的内涵性语义以后，接下来我们要做的就是通过一定的形态、符号、色彩、材料和结构等要素来表达这种语义，我们可以借用一些文学上的修辞手法，如转喻（换喻）、隐喻和讽喻等。

所谓转喻，也称为换喻，是通过直接关联建立的一种联系性，其对于产品语义的传达是比较直接和具体的。例如躺椅的设计，可以采用一种抽象人体卧姿的符号，巧妙地诠释家具的使用功能以及带给人的趣味性。另外，有一款名为查理椅的家具设计也非常的有趣，以查理（某个美国人的名字）坐着的姿态来作为椅子的造型，生动地表达了西方社会一种诙谐、幽默的社会文化内涵。转喻这种修辞手法在运用的时候其形式和意义之间的关系是比较明确、显而易见的，我们可以通过发现周围事物的一些关联性，来开发创新出一些新的家具。

第二种方法是隐喻，其特点是类似性，形式和意义之间类似而又存在一定的差异性，我们经常说的象征就是隐喻的一种。明式家具中的圈椅采用C型的椅圈，方形的椅座，这种设计形式就是一种隐喻，象征着中国人自古就信奉的天圆地方的思想。同样，由沃特·戈斯设计的一组著名的佩兹椅，运用线（椅子腿）和面（座面与靠背）这两种符号特性，形象地刻画了一组与会者的风趣幽默场面或联想起舞者的舞姿。这种含蓄拟人化隐喻手法大有"以形写神"的艺术神韵，同时又不失作为椅子"坐"与"稳"的基本功能。设计者将日常生活的普通家具注入"生命"的情感，使之与整个环境产生一种回荡的动感，从而使富裕休闲的生活方式带上了文化的色彩。更有趣的是一系列"梦露椅"的设计，以著名影星玛丽莲·梦露的某种特征性形体元素作为符号所设计的几款座椅，都是通过隐喻的手法表达了设计者对当代通俗文化的诠释。

第三种方法是讽喻，与前两者不同的是，讽喻具有双重性，形式和意义之间往往是对模糊事物的相反指示，讽喻最大的特点就是利用表面看上去毫无联系的事物来建立一种关联。

譬如说身着旗袍的座椅、玻璃花瓶造型的座墩、放大版棒球手套的沙发椅等，这些符号都是和常规家具完全不同的形式，设计者却大胆地将这些符号与特定功能的家具联系起来，不管表达的是趣味的情感，还是幽默的风情，都让我们忍俊不禁。著名艺术家艾未未设计的明家具系列更可谓是讽喻手法的经典运用，他通过对明式家具的一些造型符号进行重合、交叉、叠加、扭转、拼接等方式的改造，诠释了一种与中国和谐文化截然不同的、诙谐的后现代语义。

在对内涵性语义的一些传达方法进行了探讨以后，最后我们还要关注的问题是语义传达有效性，要实现用户和设计或者是家具之间的良好的交流，设计者必须了解用户如何对造型符号进行解码，也就是理解，尤其是在隐喻、讽喻的语义传达中，同样的物品或者形态在不同的时间、不同的对象身上可能会有不同的象征意义，这就要求设计者应先了解用户对这个象征的认识，然后再根据这个认识进行有效的设计。另外，设计者在设计中还要考虑到受众的认识水平参差不齐，要把握能为大多数人所理解的尺度，才能使得家具产品真正具有传达信息的作用。对于这方面的问题，现在采用的方法主要有语义差异分析法，它是通过一定的尺度对相反的语义形容词进行衡量调查，可以用在对用户认识的调查上，也可以用在对家具语义的判断上。

第四节　家具材质与家具消费者心理

材质语义是产品材料性能、质感和肌理的信息传递。在选择材料时首先要考量材料的使用性能，比如强度、耐磨性等物理量来做评定，还要考量其加工工艺性能是否可以满足使用的需要。而材料的质感肌理是通过产品表面特征给人以视觉和触觉感受、心理联想及象征意义，因此在选择材料时还要考虑材料与人的情感关系远近，并作为重要选评尺度。质感和肌理本身也是一种艺术形式，通过选择合适的造型材料来增加感性成分，增强产品与人之间的亲近感，使产品与人的互动性更强。不同的质感肌理能给人不同的心理感受，如玻璃、钢材可以表达产品的科技气息，木材、竹材可以表达自然、古朴、人情意味等。材料质感和肌理的来源是对材料性能的充分理解，这就是说材质的使用要力求吻合材质的加工工艺。如金属钣金件采用冲压成型、拉伸成型等工艺，比较之前由锻打工人手工打造带来很多的改变，可以使形态肌理多样化。比如，产生光亮如镜的金属表面质感，让人体验到高科技的神秘与骄傲；而高分子材料的注塑成型可以使产品表面产生磨砂的细腻质感，使人产生梦幻般的感受。材料质感和肌理的性能特征直接影响到材料用于所制产品后最终的视觉效果。作为设计者应当熟悉不同材料的性能特征，对材质、肌理与形态、结构等方面的关系进行深入地分析和研究，科学合理地加以选用，以符合产品设计的需要，为树立良好的产品形象服务。

任何家具的造型都是通过家具材料去创造形态的，没有合适的材料那独特的造型则难以实现，就家具的形态、色彩、材质而言，其实是依附于材料和工艺技术的，并通过工艺技术体现出来。家具材料有两类：一为自然材料（如木、竹、藤等），二为人工材料（如塑料、玻璃、金属等）。家具的材质是最直观的视觉效果，厚实的木头、粗糙的石头、光滑的玻璃、笨重的钢铁、轻巧的塑料，不同家具材质的亲和力给人们所带来的心理感受是不同的，也会令人产生许多情感的联想。材料的不同，使得家具在加工技术上带给人视觉和触觉上的感受不同，由于材料本身所具有的特性，通过人工处理令其表面质感更为张扬：使光滑的材料有流畅之美，粗糙的材料有古朴之貌，柔软的材料有肌肤之感……这些材质的处理还能使家具产生轻重感、软硬感、明暗感、冷暖感，因此可以说家具材料的恰当运用不仅能强化家具的艺术效果，而且也是体现家具品质的重要标志。家具设计强调自然材料与人工材料的有机结合，例如，金属与玻璃等人工的精细材料与粗木、藤条、竹条等自然的粗重材料的相互搭配，玻璃等金属通过机加工体现出人工材料的精确、规整，竹、木、藤等自然材料则表现出人的手工痕迹，传递出一种人性化的东西，所以说自然材料与人工材料相结合的家具设计反映出巧妙的借用对比和材料的搭配，将粗犷与细腻、精确与粗放在特定的环境中实现一种质感的对比，通过不同材料的视觉反差，让观赏者品味到不同材料的各自细节以及呈现出家具设计的材质之美。

家具产品的质感之美主要体现在科技、自然和社会人文因素中，因而，在家具设计中的质感会直接影响到家具风格和消费者对家具的感受，好的家具设计离不开美的造型、离不开美的色彩、离不开美的质感。总而言之，家具设计之美源于形态、色彩、质感以及风格的统一。

第五节　家具设计师及其职业特点

一、家具设计师概念

家具设计师是为满足使用者对家具的实用与审美需求，根据使用空间和环境的性质结合材料工艺及美学原理从事各类家具设计的专业人员。

家具设计师分为四个等级，分别为：

（1）家具设计师（四级）　家具设计员；

（2）家具设计师（三级）　助理家具设计师；

（3）家具设计师（二级）　家具设计师；

（4）家具设计师（一级）　高级家具设计师（待开发）。

家具设计师各等级的知识、技能应达到以下水平：

（1）家具设计师（四级）　能识读家具图纸，能按照设计要求绘制家具制作图，能运用专业计算机软件绘制家具制作图；了解常用家具材料性能和制作技术，能在高一级设计师指导下完成单件家具产品的构思、设计、定样工作。

（2）家具设计师（三级）　能识读所有家具图纸，能按照设计要求较熟练地绘制家具制作图，能熟练运用专业计算机软件绘制家具制作图；能在高一级家具设计师指导下完成组合家具产品的构思、设计、定样工作；能进行家具产品成本估算；能协助开发新家具产品。

（3）家具设计师（二级）　能按照使用者的需求，根据使用空间和环境的性质结合材料工艺及美学原理，独立完成成套家具产品的构思、设计、定样工作；能熟练运用计算机技术进行家具工艺结构制作图、家具设计效果图的绘制；能进行家具产品成本概预算；熟悉家具生产工艺流程，能协调解决制作过程中的技术问题；能指导并帮助家具设计师（四级）、家具设计师（三级）开展工作；具有营销知识，能开发家具新产品。

（4）家具设计师（一级）　待开发。

二、家具设计师的职业特点

为了掌握家具功能设计、造型设计、制造工艺设计、综合表达能力设计，从业人员必须具备以下基本能力和潜力：

（1）具备自学能力 具备从现实生活中获取、领会和理解家具使用信息的能力，以及从各种现代信息渠道获取有关家具设计知识的能力。

（2）具备综合运用相关家具设计、制造工艺、材料等方面知识进行家具开发创新的能力。

（3）具备表达能力 具有以图像方式和语言文字方式有效地进行交流、表达设计思想和设计意图的能力。

（4）具备计划能力 具有准确而有目的地运用数字进行家具制作成本预算的能力。

（5）具备对空间较好的感觉力 具有较强的空间想象力和凭思维想象能将几何形体以及简单三维物体表现为二维图像的能力。

（6）具备对形体较强的知觉力 能较敏锐地觉察各种形态之间的相互关系以及物体、图画或图形资料中有关细部的能力。

（7）具备较敏锐的色觉力 具有较强的色彩辨别能力，色盲者不宜从事本项工作。

（8）具备较强的动手能力 能迅速、准确、灵活地完成家具设计图和家具设计模型的制作。

三、家具设计师的创造能力

（一）创造力

（1）从创造力的结果入手 创造力即根据一定目的和任务，运用一切已知信息开展能动思维活动，产生出某种新颖、独特、有社会或个人价值的产品的智力品质。

（2）从创造过程入手 创造力是个体认识、行动和意志的充分展开。

（3）强调创造主体的素质 创造力是普遍存在的能力，但创造的产生受多种因素的影响和制约，因此，创造力表现在多种方面，只是其具有"一般"和"卓越"之分。

（二）创造力的结构

创造力的静态结构理论最具代表性的是美国心理学家吉尔福德（J. P. Guilford）的理论，他认为创造才能与高智商是两个不同的概念，他通过因素分析法总结出了创造力的六个要素：

（1）敏感性（sensitivity） 对问题的感受力，发现新问题、接受新事物的能力。

（2）流畅性（fluency） 思维敏捷程度。

（3）灵活性（flexibility） 较强的应变能力和适应性。

（4）独创性（originality） 产生新思想的能力。

（5）重组能力或者称为再定义性（redefinition） 善于发现问题的多种解决方法。

（6）洞察性（penetration） 即透过现象看本质的能力。

（三）设计师人格与创造力

1. 创造力的影响因素

（1）年龄 科学家莱曼统计与设计密切相关的两个方面——艺术和技术发明，知名油画家产生最优秀作品的年龄在 32 ~ 36 岁，711 名发明家中，76.6% 的人在 35 岁前获得第一个专利，最活跃的年龄是 25 ~ 29 岁，而获得一生中最重要发明的平均年龄是 38.9 岁。

（2）动机　动力因素，它影响了人们从事创作的积极性和执行力。

（3）人格　也可以称为个性，即比较稳定的对个体特征性行为模式有影响的心理品质。

（4）兴趣　兴趣是一种认识趋向，可以激发人们进行创造的内在动机，增强其克服困难的信心和决心。

（5）意志　意志是人自觉确定目标，并为了实现目标而支配自身行为、克服困难的心理过程。意志包括自制力、自觉性、果断性、坚持性等品质。

（6）情绪　激情能激发创造热情、提高创作效率；平静而放松的情绪有助于灵感的产生。

（7）研究发现　多数天才型人物都具有忧郁气质，忧郁情绪的发泄是艺术创作的一大动力。

2. 设计师人格特征

人格是指一系列复杂具有跨时间、跨情境特点的对个性、特征性行为模式（内隐的和外显的）有影响的独特的心理品质。首先，它反映了个体的差异性；其次，对于同一个体而言，人格具有相对的一致性和持久性；第三，个性虽然比较稳定，但是也不是一成不变的，它同时受到先天遗传和后天环境的共同作用形成。

不同领域具有创造力的人的典型人格特征如表 5 - 1 所示。

表 5 - 1　　　　　　　　　　　　　不同类型人格特征

职业类别	研究	人格特征概括
发明家	Rossman1935 年对 710 位拥有多项专利品的发明者进行调查	具有创新性，能自由接受新经验，有实践革新的态度，具独创性，善于分析。发明家对于自己成功的因素多归于毅力，其后依次为想象力、知识与记忆、经营能力以及创新力
建筑家	唐纳德·麦金隆（Mackinnon）（1965，1978）对 40 位富有创意的建筑家所作的研究	有发明才能，具有独创性、高智力、开放的经验，有责任感、敏感、洞察力、流畅力，独立思考，碰到困难的建筑问题时能以创造性的方法来解决难题
艺术家	Cross et al（1967）、Bachtold & Werner（1973）、Amos（1978）、Gotz（1979）等人的研究	内向、精力旺盛、不屈不挠的精神、焦虑、易有罪恶感、情绪不稳、多愁善感、内心紧张
	弗兰克·贝伦（Frank Barron）对艺术学院学生的研究	灵活，富有创造力、自发性、对个人风格的敏锐观察力，热情，富有开拓精神，易怒
科学家	卡特尔 1955 年对物理学家、生物学家和心理学家的研究 Gough 1958 年对 45 位科学研究者的研究	更加内向、聪明、刚强、自律、勇于创新、情绪稳定
作家	Cattell & Drevdahl（1958）以卡氏 16 种人格因素测验对作家进行研究	较为聪慧、成熟，有冒险性，敏感、自我奔放、自负等
	弗洛伊德 1908 年以精神分析法对富有创造力的作家进行研究	发现创造力与白日梦之间高相关

心理学家唐纳德·麦金隆（Donald Mackinnon）在1965年对建筑师人格特征进行研究。他认为建筑师具有艺术家和工程师的双重特征，同时还具有一点企业家的特征，最适合研究创造力。因此，他选择了三组被试者，每组40人，其中第一组是极富创造力的建筑师，第二组是与上述40名建筑大师有两年以上联系或合作经验的建筑师，第三组是随机抽取的普通建筑师，通过专业评估，第二组的建筑师的作品具有一定的创造性，而第三组的创造性比较低。研究发现三组的人格特征如表5-2所示。

表5-2 三组人格特征

一	大师组	合作组	随机组
谦卑	低	中	高
人际关系	低	中	高
顺从	低	中	高
进取心	高	中	低
独立自主	高	中	低
人格特征	更加灵活、敏锐、富有直觉，更加富有女性气质，对复杂事物评价更高	注重效率和有成效地工作	强调职业规范和标准

（四）设计师"天赋论"

设计师"天赋论"：设计能力是否主要是一种天赋、是否只有某些人才可能具备？

从事艺术设计的能力可以分为三类：

1. 与艺术才能相关的感知能力

它表现为精细的观察力，对色彩、亮度、线条、形体的敏感度、高效的形象记忆能力，对复杂事物和不对称意象的偏爱，对于形象的联想和想象力等，这些通常是天赋的能力。

2. 以创造性思维为核心的设计思维能力

它与先天的形象思维和记忆能力相关，但是可以通过系统的思维方法的训练累积设计经验以及运用适当的概念激发和组织方法使这一方面的能力得到显著提高。

3. 设计师的工作动机——后天习得

（1）心甘情愿花费大量时间和努力；

（2）很强的好胜心；

（3）在相应领域中能够迅速学习和掌握新技术、新观念和新程序。

（五）设计师的创造力培养与激发

1. 设计师设计思维能力的培养

设计师设计思维不是与生俱来的，而要靠后天培养的。比如，创造自由宽松的设计环境，提高设计者的创造性人格、想象力、好奇心、冒险精神、对自己的信心、集中注意的能力，培养设计者立体性的思维方式，培养设计者收集素材、使用资料和素材的能力，增强他们进行设计知识库的扩充和更新能力等。

2．创造力的组织方法培养

一些有效的组织方式已经被设计出来，它们能提高设计师的注意力、灵感和创造力。比较著名的方式有：

（1）头脑风暴法（Brain storming）。

（2）检查单法　把现有事物的要素进行分离，然后按照新的要求和目的加以重新组合或置换某些元素，对事物换一个角度来看。

（3）类比模拟发明法　即运用某一事物作为类比对照得到有益的启发，如仿生设计。

（4）综合移植法　应用或移植其他领域里发现的新原理或新技术。

（5）希望点列举法　将各种各样的梦想、希望、联想等一一列举，在轻松自由的环境下，无拘无束地展开讨论。

（六）设计师压力应对

1．设计师常见的职业压力

心理压力是个体面对不能处理而又破坏其生活和谐的刺激事件所表现的行为模式。心理压力的大小取决于个体对刺激事件的评估，刺激事件对个体的威胁越大，带给个体的心理压力也就越大。

心理压力对个体而言并非总是负面效应，当心理压力在主体承受力的范围内时，它能促使主体集中注意力，克服困难，是推动主体前进的助力；但是过度的心理压力会给主体带来身体上的不适，精神紧张、焦虑、苦闷、烦躁，长期还导致主体意志消沉、不思进取、逃避现实。

设计师压力特指那些主要从事设计工作的人们所承受的与其职业相关的压力。主要有以下几种：

（1）创意压力　设计创意具有间断性、跳跃性的特征，主体通常要在情绪放松、没有压力的状况下才能使创造力达到最强，但设计作为商品开发、销售的重要环节，很大程度受到市场机制的制约，表现为设计师必须在比较有限的周期内产生尽可能多且高质量的创意和设计。

（2）竞标压力

（3）更新压力　设计师为了保证其创意能力不致枯竭，需要投入大量的时间和精力来更新自己的知识和体验，刺激自己的创造力。

（4）拖沓效应　当接受一个创意任务时，虽然希望能尽可能快地完成，但却不由自主拖沓到最后时限，通过通宵达旦的熬夜来完成设计。

2．设计师的压力应对

压力应对是指主体有意识地采取方式来应付那些被感知为紧张或超出其以个人资源所能及的内在、外在要求的过程。压力应对包括两种主要途径：

（1）问题指向性应对　即直接通过指向压力源的行为改变压力源或者与它之间的关系，包括斗争、逃避、解决问题等。

（2）情绪指向性应对　即通过自己的改变来缓解压力，而不去改变压力源，包括使用镇静药物、放松方法、自我暗示、自我想象、分散注意力等。

3．设计师压力应对建议

（1）建立宽松的外部环境——社会支持。

团队合作，让员工自行决定想要参与的工作室，从不硬性指派，因而是员工挑选领导人，而非一般的由领导人挑选员工。

在创意团队中，IDEO 采用集体讨论的方式，"动脑会议是 IDEO 的创意发电机，动脑会议除了讨论议题、激发创意外，更提供成员相互切磋的机会，促进组织的良性竞争。"

（2）按照科学的设计流程工作，并运用适当的创意激发方法、激发灵感，缓解创意压力。

（3）设计师个人而言，应有意识地自我调节心理状况，疏导压力。

（4）有意识的自我暗示。

（5）应开阔视野，拓宽自己的知识结构。

（6）保证个人的身心健康。

作业与思考题：

1. 简述家具设计师的概念和级别划分方法。
2. 简述家具设计师的职业特点。
3. 结合本章中介绍的创造力的理论和心理学研究，谈谈艺术设计师如何提高创造力。
4. 作为设计师应该如何应对职业压力？

第六章 消费者满意度与家具品牌的服务设计

第一节 消费者满意度

一、消费者满意度概述

消费者满意度（Customer Satisfaction Index，简称 CSI），又称顾客满意度，是消费者感觉状态的一种水平，更深一层含义是指企业所提供产品服务的表现与消费者当前对它的期望、要求相比吻合程度如何。

消费者满意度反映的是消费者的一种心理状态，是消费者对企业的某种产品、服务消费所产生的感受与自己的期望所进行的对比。也就是说"满意"并不是一个绝对概念，而是一个相对概念。企业不能闭门造车，不能仅依靠自己对服务态度、产品质量、价格等指标是否优化的主观判断，而应考察所提供的产品服务与消费者期望、要求等吻合的程度如何。在买方市场条件下，如何使消费者满意已经成为现代企业取得竞争优势不可或缺的要素。研究消费者满意度可以获得产品服务的市场反映以及消费者的最新需求动向，这些信息对企业的经营策略的制定具有重要的参考价值。

在实际营销中，让消费者满意是企业（生产者和设计师）开展营销活动的一个主要目标。消费者感到满意，就可能进行重复或认牌购买的消费行为。消费者满意度这个概念是市场经济发展到今天以消费者为中心的产物，它集中反映了现代的营销观念，即企业的赢利是通过满足消费者的需要、让消费者满意而得到的。

二、消费者满意度研究的三个时代

现代设计与现代营销观念是同步发展的，对消费者满意度进行大量研究，并用消费者的态度指数来表征消费者满意度，这种研究大致经历了三个时代：

（1）理性消费时代 这一时代物质尚不充裕，恩格尔系数较高，生活水准较低，消费者在安排消费行为时非常理智，不仅重视质量，也重视价格，追求价廉物美和经久耐用。因此，消费者的态度指数是"好"与"坏"。

（2）感觉消费时代 当社会物质财富开始丰富、人们的生活水平大大提高、恩格尔系数大大降低后，消费者的价值选择已经不再是价廉物美、经久耐用了，他们开始重视品牌、形象，这时消费者的态度指数是"喜欢"与"不喜欢"。

（3）感情消费时代 随着社会的进步、时代的变迁，消费者越来越重视心灵上的充实，对商品的要求已跳出了价格、质量的层次，也跳出了品牌和形象的误区，对商品是否具有激活心灵的魅力十分感兴趣，追求商品购买与消费过程中心灵上的满足感。因此，这时消费者的态度指数是"满意"与"不满意"。

三、消费者满意度与家具企业服务

消费者满意度是反映当代消费心理的最新指标。我们看到，在第一个时代，旨在提高产品质量和降低产品成本的质量管理和成本管理得到超级发挥，甚至掀起了一场波及全球的 TQC 革命。在第二个时代，旨在塑形象、创名牌的企业形象管理得到超级发挥，也掀起了一场波及全球的 CSI 运动。而今天消费者价值选择进入了第三个时代，旨在提升消费者满意水平、提高企业经营绩效的 CSI 设计被推上了历史舞台，一场波及全球的 CSI 革命正在到来。特别值得注意的是关于服务的 CSI 理念，消费者对服务的满意是建立在运用 CSI 设计思想提高服务质量、增强消费者满意度的基础上的。CSI 战略的基本指导思想是：企业的整个经营活动要以消费者满意度为指针，要从消费者的角度、用消费者的观点而非生产者和设计师自身的利益和观点考虑消费者的需求，尽可能全面地尊重和维护消费者的利益。

CSI 设计思想是在服务质量理论基础上产生的。瑞典经济学家埃费特·加曼逊认为："服务质量是指服务商品的生产质量和销售质量的综合。"服务商品的生产质量指按既定的生产程序、步骤、商品标准、规格及消费的要求准确地完成生产；服务商品的销售质量是指商品的适用性，即准确地对市场中的消费者的需求做出预测，并适应市场中的消费者，使需求得到满足。运用"消费者满意度"能够评价、提高服务质量，由此产生 CSI 设计思想。消费者满意通常包括三方面的满意：一是买到喜欢而满意的商品；二是接受到良好而满意的待遇；三是消费者心理上得到满足，如个性、情趣、地位、生活方式等。生产者和设计师应从这三方面通过运用 CSI 设计思想的基本方法，把消费者需求（包括潜在需求）作为企业开发产品的源头，在产品功能、价格设定、分销促销环节，建立、完善售后服务系统等方面以便利消费者为原则，最大限度地使消费者感到满意。在销售过程中企业要及时跟踪研究消费者购买的满意度，并依此设立改进目标，调整企业的生产和经营环节，通过不断地稳定和提高消费者满意度，保证企业在激烈的市场竞争中占据有利地位。具体来讲，需做到以下几点：

（1）站在消费者的立场而不是厂商的立场上去研究和设计产品　尽可能地预先把消费者的"不满意"从产品本身（包括设计、制造和供应过程）去除，并顺应消费者的需求趋势，预先在商品本身创造消费者的满意；通过发现消费者的潜在需要并设法用产品去引发这些需要，使消费者感受意想不到的满意。

（2）不断完善产品服务系统，最大限度地使消费者感到安心和便利　德国大众汽车公司周到的售后服务一度是日本汽车商学习的榜样。在某一型号的最后一辆汽车出厂后 15 年内，大众能保证提供所有的必要配件；同时，零配件不仅确保存货，而且确保及时供货。西方一些公司的服务口号是："24 小时内把零件送到世界各地"。国内有些名牌企业，某一型号产品三年内就难保消费者能找到必要配件。

（3）十分重视消费者的意见，让用户参与决策　把处理好消费者的意见视为对创造消费者满意的准则。据美国斯隆管理学院调查发现，成功的技术革新和民用新产品中，有 60% ~ 80% 来自用户的建议。美国的 P&G 日用化学产品公司首创了"消费者免费服务电话"，消费者可免费向公司打去有关产品问题的电话，公司对来电一一予以答复，且进行整理分析。这家公司的许多商品改造设想正来源于这样的"免费电话"。

（4）追求消费者的重复购买，设法留住老消费者　成功的设计是得到那些从产品和服务中获得满意的消费者。据美国汽车业调查发现，一个满意的消费者会引发 8 笔潜在的生意，其中至少有一笔会成交；一个不满意的消费者会影响 25 个人的购买意愿；争取一位新消费者所花的成本是保住一位老消费者的 6 倍。

（5）按消费者为中心的原则建立富有活力的企业组织　首先，生产者和设计师要对消费者的要求和反映具有快速反应机制；其次，要营造鼓励创新的组织氛围；第三，组织内部要保证通畅的双向沟通；第四，从经理、设计师、售货员分级授权处理消费者要求，增强授权人的责任意识。

以上讨论消费者满意度 CSI 产生和发展的历程，对工业设计在深度和广度上有了新的要求，消费者态度指数从"好"与"坏"到"喜欢"与"不喜欢"，再到"满意"与"不满意"三阶段对产品设计的要求排序是：从功能质量层到形体审美层，再到服务附加层。可以看出，消费者满意度研究是设计进入高层次要求的依据，CSI 在工业设计的各个领域日益显现其重要性和指导性。因此，设计心理学研究 CSI 及 CSI 对家具设计的导向作用。

四、消费者的需求结构与满意度评价指标

要建立一组科学的消费者满意度的评价指标，首先要研究消费者的需求结构。经对消费者做大量调查分析，消费者需求的基本结构大致有以下几个方面：

（1）品质需求　包括性能、适用性、使用寿命、可靠性、安全性、经济性和美学（外观）等；

（2）功能需求　包括主导功能、辅助功能和兼容功能等；

（3）外延需求　包括服务需求和心理及文化需求等；

（4）价格需求　包括价位、价质比、价格弹性等。

组织在提供产品或服务时均应考虑消费者的这 4 种基本需求。但是，由于不同国家地区、不同的消费人群对这些需求有不同的需求强度，因此，在消费后又存在一个满意水平的高低。当消费者需求强度高时，稍有不足，他们就会有不满或强烈不满；当需求强度低时，只需低水平的满足即可。例如，购买彩色电视机，由于人们收入水平和消费心理的不同，对电视机的功能、款式、价格有不同的需求强度。收入丰厚的人们喜欢高档名牌，因此对品质和功能需求的强度要求就高，而对价格需求不强烈。也就是说，当品质和功能不满足他们的要求时，就会产生不满或强烈不满。对低收入工薪族，他们消费心理追求价廉物美，以实惠为原则，因此对价格和服务的需求强度要求高，价格高、服务差，是他们产生不满的主要因素，而对功能需求强度则不强烈。因此，企业应该根据不同的顾客需求，确定主要的需求结构，以满足不同层次消费者的要求，使消费者满意。

第二节　消费者满意度指数

消费者满意度指数（Customer Satisfaction Index）是衡量消费者满意度的一个指标，是国际上流行的市场调查参数。由美国市场营销学会于 1986 年首先启用，以消费者态度为指针、从消费者的角度用消费者的观点来分析考虑消费者的需求。

在具体的问卷调查中，根据梯级理论划分若干层次，建立相应的评分标准，根据这个标准确立消费者的满意度，一般采用五分法（5—很满意；4—满意；3——般；2—不满意；

1—很不满意）或七分法（7—很满意；6—满意；5—较满意；4——般；3—不太满意；2—不满意；1—很不满意）。

是否满意是对需求是否满足的一种界定尺度。当顾客需求被满足时，顾客便体验到一种积极的情绪反映，称为满意，否则即体验到一种消极的情绪反映，称为不满意。

顾客满意，是指顾客对某一事项已满足其需求和期望的程度的意见，也是顾客在消费后感受到满足的一种心理体验。顾客满意指标，是指用以测量顾客满意程度的一组项目因素。

要评价顾客满意的程度，必须建立一组与产品或服务有关的、能反映顾客对产品或服务满意程度的产品满意项目。由于顾客对产品或服务需求结构的强度要求不同，而产品或服务又由许多部分组成，每个组成部分又有许多属性，如果产品或服务的某个部分或属性不符合顾客要求时，他们都会作出否定的评价，产生不满意感。因此，企业应根据顾客需求结构及产品或服务的特点，选择那些既能全面反映顾客满意状况又有代表的项目作为顾客满意度的评价指标。全面就是指评价项目的设定应既包括产品的核心项目，又包括无形的和外延的产品项目。否则，就不能全面了解顾客的满意程度，也不利于提升顾客满意水平。另外，由于影响顾客满意或不满意的因素很多，企业不能都用作测量指标，因而应该选择那些具有代表性的主要因素作为评价项目。

一、消费者满意级度

消费者满意级度指顾客在消费相应的产品或服务之后所产生的满足状态等次。

前面所述，顾客满意度是一种心理状态，是一种自我体验。对这种心理状态也要进行界定，否则就无法对顾客满意度进行评价。心理学家认为情感体验可以按梯级理论进行划分若干层次，相应可以把顾客满意程度分成七个级度或五个级度。

七个级度为：很不满意、不满意、不太满意、一般、较满意、满意和很满意。

五个级度为：很不满意、不满意、一般、满意和很满意。

管理专家根据心理学的梯级理论对七梯级给出了如下参考指标：

1. 很不满意

特征：愤慨、恼怒、投诉、反宣传

分述：很不满意状态是指顾客在消费了某种商品或服务之后感到愤慨、恼羞成怒、难以容忍，不仅企图找机会投诉，而且还会利用一切机会进行反宣传以发泄心中的不快。

2. 不满意

特征：气愤、烦恼

分述：不满意状态是指顾客在购买或消费某种商品或服务后所产生的气愤、烦恼状态。在这种状态下，顾客尚可勉强忍受，希望通过一定方式得到弥补，在适当的时候，也会进行反宣传，提醒自己的亲朋不要去购买同样的商品或服务。

3. 不太满意

特征：抱怨、遗憾

分述：不太满意状态是指顾客在购买或消费某种商品或服务后所产生的抱怨、遗憾状态。在这种状态下，顾客虽心存不满，但想到现实就这个样子，别要求过高，于是认了。

4. 一般

特征：无明显正、负情绪

分述：一般状态是指顾客在消费某种商品或服务过程中所形成的没有明显情绪的状态。

也就是对此既说不上好，也说不上差，还算过得去。

5. 较满意

特征：好感、肯定、赞许

分述：较满意状态是指顾客在消费某种商品或服务时所形成的好感、肯定和赞许状态。在这种状态下，顾客内心还算满意，但按更高要求还差之甚远，而与一些更差的情况相比又令人安慰。

6. 满意

特征：称心、赞扬、愉快

分述：满意状态是指顾客在消费了某种商品或服务时产生的称心、赞扬和愉快状态。在这种状态下，顾客不仅对自己的选择予以肯定，还会乐于向亲朋推荐，自己的期望与现实基本相符，找不出大的遗憾所在。

7. 很满意

特征：激动、满足、感谢

分述：很满意状态是指顾客在消费某种商品或服务之后形成的激动、满足、感谢状态。在这种状态下，顾客的期望不仅完全达到，没有任何遗憾，而且可能还大大超出了自己的期望。这时顾客不仅为自己的选择而自豪，还会利用一切机会向亲朋宣传、介绍推荐，希望他人都来消费。

五个级度的参考指标类同顾客满意级度的界定是相对的，因为满意虽有层次之分，但毕竟界限模糊，从一个层次到另一个层次并没有明显的界限。之所以进行顾客满意级度的划分，目的是供企业进行顾客满意程度的评价。为了能定量地进行顾客满意程度评价，可对顾客满意七个级度给出每个级度得分值，并根据每项指标对顾客满意度影响的重要程度确定不同的加权值，这样即可对顾客满意度进行综合的评价。

例如，某企业对其产品的质量、功能、价格、服务、包装、品位进行顾客满意度调查，按七个级度，从很不满意到很满意的分值分配表如表 6 - 1 所示。

表 6 - 1　　　　　　　　　　　　分值分配

极值	很不满意	不满意	不太满意	一般	较满意	满意	很满意
分值	-60	-40	-20	0	20	40	60

最高分是 60 分，最低分是 -60 分。

调查结果如表 6 - 2 所示。

表 6 - 2　　　　　　　　　　　　结果核算

产品属性	质量	功能	价格	服务	包装	品位
满意级别	满意	较满意	很满意	满意	不太满意	一般
分值	40	20	60	40	（-20）	0
综合分值	$\sum X/N = [40 + 20 + 60 + 40 + (-20) + 0] / 6 = 23.3$					

从计算结果可以看出，该产品的顾客满意度得分是 23.3，属于"较满意"的产品。但

是，由于顾客对每个属性的要求程度不同，因此，应根据顾客对评价指标的重要程度进行分值加权，则更能科学地反映出顾客的满意程度。同例，该企业针对质量、功能、价格、服务、包装、品位，根据其对顾客满意度的影响程度确定的加权值分别为 0.3、0.1、0.35、0.15、0.05、0.05，则其满意度 = $\sum x_i k_i$，如表 6 - 3 所示。

表 6 - 3　　　　　　　　　　　　分值加权后的结果核算

产品属性	权值	分值	综合值
质量	0.3	40	12
功能	0.1	20	2
价格	0.35	60	21
服务	0.15	40	6
包装	0.05	（-20）	-1
品位	0.05	0	0
总计	1	140/6	40

显然两种方法计算的结果是不同的，加权法为 40，处于满意水平，而简单分值法仅为 23.3，处于较满意水平。而实际上，顾客对产品的总体感受应是满意水平。所以利用加权法更能准确反映顾客的满意状态。企业可以根据经验、专家评定或调查等方法进行确定加权值。

二、消费者满意信息的收集与分析

收集消费者满意信息的方式多种多样，包括口头的和书面的。企业应根据信息收集的目的、信息的性质和资金等来确定收集信息的最佳方法。收集消费者满意信息的渠道有 7 个方面：

（1）消费者投诉；

（2）与消费者的直接沟通；

（3）问卷和调查；

（4）密切关注的团体；

（5）消费者组织的报告；

（6）各种媒体的报告；

（7）行业研究的结果。

企业应对顾客满意信息的收集进行策划，确定责任部门，对收集方式、频次、分析、对策及跟踪验证等作出规定。

收集消费者满意信息的目的是针对消费者不满意的因素寻找改进措施，进一步提高产品和服务质量。因此，对收集到的消费者满意信息进行分析整理，找出不满意的主要因素，确定纠正措施并实施，以达到预期的改进目标。

在收集和分析消费者满意信息时，必须注意两点：

（1）消费者有时是根据自己在消费商品或服务之后所产生的主观感觉来评定满意或不满意，往往会由于某种偏见、情绪障碍和关系障碍，对完全满意的产品或服务他们可能说很不满意。因此，此时的判定也不能仅靠消费者主观感觉的报告，同时也应考虑是否符合客观评价的标准。

（2）消费者对产品或服务消费后遇到不满意时，也不一定都会提出投诉或意见。因此，企业应针对这一部分顾客的心理状态，利用更亲情的方法，以获得这部分消费者的意见。

第七章　青年消费者家具消费心理分析

国际上统计数字表明，青年约占总人口的1/5。目前，我国青年人数近3亿，约占总人口的1/4，因此，对这部分人群消费行为的研究尤其重要。在家具市场我们也要更加关注青年人这个特殊群体，设计生产出他们喜欢的并适合他们使用的家具。在当今世界家具消费终端市场上，国际先进家具企业通过鲜明的目标消费群定位使家具设计具有明确的指向性。在我国，青年消费群体作为社会生活中最主要的消费者，也是家具市场上的消费主体。从心理学的角度划分，青年期通常指18～35岁之间。这个年龄段的消费者的消费能力和购买潜力大，在整个消费活动，特别是时尚消费品消费活动中，占有重要的地位。他们不喜欢储蓄，更喜欢追求消费行为带来的舒适便利和品牌个性。与中年人相比，他们在消费中价格敏感度降低，注重的是品牌、舒适程度和生活方式，具有强烈的"享受生活"的观念。这意味着21世纪，中国的消费市场将发生较大改变，青年家具消费市场开发前景诱人，因此，有必要认真研究青年消费心理的特征。

第一节　青年消费者主要的家具消费特点

一、研究青年家具消费者的意义

随着社会主义市场经济的不断完善和发展，消费者在市场中的地位愈显重要。因而，研究和把握消费者的需求心理，对家具企业开发、生产适销对路的产品、增强企业的竞争能力尤为重要。基于此背景和前提，深圳市拓璞家具设计公司研究中心近年来针对企业战略及家具消费心理学等相关领域进行了较深入的专业性研究，以供家具行业及客户企业有较可靠的理论及实践依据可循。

林作新教授通过对家具终端消费者市场较为详细的研究和分析，提出："在人的一生中，最有可能购买家具的时期有八个阶段，包括青少年期（9～17岁），单身期（年轻、单身的青年离家独居），新婚期，'满巢'Ⅰ期，'满巢'Ⅱ期，'空巢'Ⅰ期。"

结合青年消费心理的因素研究和家具产品设计的理论成果，总结青年家具设计的原则与方法，充实现代家具设计知识体系，以文件形式提出应该怎样进行青年家具产品的设计，同时也为其他消费群体家具产品技术设计提供理论借鉴和指导。作为一个特殊的消费群体，青年具有追求新颖与时尚、崇尚品牌与名牌、突出个性与自我、注重情感与直觉等消费心理特征。在市场竞争日趋激烈的今天，认识和把握青年消费的重要性、研究青年消费者的心理特征，对总结家具产品设计原则和方法、设计出适合青年喜欢和使用的家具产品具有十分重要的意义。

二、青年消费者主要的家具消费特点

伴随着产业多年来飞跃式的持续快速增长，中国青年家具市场总体呈上升趋势，涌现出一大批优秀的青年家具品牌，例如，以专注于钢木家具设计的猫王家具，主打环保牌的华源轩家具，推出青年主题橡皮糖系列的曲美家具，以及享誉全球的都市白领一族、"小资"的代名词宜家家具等。

在当前家具消费市场上，年青一代逐渐成为家具消费的主流，资料统计显示，经常光顾家具市场的人群中 20～30 岁的消费者占 42%，31～40 岁占 22%，41～50 岁占 16%，51～60 岁占 10%。同时，消费群体知识结构与生活态度在发生变化。经常光顾家具市场的人群中有 79% 的学历均在大专以上。这一群体已不仅仅满足于家具功能，而且在寻找一种新的生活方式，以期与他们的文化层次与个人品位相吻合。而一般文化程度人群去光顾家具市场的则寥寥无几。然而，与上述事实不符的是目前国内许多家具企业的市场细分还停留在关注中老年、青少年、儿童的阶段，提及青年家具，家具企业并没有足够的认识。这种设计思想明显已经很难满足当前的发展现状。买房、买车、买家具都是这群新时代消费主力军的"主要任务"。年青一代对房产的需求直接拉动了对家具购买的需求，青年家具市场的发展仍有极大的上升空间。

(一) 追求新颖时尚、个性化，喜好个性创意家具

青年人群大多思维活跃、热情奔放，富于幻想，比较容易接受新鲜事物，猎奇心理比较明显。反映在家具消费心理和消费行为方面，主要表现为喜好追求新颖时尚与美的享受，喜欢时尚潮流和富于时代精神的家具。现在越来越多的年轻人已深刻认识到家具不仅是具有一般实用功能的器具，更是蕴藏文化内涵与生活品位的艺术品，因而，对家具的装饰功能和审美价值则提出了更高的要求，其要求家具能体现自身独特的素养。同时，青年人群的消费行为更多体现为更加注重生活质量，希望能够表达自己更多的主观感受。在选择家具时，他们不再只看重价格，而是更关注和看重家具的艺术品味。还有很多年轻人甚至希望亲自参与家具的设计。正如美国消费者协会主席艾拉马塔沙所说："我们现在正从过去大众化的消费时代进入个性化消费时代，大众化消费的时代即将结束。现在的消费者可以大胆地、随心所欲地下指令，以获取特殊的、与众不同的服务。"这一趋势反映在家具消费领域，则明显地表现为青年人群更加追求独立自主，力求在一举一动中都能突显自我，展现出自己独特的个性。

(二) 迷恋高科技智能化、专业化、绿色环保家具

在数码产品大量充斥生活的今天，青年人群购买家具的消费热点已不仅局限于传统消费领域，高科技材料的引用及智能家具产品的开发正越来越多地吸引着青年人群的目光。定时自动弹起的"懒汉床"、可用密码控制的电脑桌和电视柜、会自动消毒的鞋柜和衣柜……这些智能化的家具正吸引着年轻人的目光。每次新工艺、新技术的引入与应用都将受到年青一代的热力追捧。然而充斥日常生活、无所不在的商品广告却让当下的年轻人面对琳琅满目的家具产品无所适从，此时，专业化消费无疑是最好的选择。因为在他们心目中，专业化的消费可以视作一种不同人之间、不同亚文化群体之间的区隔行为。与其他消费相比，它不仅仅是一种投入金钱的炫耀性消费，更是一种社会阶层差异和生活方式的差异。再者，随着年轻人生活水平的不断提高、可支配收入的明显增加、消费知识的专业化等，青年消费者已经从

原来的盲目消费转向理智消费、专业化消费。专业化消费成为他们提升自我、获得个人成就感的重要途径。在强调产品科技含量的同时，青年人群也非常推崇节能、环保的绿色家具产品，他们已经真正认识到"绿色消费"不仅要满足当代人的消费需要和安全健康，还要满足子孙后代的消费需要和安全健康，进而实现可持续消费。

（三）青年家具消费者与其他年龄段家具消费者的共性与个性

1. 与少年儿童家具相比

少年儿童对有着千变万化的图案和形形色色的鲜艳色彩的家具是非常喜爱的，而家长也希望能为孩子创造一个令人愉快的小空间，同时也非常注意家具的安全性。

2. 与中年人家具比较

中年人的消费行为则看重消费需求的实惠性、消费行为的合理性、选择商品的精确性。他们绝大多数比较喜欢体现沉稳气质的家具，对色彩方面一般较为偏爱传统的原木色，而且一般喜欢购买成套家具，对功能方面没有什么特别的要求，实用是他们购买家具的首要目标。

3. 与老年人家具比较

老年人在消费方面则注重方便实用，将质量放在首位，更偏爱成熟稳重型的家具，喜爱古典家具的人很多，古典家具的古风、古蕴使老年人更容易对逝去时代和以往的文化有一种怀念、留恋。

4. 与其他消费群体相比

青年消费者内心丰富，热情奔放，思想活跃，思维敏捷，在消费心理和行为方面表现出追求美的感受，追求个性化的居家概念，追求新颖与时尚，崇尚品牌与名牌，亮出个性与自我，注重情感与直觉，那些具有流行色彩、时代感比较强、造型新颖的家具往往会被青年消费者所钟情。

5. 不同发展阶段青年家具消费者心理的比较

18～35 岁的年轻人，他们的消费心理和消费行为在单身阶段、婚前及新婚（也可以称为婚后）具有各自显著的特征。在这三个阶段中，年轻人的心理与行为在家具购买消费活动中各自表现为：

（1）单身青年　单身青年消费者群具有较强的独立性和很大的购买潜力。进入这一时期的消费者，多数正处于人生事业的成长、奋斗期，他们大都在经济上、生活上开始脱离上一辈的影响，或购买住房或租住而拥有自己独立空间，并且他们已具备独立购买商品的能力。由于没有过多的负担，独立性更强，购买力也较高，在家具的选择上也越来越理性。更加追求个性、新鲜、时尚等元素，从传统的店铺选购到现今逐步走向成熟的网络购物这一切无不反映了单身一族的自身变化，不断跟上时尚、不断跟上新的消费观念，越来越舍得花钱在自己的生活舒适度上。2008 年，香港兴利集团欧瑞品牌一项针对"80 后"的家具消费关注调查结果显示，在当代青年消费者心目中，排在第一位的是款式，占了关注率的 69.7%，其次是价格和品牌。大多数单身青年对价格的关注实际上不是特别强，但这并不代表他们不理性。相反，他们一般会先上网了解产品，了解专业网站和论坛上对产品的介绍、评测等，选定一定数量的目标之后再去卖场。同时，他们对款式、材质、颜色等细节都会进行非常细致的研究，再衡量价格和品牌，最后才做出是否购买的决定。

（2）婚前青年　结婚和建立家庭是青年消费者继续人生旅程的必经之路，大多数年轻人都在这一阶段完成人生中的重大转折。近年来，我国新婚家庭的家具购买时间发生了变化。20 世纪 80 年代以前，年轻人婚前集中购置的物品大多以生活必需品为主，耐用消费品尤其是家具产品多是婚后逐渐购买。进入 90 年代以后，新婚家庭用品包括家具等大件耐用消费品，大多在婚前集中购买完毕，且购买时间相对集中，多在节假日突击购买。随着 21 世纪的来临，婚前购置住房、成套家具、家用电器等高额消费品，已成为许多现代青年建立家庭的前提条件。此时，婚前青年的家具消费既有一般青年的消费特点，又有其特殊性，由此形成了婚前青年消费者群的心理与行为特征。具体表现在以下几个方面：

①在消费需求构成上，婚前家庭的需求是多方面全方位的。即在家具需求构成及顺序上，更加倾向于整体家居产品设计和整套家具的购买，其次是小件家具的搭配和饰品补充。

②在消费需求倾向上，不仅对家具产品要求高，同时对精神享受也有较高的追求。也就意味着婚前青年更加注重家具产品的文化认同感，他们需要的不是冷冰冰的工业产品，而是倾注于产品内部的情感内涵。在这种心理支配下，婚前青年对家庭用品的选购大多求新、求美，注重档次和品位，价格因素则被放在次要地位。同时，在具体商品选择上，带有强烈的感情色彩，如购买象征两人感情设计元素的家具或向对方表达爱意的家具饰品等。

（3）新婚（婚后）青年 从结婚人群的直接消费结构看，包括购房、购家具在内的与居家相关的长期受益型消费占最重要比例，整个结婚服务市场消费总额高达 16 000 亿元，其中家具消费总额超过 800 亿元。新婚夫妇的购买代表了最新的家庭消费趋势，对已婚家庭会形成消费冲击和诱惑。他们不仅具有独立的购买能力，其购买意愿也多为家庭所尊重。他们对家具潮流的把握与选择，将直接影响和辐射周围的同龄人以及长辈。青年人的攀比心理和从众心理使新婚夫妇的购买成为潮流的风向标。建立自己的小家庭后，新婚夫妇开始承担赡养老人的责任，老年人对他们的依赖逐渐加强，对于老年人家具的选择，他们的意见往往也起到举足轻重的作用。孩子出生后，他们又以独特的消费观念和消费方式影响下一代的消费行为。可以说，婴幼儿家具市场的需求几乎完全取决于新婚夫妇的喜好与品位。同时由于少年儿童消费具有依赖性，就目前现状而言，我国儿童家具产品的购买绝大部分受青年消费者决策。这种高辐射力是任何一个年龄阶段的消费者所不及的。因此，青年消费者群，尤其是新婚青年夫妇的购买行为具有扩散性，对其他各类消费者都会产生深刻影响。

三、青年消费者热衷的家具类型

1．现代简约家具

现代简约家具的特色是线条简单，将设计的元素、色彩、照明、原材料简化到最少的程度，但对色彩、材料的质感要求很高，以简洁的表现形式来满足年轻人对空间环境感性的、本能的和理性的需求。而现代年轻人快节奏、高频率、满负荷，已让人到了无可复加的地步，他们在日趋繁忙的生活中，渴望得到一种能彻底放松、以简洁和纯净来调节转换精神的空间，这是人们在互补意识支配下所产生的摆脱繁琐、复杂，追求简单和自然的心理。

2．自然田园风格家具

自然田园风格家具充分显现出自然质朴的特性、休闲浪漫的风格，以享受为最高原则，在材料上强调它的舒适度。目前市场上自然田园风格的家具主要以欧美田园风格为主，近年来，韩式田园风情家具也逐渐受到青年的喜爱。

欧美田园家具细致的线条、精细的造型、质朴的手工雕琢，迎合了现代人对精致浪漫生活品质的追求，折射出不可言喻的高雅的气质与舒适感。田园风格以布艺和原木色家具为主。清新的大地自然花草或永不退出流行的格子布料、小碎花图案是家具的主角，艳丽的玫瑰、雅致的薰衣草，家具甜美的"花衣裳"配以原木色家具，营造出水泥森林里没有的轻松与闲适，让人仿佛置身于童话般的森林中。它们的色彩一般比较鲜艳，还有不少小碎花图案，整体风格朴素自然而又浪漫优雅，如喜梦宝"英伦印象"系列田园家具。

韩式田园以纯净的象牙白为色调，附以幽雅的实木雕花，宁静中的美丽透着天然的高贵与典雅。设计上讲求心灵的自然回归感，给人一种扑面而来的浓郁气息。开放式的空间结构、随处可见的花卉绿植、雕刻精细的韩式家具、各种花色的优雅布艺……所有的一切从整体上营造出一种田园之气。现在市场上韩式田园家具品牌主要有蝶恋花、韩菲尔等。

3. 新中式家具

中式是与时俱进的产物。喜欢中式家居氛围的年轻人越来越多，毋庸置疑，新中式既依赖于现代家具的简约，又怀念儿时外婆家的味道，便给新中式家具孕育了巨大的空间。

新中式古典家具风格一改传统中式家具的古板面孔，摒弃繁复的雕刻，线条柔美简洁，配以天然纹理和色泽，在家具的比例、造型、色泽上注入中国传统文化元素，或清新秀丽、或古色古香、或现代时尚。在色调上，以红、黑、黄等最具中国传统的招牌色营造家居氛围，再衬以中国结、字画、青花瓷瓶、铜饰、屏风等传统元素。往往取材于自然，如木材、石头，尤其是木材，从古至今便是中式风格朴实的象征。亮色的频繁使用，玻璃、不锈钢与实木、岩石的适当搭配，使得整体的装饰效果更有灵性，让古典的美丽穿透岁月，萦绕在人们身边。

四、主题青年家具

婚庆家具、动漫家具、SOHO 家具、智能家具、DIY 手工家具等，现在青年家具市场上琳琅满目的主题家具正以独特的视角吸引着年轻人目光，伴随着年青一代生活方式翻天覆地的变化，品类繁多的主题家具也如雨后春笋般随之而生，成为市场上广受欢迎的家具类型。不同于过去简单的实木家具、板式家具，可以说，每一款主题家具都代表着年轻人的一种生活方式，代表着年青一代对家庭、对未来生活向往和期待的一种独特表达。

以刚刚出现在青年家具市场上的动漫家具为例，2009 年初，由迪士尼、华纳等动漫巨头在家具领域的正式授权——力盟（中国）集团推出了专门针对青年消费者设计的"漫"概念时尚动漫家具。动漫是快乐的象征和代言人，动漫形象不仅给孩子们带来了无限的快乐和想象力，同时也是年轻人时尚和个性的代表，深受年轻人喜爱和追随。在产品设计时，"漫"概念时尚动漫家具借鉴米兰国际家具产品展最新流行的空间组合、产品结构的设计技法和流行颜色，再结合迪士尼、时代华纳等经典人物的形象，采用浅灰、红白、黑白对比、单色等颜色，通过变化、简化、叠加、漆画等手法将动漫人物的局部形象巧妙地点缀在椅子、柜门、床头屏、拉手、家具饰品及墙面上，使整个空间动漫氛围扑面而来。处处体现个性、简约、时尚的现代气息，既满足年轻人的迪士尼情节，又充分体现青年的个性、独特，非常符合年轻人的要求。

五、青年消费者的家具购买意识

年轻人的家具购买意识很大程度上影响着他们的消费心理。消费者可以对家具的品牌性、流行性、消费追求等方面通过亲身实践（家居感受）而形成不同的关心度，从而形成不同的家具购买意识。这种意识会成为比较持续地自发作用的东西，从而引导消费，不仅会影响他们的购买行为，还会影响到下次的购买决策。因此，了解年轻人的家具购买意识对家具设计者来说是非常重要的。

（一）青年消费者对家具品牌的关心度

不论喜欢与否，品牌已经包围了我们的生活，品牌在更深层次上是对人们情感诉求的表达，它映射出某种生活方式和人们对待事物的态度。品牌成为捍卫自我生活和身份的东西，是一个复杂的信息符号，它不单单是一种名称或标记，更重要的是能传递给消费者它所蕴涵的价值、文化和个性，家具品牌尤其如此。名牌家具在某种程度上还体现了购买者的身份、地位以及这一类消费者所代表的亚文化特征。同时，对家具设计师进行市场细分和市场定位都有很大帮助。

1. 年轻人是否经常购买品牌家具的分析

近年来，家具品牌越来越多，也更多得被人们所关注，家具消费也走向了品牌化的道路。从对某一品牌无意识到有一个不确切的感觉，再到对其有确切的感知记忆，最后形成强烈偏好、一定的品牌忠诚感，这是消费者对品牌认知的一个连续的心理过程。品牌成为消费者购买的指示器，当人们在购买前拿不定主意时，往往首选自己熟悉、深入人心的品牌，甚至有些消费者在去商店之前就根据自己的品牌记忆与偏好已经决定了选购的品牌。品牌认知与人们购买态度、购买行为之间存在着必然的联系。

市场调查数据显示，"不经常"购买品牌家具的受访者人数最多，占35.2%，"偶尔"购买品牌家具的受访者占28.5%，仅次于前者，这两大群体人数相当。再具体分别对职业、月平均收入与是否经常购买品牌做相关性和交叉统计分析，表明职业、月收入都与是否经常购买品牌家具有显著的相关性。

"经常"购买品牌家具的多为月收入5 000~10 000元的年轻人；"不经常"购买品牌家具的多为月收入2 000~5 000元的年轻人；"偶尔"购买品牌家具的主要是月收入800~1 200元和1 200~2 000元的两个群体；"从不"购买品牌家具的主要是月收入在800元以下的年轻人。由此可见，月收入与是否经常购买品牌家具成正比，收入越高，购买品牌家具的几率越高。

2. 青年消费者对购买品牌家具的评价

不同职业的年轻人对家具品牌所表现的内涵以及感受的理解也有着不同。很显然，图7-1的分析表明：受访者中认为购买品牌家具是"品质和品位的保障"的最多，其次是"安全与健康的保证"，认为"显示身份和地位"的人最少。

从职业划分来看，普通职员、学生购买品牌家具主要以"品质与品位的保障"居多；而管理人员购买品牌家具主要以"显示身份与地位"为主；科教人员与私营业主购买品牌家具认为"自我表现与满足"的最多。总之，不同职业的年轻人根据其自身的个性、个人气质或身份、地位等的不同而对购买品牌家具所具有的出发点有所不同，所以，家具设计人员在确定目标消费群以及品牌的定位过程中一定要以各类群体不同的考虑以及对家具购买的不同理解作为参考，以便进行准确有效的家具产品定位。

（二）青年消费者对家具流行的关心度

"流行"也称时尚、时髦等。流行术语在家具市场中可应用于某种材质、颜色和花纹，某种造型、设计和款式，某种表面装饰或搭配组合，某种品牌或名称，甚至某种思想和理念。一般来说，某种新款式或新产品推出市场后，最初只被少数创新者和一些追求时尚的年轻人所接受，然后才逐渐被大众消费者所购买，最后，当大多数年轻人转向其他新款式后，

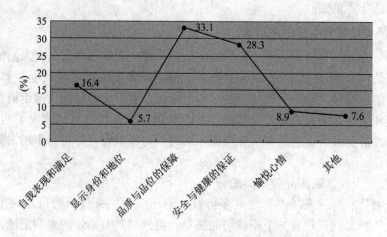

图7-1　受访者对购买品牌家具的理解

只剩下少数滞后者保留着，直到该产品从市场上消失。

　　年轻人总是希望生活丰富多彩，追求新、奇、美、变，并且乐于表现自我与竞争。每当某种新事物出现，特别是款式新颖的家具，都会以其新的特点吸引年轻人的注意，进而成为他们追求的目标。许多人也以能拥有这些新款流行家具来体现自己的个性特点、个人气质及身份、地位等。

　　年轻人讲究个性化时尚家居，追求自我风格和完美个性。家具已成为表达自我个性及自我追求的外在显示，独具个人风格的家具已经成为一种主流时尚。色彩、款式最能表达人的个性，色彩搭配和款式的个性化发展已成为影响家具销售的一个关键因素。另外，个性化设计将进一步深入，靠木匠手艺、经验打造的年代，家庭装修千篇一律、家具款式千人一面的时代已经过去。今天，对美的追求和对个性风格的张扬成为年轻人家居的新主题。在采用SpSS软件进行因子分析的基础上，采用快速聚类法对这189名青年消费者进行了具体分析，在此基础上再对消费者进行个人基本属性与消费者的家居追求和消费态度等心理需求方面进行一系列的相关分析。分析结果根据各类群体对因子的重视程度将受访者分为以下四种类型，并得到各类型消费者的主要购买心理特点。总结如下：

　　（1）时尚炫耀型　这种类型的年轻人在选择家具时"紧跟时尚与潮流"、"引人注目"、喜欢"标新立异、与众不同"，比较注重家具的流行性，喜欢跟随潮流。他们对品牌的重视度不高，对品牌家具没有确定的购买习惯。这类型在受访者中所占比例最少，以二十多岁的单身青年为主。

　　（2）讲究品位型　这种类型的消费者在选购家具时重在表现家居环境中家具的"品质与品位"，对家具品牌的认知度较高，喜欢购买特定品牌的家具，且有一定的经济实力，他们通过家具的选择来展示自己的自信、品位及个性。这种类型多以三十多岁人均月收入在2 000元以上的已婚青年为主，占受访者人数一半左右。

　　（3）自由适度型　这种类型的年轻人在选购家具时注重家具使用的舒适性及功能性，也就是说强调自身家居的感受及家具的实用性，而对家具的品牌及时尚性相对不关心，赞成"家具应强调功能性、舒适性"等。这类型消费者所占人数最多，并且跨度较广，从二十多岁的单身青年到三十多岁的已婚青年不等。

　　（4）体现自我型　这种类型的消费者在选购家具时多注重"体现自我个性"，希望通过家具来体现自我个性及特点，更加注重家具消费的自我表现。这类型消费者所占人数较多，超过受访者半数以上。

可见，年轻人在家具消费方面主要以自由适度型为主，注重家具的舒适性及实用性。其次较为注重家居"体现自我个性"、"紧跟时代与潮流"。而在品质及品牌度方面则相对重视度较少。也就是说，年轻人在家具消费舒适、合体的前提下，追求自我个性的体现与品位的体现。

作业与思考题：

1. 简述目前青年消费者对家具品牌的关注度及其对家具企业的影响。
2. 简述青年消费者对家具流行的关注度及其对家具企业策略的影响。
3. 简述青年消费群体特征及其研究青年家具消费者的意义。
4. 结合实际调研数据简述我国青年消费者家具消费现状。
5. 简述青年消费者主要的家具消费特点。
6. 与其他年龄段家具消费者相比，青年家具消费者的共性与个性各是什么？
7. 简述目前青年消费者热衷的家具类型。

第二节　青年家具消费者的需求

人的消费活动是由人的需要引起的，消费者整个的购买过程可以看作是一个从产生需求到满足需求的过程。一个人感到自己需要买件家具，或许是由于购置新房的刺激，或许是受到商店橱窗摆设的吸引，而由此产生了对家具的需求。需求是人们对某种事物的欲望或要求，也是产生购买愿望的原因。青年期是人一生中需求较旺盛的时期，求知欲、成就欲、表现欲都特别强烈，年轻人内心深处具有强烈的消费欲望。

青年家具消费者需求特征如下：

1. 青年家具消费者需求的多样性

年轻人消费需求的多样性主要体现在他们需求的差异性上。年轻人由于文化程度、收入水平、生活环境、生活方式、个性特点等方面的不同，具有不同的价值观和审美标准，按照自身的心理需求选择、购买和评价商品。以家具购买为例，他们在选择和购买家具时，不同的人有不同的需求。有些人注重家具的款式，有些人注重家具的材质，有些人注重家具的价格等。对某种家具的同一种颜色、款式，消费者都会产生不同的甚至是相反的情感。这种多样性还表现在年轻人对心理需要追求的高低层次、多寡项目和强弱程度上。如以购买高档家具来说，有的是为满足地位、成就的心理需要，有的则是满足审美心理要求等。

年轻人心理需要的多样性除表现在主次不同以外，还表现在几种心理需要的兼而有之上。表现在家具购买上，有的既要名牌廉价，又求新颖物美，既出自偏好心理，又属于习惯需要。总之，这种心理需要上的满足总是带有相对性的。家具设计师要掌握年轻人需求的多样性，可以深入进行市场调研和市场细分，针对年轻人这一目标市场的特定需要，不断开发新产品来满足年轻人的不同需要。

2. 青年家具消费者需求的层次性

尽管年轻人的家具消费需求是多种多样的，但具有一定的层次性。一般来说，人的消费需求总是由低层次向高层次逐渐发展和延伸的。即低层次的、最基本的生活需要满足以后，就会产生高层次的精神需要。消费需求的层次性还涉及消费者的消费水平、购买力大小等的层次性和差异性。年轻人购买家具已经具有一定的象征意义，尤其是购买名牌家具，可以体现使用者的身份、地位与品位。

3. 青年家具消费者需求的发展性

消费需求的发展性表现在家具上即是家具随着时代的进步和发展而不断变化。时代的进步使家具不断推陈出新，设计师全新的设计理念和消费者的新的消费观念、新的社会风尚等，都必然引起家具消费需求的发展。年轻人始终对现实世界中的新兴事物抱有极大的兴趣，乐于尝试新鲜事物。他们保持着一种求新、求异的状态，会不断产生新的愿望、提出新的要求。消费需求出现了多样化、差别化和个性化的趋势。

4. 青年家具消费者需求的周期性

人的消费需求是一个无止境的活动过程。随着时间的推移，已经消退的需要又会重新出现，并周而复始，呈现出周期性，在家具消费上的表现尤为突出。在历史的长河中，每个时期都有其代表性风格的家具。家具流行趋势在发展变化中又具有反复循环的特点。我们经常能感觉到某一家具曾流行一时后便销声匿迹了，然而过了若干年后它又再次拉开流行的序幕，同时又注入了许多新的元素，以一种新的姿态公诸于世，体现了新时代的气息。例如，明清家具作为我国传统古典文化的瑰宝，曾经风靡一时，而将明清家具与时尚、现代元素相融合的新中式家具同样受到当代年轻人的喜爱和追捧。

5. 青年家具消费者需求的可诱导性

客观现实的各种刺激对年轻人需要的产生和发展起着极其重大的作用。也就是说，消费者的消费需求会因外界的干扰而受到削弱或改变，促成新的消费需求或由此项需求转向彼项需求，由潜在需求变为显现需求、由微弱需求变为强烈需求。收入水平的提高、广告宣传的引导、生活环境的变迁、时尚流行的起落、大众传媒的影响等，都可能引发年轻人产生各种新的需求。消费者在选购家具时，各种时装杂志、画报等专刊，广播、电视等向公众传播家具流行信息的大众传媒，会对消费者的购买起到一定的影响作用。有些家具品牌通过形象代言人方式宣传，利用消费者崇拜偶像的心理特征、运用名人效应激发和诱导消费需求。总之，年轻人追求品位、追求时尚、追求个性与自我表达……种种不同又多样化的消费目的拔高了对家具的消费需求。因此，设计师也总是在不断求新中满足年轻人不断增加的消费需求。

作业与思考题：
简述目前青年消费者家具需求的特征。

第三节　青年家具消费者购买的心理动机

消费者动机是促使消费行为发生并为消费行为提供目的的方向和动力，是引起行为、把行为指向一个特定目标以满足人的需求的心理过程。任何动机都是在一定的需求基础上产生的，当需求达到足够强烈的程度就成为"动机"。

对消费者来说，只有那些强烈的占主导地位的消费需求才能引发购买动机。动机的形成可能源于消费者本人的内在因素，如自我需要、自我表现或求新和猎奇等；也可能源于外部因素的激发，如广告宣传、购物场所的提示或商品包装等。对于青年消费者而言，一旦离开父母开始独立生活，大多数年轻人都想要购置自己的住房以及家具，但这仅仅只是意念上的需求，只有当他们在看到理想的商品准备购买时，对家具的需求就变成了购买动机。一般来说，消费者的购买动机是复杂的，引起购买行为的动机往往也不是单一的，更多的是适应多种相互关系并同时起作用的购买动机，但在一定时期，总有一个动机是占主导地位的。

一、购买动机的分类

尽管很难分离出年轻人进行特定购买的动机，但可以肯定地说，情感性和潜在的动机经常在理性的和有意识的动机之前。如表 7 – 1 所示。

表 7 – 1　　　　　　　　　　　　　　　　动机的分类

初始动机	导致购买一类产品的原因。如：购置新房后需要为新房添置一套家具
第二位动机	隐藏在购买一个特殊品牌背后的原因，消费者可能选择"华源轩"而不是"欧瑞"品牌的原因
理性动机	建立在理性的基础上，或消费者境遇的合理估计上。消费者可能根据自己的收入及文化背景选择某个价位或者风格
情感性动机	这些动机必须和消费者关于品牌的感觉一起发挥作用。消费者也许最后购买的家具超出预期价格或并非预想的风格
被意识到的动机	消费者注意的动机。消费者知道需要添置一个储物柜，这就是一个被意识到的动机
潜伏的动机	低于被意识到的动机而起作用的动机。假设消费者也许没有注意到他想买的家具风格是和他的年龄、性格联系在一起的

二、购买动机的特点

消费者的购买动机是建立在消费者需求基础上的，受着消费者的制约和支配，而且是复杂多变的。设计师在设计的过程中必须不断揣摩消费者的心理，对消费需求、购买动机深入了解，才可能有效地指导设计实践活动。消费者在家具的购买动机形成过程中往往会呈现以下两个特点。

1. 模糊性

消费者动机的形成往往是个渐进的过程。前面提到过，引起消费者购买家具的动机可能有多种，很多情形下，一个人的动机并不是十分清楚和明确的。可能是家庭成员的增加需要添置家具，可能是为了追赶流行，可能是家具打折降价等原因，在最后明确需求目标、形成清晰的购买动机之前，购买动机可能是比较模糊的，经常连消费者自己也说不清楚为什么会购买某件家具。

2. 冲突性

由于消费需求的多样性，可能会同时产生多种需求需要得到满足，这多种需求会形成几个相互冲突的购买动机。例如，人们在商场选购家具时，可能会同时发现好几件自己喜欢的家具，但在某些情况下又不能全部购买，只能从中挑选出其一时，这就产生了冲突。

三、青年家具购买心理动机分析

通过此次对长沙、北京、深圳三个城市所发放的问卷的结果统计，我们可以清楚地从以下图表中看出这三地年轻人购买青年家具的主要动机以及购买动机的分类情况。图7-2所示的是受访者的主要购买动机，表7-2所示则是对受访者购买动机的分类。

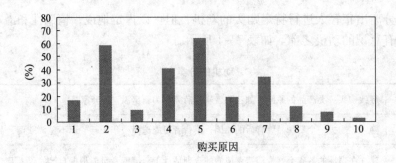

图7-2 青年家具购买动机分析

1—进家具卖场时看到合适的就买 2—觉得没家具而需要添置 3—亲戚朋友推荐 4—总想追求时尚与流行
5—须与家庭装修风格或原有家具搭配 6——时冲动 7—卖场大减价 8—杂志广告介绍 9—模仿他人 10—其他

表7-2　　　　　　　　　　　　　　　　家具购买动机分类表

购买原因	类　型						
	随意型	求实型	从众型	求新型	审美型	冲动型	求廉型
觉得没家具而需要添置	—	★	○	—		◆	—
总想追求时尚与流行	◆	—	○	★	○	★	◆
须与家庭装修风格或原有家具搭配	◆	★	—	◆	★	◆	—
卖场大减价	◆	★	○	—	—	◆	★
一时冲动	○	◆	○	★	—	★	◆
逛家具卖场时看到合适的就买	★	★	—	◆	★	★	○
杂志广告介绍	—	◆	○	★	★	○	◆
亲戚朋友推荐	—	★	★	○	○	◆	—
模仿他人	◆	○	★	—	◆	◆	—
其他	—	—	—	—	—	—	—

注：★ 是这样　○ 一般　◆ 不是这样

表7-2采用了聚类分析法总结了此次购买动机的分类结果：通过家具购买动机的问卷调查将受访者分为七大类。青年购买家具的动机类型主要有以下七种类型，这七种类型互相间又有交叉重叠的地方。

（1）第一类"随意型"购买动机　这类消费者在购买过程中并无特定的购买目标，往往是逛街时看到合适的就买。这种动机引发的购买行为往往具有冲动性、即景性和不稳定性，随机性因素较为明显。在受访人群中这类消费者所占人数相对较少，约占16.3%。

（2）第二类"求实型"购买动机　这类年轻人往往刚刚购置新房，购买家具是由于觉得没家具而需要添置，他们注重家具产品的功能性和实用性以及家具的流行性或时尚性。在受访人群中这类消费者所占人数位居第二，占到半数以上。

（3）第三类"从众型"购买动机　这类年轻人易受他人影响，在购买家具时自觉或不自觉地模仿他人的购买而形成的动机。他们往往喜欢关注流行信息，对时尚较为敏感，关注家具的流行趋势，喜欢追随流行的发展而行动。从一定意义上说，这种从众心理和模仿心理也是消费者生活中寻求社会认同感和心理安全感的表现。在受访人群中这类年轻人所占人数很少，约有9.1%。

（4）第四类"求新型"购买动机　这类消费者在购买家具时非常注重家具的款式是否新颖独特、色彩搭配是否和谐以及是否符合当今的时尚潮流等，新中求奇也是这一动机的表现。总想追求时尚与流行，喜欢别出心裁、标新立异、与众不同的家具。在受访人群中这类消费者所占人数位居第三，约有40.4%。

（5）第五类"审美型"购买动机　这类年轻人在选购家具时，特别重视家具的款式、造型、色彩、材料的质感及艺术品位和风格等，通过不同的款式、色彩等的和谐搭配美化家居，体现整体美。购买家具时往往考虑到"须与家庭装修风格或原有家具搭配"。在受访人群中这类消费者所占人数最多，约63.4%。

（6）第六类"冲动型"购买动机　这类年轻人在购买家具时往往"一时冲动"，并欠缺考虑，常常因此购买完全没有必要或者功能重复的家具。在受访人群中这类消费者所占人数较少。

（7）第七类"求廉型"购买动机　这类年轻人在选购家具时会对家具的价格反应比较敏感，会比较中意打折或特价家具，并对价格进行仔细比较才做决定，通常是在"卖场大减价"时购买家具。

可见，相对于其他年龄层次的消费人群，"须与家庭装修风格或原有家具搭配"是受访人群购买家具的主要动机（63.4.%）；其次"觉得没家具而添置"（57.9%）和"总想追求时尚与流行"（40.4%）也是较为主要的购买动机；其余几种因素则占的比例相对较少。

当然，在现实消费活动中，年轻人的购买心理动机是一个复杂的动机体系。他们购买家具的心理动机往往并不仅仅是由一种动机引发的，而是多种动机共同作用的结果。所以，对于家具设计者而言，除了对青年消费者进行实际的观察、揣摩、分析之外，还必须充分考虑当时的环境与条件因素。不仅要了解年轻人的心理动机，而且还要善于激发他们的购买动机，引起他们的购买欲望。

在总体比较分析完三大城市之后，为了了解北京、长沙、深圳这三个代表性城市中青年购买家具的心理动机方面的差异性，笔者采用选择谢佛检验法（Scheffe）分析结果表明：

三大城市之中年轻人在购买家具的心理动机方面无明显差异性。

作业与思考题：
1. 简述目前青年消费者家具购买动机的特点和类型。
2. 结合实际的市场调查分析某地区青年消费者家具购买动机。

第四节　影响青年家具消费者心理的社会因素

每个消费者都生活在一定的社会、经济、文化环境之中，因而其心理与行为必定受到社会各种因素的影响，当然，购买家具也不例外。不同社会的成员受着个体所处的社会环境和个体的心理差异的影响，影响年轻人购买家具心理的社会因素是多方面的，包括社会文化、亚文化、审美取向等。

一、社会文化与消费心理

每个消费者都在一定的文化环境中成长并生活着，他的思想意识必然受到这些文化环境的深刻影响。在现代社会中，社会文化已经渗入生活的各个领域，人们几乎时时刻刻都能感受到不同的文化对消费者心理产生的不同影响。在消费领域，人们在购买商品中特有的价值观念和消费偏好构成了消费文化。所以，家具设计师必须十分重视文化因素的调查和分析，以便进行相应的青年家具产品定位。

1. 社会文化及其特点

文化是一种群体内大多数人所共有的信念和价值。这里所指的文化是指一国中大多数人与消费有关的崇尚爱好和风俗习惯，不同消费者有不同的文化背景，而不同的文化又对消费者产生不同的影响。因此，家具文化也具有了多元化、多层次的结构，家具产品的多层次反映在物质文化体现在表层、精神文化体现在深层、艺术文化则体现在二者之间的中层面上。这些文化因素对消费者做出的购买决策会产生巨大的潜在影响。

家具文化可以在不同的地域、民族之间以并存和融合为主交流，但仍然存在着显著的差异。例如，中国传统家具在西方广受欢迎，但大部分都是作为一种特殊的陈设出现在室内，而不是作为一种具有实际应用功能的家具。这些对家具理解的不同与其说是个人理解的随机差异，倒不如用文化来解释，整个人类文化虽然有各民族自身不同的特征，但是各民族文化中的精华与某些特色可以为全人类所共同采用。特别是在家具方面，中国的青年家具流行趋势已逐步和国际接轨，融合了越来越多的西方元素，整个家具的潮流尽显国际化。

2. 亚文化群对消费心理的影响

社会文化对青年消费者的影响主要是通过亚文化反映出来的。亚文化是指在一个主文化中一个亚群体所共有的一种信念。在一个国家和社会中或一个区域内部，由于价值观、地理位置、宗教、民族、年龄等因素又会形成一定的亚文化群。每一个社会，主体文化观念都是由许多亚文化构成的。对特定家具式样的认同（例如酒柜和简易电脑小案几，或"IKEA"式样）是表达文化认同和显示使用者是一特定群体中的一员的一种方式。

从某种程度上来说，亚文化比社会文化更为重要，它对青年消费者购买心理有着更为直接的影响，表现在青年家具消费方面，主要是地区亚文化和职业亚文化。由于地理条件和区域性质不同，文化特征也在地域基础上形成了差异。

从现实来看，沿海和内地、南方与北方都有各自的家具消费特色。广州人追求新潮、舒适，上海人崇尚优雅、时尚与品质，而北方人则更加注重实惠、经济等。青年消费者很少会脱离周围环境而单纯从个人的需要和爱好出发，总是要考虑社会的、习俗的标准，考虑到是否能被周围人所接受和认可。近年来，由于社会的不断发展，人们的观念和消费习惯也在发生变化，特别是年轻人在家具的购买方面敢于标新立异的日渐增多。

二、审美取向与消费心理

审美观是文化的深层次，与价值观、消费习俗等有着极为密切的联系，文化不同，审美观也会有极大的差异。审美差异性是不同阶层、不同时代以及不同审美能力与不同个性的青年消费者对同一审美对象产生不同的审美认识与感受，它必然随着时代的发展而形成不同的、更新的审美观念和意识，在消费过程中不断创造出更新颖、更丰富多彩的美。不同阶层的年轻人，由于社会职业、性别、经济状况、受教育程度等的差异，其家具购买过程中的审美心理也不尽相同。随着人们对家具越来越高的追求，单纯地选择实用性及合理性家具的年轻人也逐渐减少，则更多注重家具在款式、色彩等方面的审美基准。例如，从事教育或科研工作的年轻人在购买家具的过程中追求朴实、典雅、含蓄的美；从事文艺工作的年轻人则注重家具的款式和色彩美以及整体的搭配，追求家具对家居的美化和装饰作用；而享有一定社会地位、身份和财富的青年消费者，在家具的购买上则注重家具的名牌效应为其带来的身份与地位的象征，在审美心理上往往注重自我表现，而不注重消费支出的实际效用；对经济收入较低的青年消费者来说，在审美心理上比较注重家具的价格，更愿意购买价格低廉的家具。

作业与思考题：
影响青年人家具消费的社会因素有哪些？

第五节　青年家具产品设计定位

一、设计定位

产品设计定位对于产品设计而言，是一切设计的出发点和最终落脚点，为谁设计？满足谁的要求？这是首先需要回答的问题，产品的终极战场是消费者的心灵。

设计的产品越接近消费者的心灵，成功的机会就越大。新产品要想在市场上取得成功，在设计工作开展之前，设计师必须要投入很多精力，使设计走在正确的道路上——拥有准确的设计定位。所谓设计定位，是从消费者心智出发，以满足经过市场细分选定的目标顾客群的独特需求为目的，并在同类产品中建立具有比较优势的设计策略。

在设计前期资料收集、整理、分析的基础上，综合一个具体产品的使用功能、材料、工艺、结构、尺度、造型、风格而形成的设计目标或设计方向。设计定位需要开发设计师以企业家的眼光、工程师的才能以及发明家的智慧，对具有模糊性、探索性和综合性的新产品开发课题进行理性分析和创造性思考。

产品设计定位的明确是从"设计的本质是人而不是物"的观念出发的，是相对于人的需求而做出的抽象限定，而人的本质需求要通过物的创造以及人与物的互动来实现，因此，设计定位的抽象理念最终必须通过产品系统的物化特征来具体实现。产品物化特征的选择主要是通过产品内部系统来实现，即对产品结构和要素的具体设计来实现其功能。

二、家具设计定位

在设计定位的限定下，采用何种结构和要素来物化产品实现其功能，这就是设计定位的产品特征化，也是设计所应采取的方案。产品特征化所要考虑的因素是十分复杂的，比如概念家具，通常有造型、构造等结构关系和材料、尺度、比例、色彩等要素特征。结构和要素的变化都可以使设计方案呈现出多样化的特征，在多种方案中经过评审后选择最优、最符合设计定位的方案，确定家具最终的基本要素和结构，形成产品，创造性地获得与人们的目的和生活环境相适应的功能。在青年家具产品开发设计过程中确定设计定位犹如在航海中确定航标，定位准确会取得事半功倍的效果，稍有差错会导致整个开发设计误入歧途而失败。我们可以按照人体的尺度来确定出符合人体尺度的家具尺寸；可以按照我们的使用要求来塑造家具的内、外部形态；可以在众多的材料类型中选择最适合的材料；可以通过各种不同的结构来构造家具等。上述的这些行为就是我们通常所说的家具设计定位。

首先，对家具形象进行构思、表达和实现等一系列"塑造"的过程就称为"家具造型设计"。具体来说，家具造型设计的主要工作包括家具形态设计、色彩设计、装饰设计、结构设计、形象设计等。家具造型又是由形态、色彩、质感和装饰四个基本要素构成。其次，青年家具作为一种产品，必定具备两个基本特征：一是标志产品属性的功能，二是作为产品存在的形态。作为一个新兴的家具分支，青年家具的设计既服从家具设计共同的规律，又有其特殊的要求。

在家具设计定位的诸多要素中抽取出对青年家具影响最大的形态、色彩、功能、装饰四个要素进行深入研究。

（一）青年家具形态设计定位

"形态"概念隐含了两层意义：一是"形"，就是我们通常所说的物体的"形状"，"外形"，如我们通常把一个物体称作为圆形、方形或三角形等；而"态"则是指蕴涵在物体内的"神态"，或称为"精神姿态"，也就是包含在物体"形"中的"精神"。物体的"形态"就是指物体的"外形"与"神态"的结合。

家具是一类特殊的物体，是人类结合自身的需要而"设计"出来的。与自然界中的其他物体（如山川、河流、树木、花草、动物等）不同，人们对家具有着特殊的能力，即让它们按照人们所需求的那样出现。这种"控制"就是"家具形态设计"。在进行"控制"之前，人们往往给这种行为确立一个明确的目标和方向，即"形态设计定位"。由此我们看出：家具形态设计定位和其他设计定位一样，是通过构想出我们需要和满意的"形"，来实现这种"形"。

1. 美学

美学理论认为美是形式上的特殊关系所造成的基本效果，美寓于形式本身或者其直觉之中，又或者是由它们所激发的。对一件作品的美的得体表现，其形式才是美的。哲学家黑格尔认为：以最完美的形式表达最高尚的思想那是最美的。由此可见，对青年家具产品的设计定位不论采取何种设计美学理论，所有全方位观察都是十分必要的。

人的审美心理活动包括人的内在心理活动和外部行为，是感觉、记忆、思维、想象、情感、动机、意志、个性和行为的总和。审美活动因人而异，但也存在许多共同之处，如形态构成原理、形式美的法则就是经过人们长期总结所得到的关于形态的美学法则。任何事物都有它的内容和形式，家具设计的形式美不是指的一般反映事物的形式，而是它要依赖于这种形式来表达设计的内容，使"美"和"用"得到统一，所以说形式美对于家具设计来说是有决定意义的。家具形式美和其他事物的发展一样，有着它自己的规律性，找到其中美的规律、美的法则就有利于家具的造型设计及形式美的创造。

（1）统一与变化　统一与变化是造型设计中的一对矛盾，但它又是美学法则中很重要的一个方面，是家具设计的基本原则之一，就是从变化和多样性中求统一，在统一中又包含多样性，力求统一和变化的完美结合，力求表现形式丰富多彩而又和谐统一。可以说它是处理产品的局部与整体达到统一、协调、生动、活泼的重要手段。对青年家具设计来说，可以通过缩小差异程度的调和手法，把对比的各部分有机地组织在一起，使整体和谐一致，如色彩虽然有深有浅，但可以在色调上求得一致；形态虽然不同，但可以求得体量上的相同等。

（2）对称与均衡　对称与均衡可以称为家具设计在功能以及纯美学意义上的基石，它赋予外观以魅力和统一。作为均衡的一种特殊形式，采用对称格局设计的家具产品普遍具有规整、洁净、稳定而有秩序的效果，但往往也因此给人以呆板迂腐的印象。于是，在青年家具设计过程中，通过在形式上保持或接近"均衡中心"的不规则均衡，在不失重心的原则下把握力的均势，能给人一种玲珑、活泼、多变的感觉。

（3）比例与尺度　只要是可视的形体，就有尺度的概念。艺术学原理和美学原理告诉我们，当尺度之间的比例关系符合一些特定的规律时，这些比例能给人一种美感，因此这种比例关系就是我们青年家具产品设计开发时所追求的。

（4）节奏与韵律　在现代工业生产中，由于标准化、系列化和通用化的要求，组合机件在符合基本模数的单元构件上的重复使用使得家具产品具有一种有规律的循环和连续，从而产生节奏感和韵律感。运用韵律的法则可使青年家具产品获得统一的美感，而某种造型要素的重复又可使其各部分产生呼应、协调与和谐。

（5）模拟与仿生　模拟与仿生可以给青年家具设计师们多方面的提示与启发，使产品造型具有独特的、生动的形象和鲜明的个性特征。年轻人在观赏和使用中产生美好的联想和情感的共鸣，使造型式样能够体现出一定的情感与趣味。

2. 青年家具形态产生的心理效应

年轻人通常是通过视觉和触觉来认识形态的。看到一个立体形态，年轻人通过视觉很快就能感知其外形特征，甚至其比例与尺度，再进一步通过触觉了解其表面的光滑程度和肌理，于是得到美或不美的结论，这是知觉所产生的心理过程。

年轻人对待形态的共同态度可以让我们更好地认识青年家具的形态和对待形态。总结形态与年轻人心理活动的关系，可以认为青年家具形态具有下列几个方面的心理效应：

（1）力度感　力是一种看不见但可以凭借某种形态进行感知的东西，它是一种"势态"。由于力度总是与运动、颠覆、变化等联系在一起，所以力度感对人们有巨大的吸引力和震撼力。立体形态中力度感的表现往往是通过形态的向外扩张来体现的；另外，"悬臂"和错位的构图、弯曲的"弓"形构图等也体现出一种力度感。

（2）通感　年轻人的听觉、视觉、触觉等各种感觉可以彼此交错相通，这种心理体验就称为通感。通感可以引起年轻人的联想，也可以丰富形态的内涵。

（3）新奇　求新求异是年轻人的天性，新奇的形态可以引起年轻人的心理震撼。

（4）个性　具有个性的形态最容易被年轻人所记忆。

（5）联想　即由一事物想到另一事物的心理过程。

由此可见，理解青年家具形态产生的心理效应可以利用形态更好地促进设计。

（二）青年家具功能设计定位

人类不断地造物、设计，其最基本的目的是为了实用，也就是实现一定的功能。对年轻人来说，如何使家具实用、好用，具备更好的功能，这些就成了评价设计好与坏的第一原则。青年家具的造型设计要为产品的功能服务。也许良好的造型起初会给人们留下深刻的印象，觉得放在家中是一道美丽的风景，但时间久了，就会觉得习以为常。而具有多功能性的青年家具，会让你觉得"一劳永逸"。可以说，产品是否具有丰富的功能，是决定产品使用周期长短的主要因素，这一点，在青年家具中体现得尤为明显。

1. 适合小空间的设计

目前，小户型越来越受到年轻人的青睐和追捧，"轻装修"的理念已经开始渗入年轻消费群体。小空间减少了固定笨重的装修，空间被腾出来了，人才能获得更多自在感。小空间更应提高家具的使用价值，使家具的功能向多样化、集成化发展。例如，设计精巧的家具最好自带滑轮，以便于随时换地方。家具越大，虽然收纳功能越强，但并不一定越实用，并且相对的剩余活动空间就减少了。而且家具越重，体积越大，灵活摆置的可能性就越小，家具越杂，则表现其独特美感的可能性也越小。国外许多青年家具并不是各个部件的平面组合，而是向立体化、空间化发展。如将床、储物柜、衣柜、书桌、书架等结合在一起的组合家具，这种组合家具对于节省空间非常有效。

在不太规整的年轻人生活空间内，有时候需要依房屋的结构来组织空间，这样做往往会将看似没什么价值、难以利用的空间派上巧妙的用场。

2. 多功能设计

多功能青年家具集多种功能于一体，占地少、灵活性大、功能转换简便。并以其造型新颖、使用方便、舒适实用的特点，一直为众多设计师和青年消费者所推崇。纵观当今全球顶级的家具展会，"多功能"已成为今年青年家具业最鲜明的潮流趋势，现在的青年消费者越来越强调自我、追求个性，多功能家具以及由不同风格和材料制成的家具将成为青年家具市场的主角。

向往一个多样化、不断推出新材料、新品种的市场，现有的家具已不能满足青年消费者的需求，于是品种繁多的多功能家具将成为家具业的发展主流。青年家具设计师在保证家具美观、新颖的同时，更注重使用功能，力求设计出实用、舒适、美观的家具产品。多功能设计就是要使一件家具适应多种用途，例如，一张造型别致的原木茶几，只需抽出下层的木板铺在茶几面上就"变脸"成为一张棋盘，在功能上让使用者多一个选择；用于客厅的搁物架，由多个规则或不规则的零部件构成，色彩艳丽，因此，既可以放置物品，也可以作为墙面的点缀。当然，这类的设计要求设计者对生活的点滴有一定的观察力和丰富的想象力，否则可能会画蛇添足。

3. 智能化的设计

"让木头会说话"——把家具智能化，将传统家具与现代数字信息处理通信技术、现代加工技术相结合，赋予家具更多的功能，这是年轻人热力追捧的青年家具选购新趋势。定时自动弹起的"懒汉床"、能在婴儿尿床时立即发出温馨警报的婴儿床、可用密码控制的电脑桌和电视柜、会自动消毒的鞋柜和衣柜……这些都是智能化了的家具。在不久的将来，青年消费者还能享受到更多的智能家具产品，例如，能接收声音指令的智能按摩床、可躺在床上观看 DVD 或听歌曲的影音一体床、能教人化妆的梳妆台等。

（三）青年家具色彩设计定位

形状与色彩组成了整个视觉世界的外观，家具色彩在很大程度上影响家具形态的美观，色彩往往先声夺人，所谓"先看颜色后看花"、"七分颜色三分形"的说法都是在描述色彩对视觉效应的重要作用。

1．色彩视知觉的心理描述

色彩心理是指客观色彩世界引起的主观心理反应。人们对色彩世界的感受实际上是多种信息的综合反应，它通常包括由过去生活经验所积累的各种知识。在长期的生产实践和社会实践中，人们逐渐形成了对不同色彩的不同理解和感情上的共鸣。有的色彩给人华丽、朴素、雅致、秀美、鲜明、热烈的感觉，有的色彩使人感到喜庆、欢乐、愉快、舒适、甜美、忧郁、沉闷……相同的色彩运用于不同的时间和场合，装饰不同的器物，使人产生的情绪和美感也不尽相同；不同时代、民族、地区以至于个人，由于生活习惯、地理环境、文化教养等的区别，对色彩各有偏爱，每个人都会根据自己的喜爱和感受去评价和选择色彩，并用合乎自己审美要求的色彩去装饰衣食住行。

2．青年家具的配色原理

（1）配色基本原则　家具的色彩设计受工艺、材质、家具物质功能、色彩功能、环境、人体工程学等因素的制约。配色的目的是为了追求丰富的色彩效果，表达设计者情感，感染观众。作为青年家具造型设计的内容之一，应该体现科学技术与艺术的结合、技术与新的审美观念的结合，体现出家具与年轻人的协调关系。

（2）青年家具整体色调　指从配色整体所得到的感觉，由一组色彩中面积占绝对优势的色调来决定。色调的种类很多，根据调查显示，目前市场上较受年轻人欢迎的家具整体色调依次是：以暖色或彩度高为主、能产生视觉刺激的色调，充满冷调的现代与未来感的黑白色调以及以高明度为中心轻快、明亮的色调等。

（3）色彩的时代感　在青年家具设计过程中，也要充分考虑到流行色的因素。流行色不同的时代，人们对某一色彩带有倾向性的喜爱，就成了该时代的流行色。青年家具的设计如果考虑到流行色的因素，就能满足年轻人追求"新"的心理需求，也符合当时人们普遍的色彩审美观念。与其他家具一样，青年家具的流行色趋势也非常明显，例如，当今家具市场上流行的"白色旋风"、"黑色风暴"、"奶油加咖啡"等。在饱受工业污染的今天，人们尤其是年轻人普遍向往和热爱大自然，各种木材色、天空色、海洋色、花卉色、田野色受到年轻人的追捧。

（四）青年家具局部装饰设计定位

1．家具装饰的概念与原则

根据人们对家具的审美要求对家具形体进行"美化"就称为家具装饰，家具的装饰是对家具形体表面的美化和局部细微处理。

好的装饰能增强青年家具的艺术效果，赋予家具一定的色泽、质感、纹理、图案、纹样等明朗悦目的外观，加强人们对家具的印象；同时，也能保护家具产品的性能质量，延长其使用寿命。要使青年家具达到时尚、新颖、美观的效果，装饰就显得尤为重要。青年家具的装饰原则包括三个方面：

（1）与功能协调的原则　就家具产品而言，功能是第一位的，所有装饰手段应服从于功能。例如，深受年轻人喜爱的布艺沙发表面织物的褶皱装饰，一方面为了强调这些表面材料的肌理，同时也是为了增加沙发表面的透气性。

（2）与家具整体风格一致的原则　一种家具风格可能是其装饰特征决定的，一种装饰特征也可能成就一种家具风格。青年家具追求前卫、时尚、新颖，如果大量采用雕刻等传统装饰手段，则显然与其现代主义的风格不符。

（3）个性化与特色的原则　装饰是为了有效提高家具产品的附加值，在原有的家具风格基础上，具有个性和特色的家具装饰往往受到年轻人的喜爱。

2．青年家具的装饰设计

家具的装饰手法主要有表面的功能性装饰、局部的艺术性装饰和其他装饰等种类。青年家具局部艺术装饰的常用手法主要有：

（1）色块装饰　指通过家具表面色彩面积大小、明暗的对比，达到装饰效果。例如，在一个比较大的背景色中，以小块的醒目色彩点缀其中，如柜类家具的门板、抽屉面板，桌面等；也可以在家具的一个平面上以不同色彩的涂料涂饰不同区域，或用不同色彩的薄板进行镶嵌，以形成色彩对比或突出装饰图案；还有直接在板件表面安装不同颜色的小板块进行装饰。

（2）雕刻、挖空　雕刻是一门传统的手工艺，在新时代的今天，雕刻与镂空手法的进步与演变使其在当代家具设计中焕发出了新的生命。在青年家具特别是现代板式青年家具设计制作过程中，雕刻通常是在平面上进行简单的线雕，即使是一些田园风格和欧式风格的青年家具也把雕刻进行了简化。

（3）五金装饰　家具用五金配件尽管形状或体量很小，然而却是家具上必不可少的部分。由于年轻人思维活跃、热情奔放，青年家具的五金装饰更灵活、自由。青年家具五金装饰主要有拉手、脚轮与脚座、金属门框、玻璃等五金件和装饰配件。

三、成功的设计案例分析

1．猫王家具

从 1991 年创立至今，二十多年来猫王始终坚持钢木结构优势，即家具主体由多系统模块组合而成，这使其具备了与众不同的特性——极强的自由组合性。这种极强的自由组合性不仅体现在产品外观造型上，更重要的是可以完全按照顾客户型格局和生活习惯设计出个性化家具，产品造型的开放通透让视角开阔。视线通达墙面，让小房间敞亮显大，这些尤其受到青年置业者的喜爱。

"企业应该做实事，最大化的将每一分利益留给消费者。"这是猫王董事长白剑锋的经营之道。猫王家具专注于白领、时尚、个性一族的实际需求，遵从消费者利益，以风格简约、线条明快的个性化设计为消费者量身打造最具性价比和最具品质感的完美家具，营造宽敞、轻松的生活创意空间，装点现代居室生活。

2．宜家家具

宜家源于北欧瑞典（森林国家），作为目前世界上最大的家居供应商，宜家一贯以"为大众创造更美好的日常生活，提供种类繁多、美观实用、老百姓买得起的家居用品"为自己的经营理念。其产品风格中的"简约、清新、自然"也秉承北欧风格，大自然和家都在人们的生活中占据了重要的位置。实际上，瑞典的家居风格完美再现了大自然，充满了阳光和清新气息，同时又朴实无华。宜家在中国开办了第一家宜家商城，立即成为年轻白领趋之若鹜的家居商场，也成为"小资"的代名词。

宜家的这种风格贯穿在产品设计、生产、展示、销售的全过程，针对年轻人多样化的格局和生活习惯设计出个性化家具，以此满足部分中小户型年轻人对家具造型和色彩更个性、更时尚、更具有生活品位的需求，使空间的条理性布置演变成艺术的升华。将松木家具的自然纹理、金属边架和拉手的现代质感、彩色贴面装饰的浪漫情调、散发着柔美温馨光线的饰灯有机和谐地融汇在一起，不仅满足年轻人客厅、餐厅、卧室、书房空间的系统多功能需求，更加注意精致生活品质，体现简约、清新、自然的空间风格。

3. 曲美家具

北京曲美家具有限公司是国内首家生产弯曲木家具及配套家具的企业，承载北欧生活文化，服务中国二十多年。曲美家具以纯粹、简约、朴实的北欧现代设计为中国人称道。北欧现代设计是世界上最有影响力的设计风格流派之一。人道主义的设计思想、功能主义的设计方法、传统工艺与现代技术的结合、宁静自然的北欧现代生活方式，这些都是北欧设计的源泉。曲美家具表现出北欧设计对形式和装饰的节制，对传统价值的尊重，对天然材料的偏爱，对形式和功能的统一，对手工品质的推崇。无论是中国传统文化中所推崇的雅士的生活，还是西方现代中产阶级的生活，都是一脉相承的。这种生活正在成为现代年轻人的消费主流。曲美首先在中国家具界推出了"精致生活"的概念，并通过曲美的产品对这个概念进行诠释。现代人生活紧张，回家就需要放松，家在现代人的心里是温暖和安全的象征，曲美家具采用白色杨木、水曲柳或是橡木，这种透着与自然亲近的渴望的色调充分体现了设计师对人性化设计的深刻体会，因此，广泛受到现代人尤其是年轻人的青睐。

曲线之美是曲美家具的一大特点，曲线的流动暗示着人与人之间的交流渴望，暗示着柔情无限的家庭气氛。视觉感受直接作用于心情，在这种轻松、灵秀、飘逸的家居环境之中，再不愉快的事情也会化解。

2003 年，曲美家具针对时尚年轻一族、都市白领以及崇尚 DIY 人士隆重推出了"橡皮糖"系列家具，该系列产品一经推出，立即成为追求自我、奔放生活的青年一代的最爱。作为一款年轻时尚的生活元素，曲美"橡皮糖"系列充分领略现代都市的色彩生活气息，将红与白这对经典的色彩加以组合，充分表现出现代都市生活的特点，给人以热情与飞扬的愉快感受。绚丽的红、素雅的白，时尚而不失经典、活泼而又不失静雅。圆角柜系列彰显独特弯曲工艺，特别给有小孩和老人的青年家庭提供了安全的空间；而钢架系列则给追求自我的人提供了 DIY 的空间。

作业与思考题：
1. 简述家具设计定位的几个方面。
2. 结合案例说明青年家具形态定位应注意的问题。

第六节 定制家具

80 后是彰显个性的一代，更加趋向于个性化消费。随着年龄的增长，他们逐渐成为家居消费的主流群体，整个家居行业必须针对这类群体的消费产生相应对策。在这样的背景下，定制家具由此产生，同时需求日益变大。据相关统计显示，在短期内，定制家具已占整个家具市场 10% 左右的份额，发展前景巨大。针对这种情况，拓璞家具设计有限公司家具研究中心在定制家具方面做了相关研究，以便对定制家具市场做一个参考。

一、定制家具产生的原因

个性化是现代 80 后普遍的消费心理，许多 80 后准夫妻认为："卖场里的家具样式是很漂亮，但是未必适合我的家，而且买成品总会雷同，不能百分百满足我们的想法，尤其是我们这种小户型，有针对性的设计可以让家更有收纳功能。"由此，许多原来只做标准化产品的家具厂家已经看准需求，开始或者准备开始做定制家具。

所谓定制家具，主要是指家具企业在大规模生产的基础上，将每一位定制家具消费者都视为一个单独的细分市场，消费者根据自己的要求来设计想要的家具，企业要根据消费者的要求来制造属于个人的家具。

二、消费者和厂家双方互利的定制家具

对消费者而言，定制家具无疑满足了不同消费者对家具的个性需求，使得消费者可以成为家具的设计师之一，无论是尺寸上、功能上还是款式上都能打上个性化的标签。另外，对于家具企业生产厂家，为了占领市场通常通过广告宣传、建专卖店营业推广等方式来进行营销，成本相对较高。而针对定制家具，生产厂家减少了销售环节，也减少了各种开支，降低了许多成本。同时，根据消费者需求单件生产的家具几乎没有库存，从而很好地解决了积压的问题，也不会使得产品大规模雷同，使产品遭遇滞销。

与此同时，在传统营销模式下，很多家具企业的设计师只是根据简单的市场调查进行产品开发，闭门造车，设计出来的家具局限性很大，很难满足大众需求。而在定制营销中，设计师有很多机会与消费者面对面沟通，更容易了解消费者的要求，进而开发满足消费者需求的产品。

三、定制家具的制约性

横空出世的定制家具迅速得到了市场的认可，但是这种模式将在市场中扮演怎样的角色？能否成为市场主流？能否为家具行业的发展注入新的动力？以下进行具体分析：

首先，定制家具缺乏行业规范性，缺乏统一的国家或行业标准。同时，经营者销售服务缺乏应有的服务技能，消费者又缺乏相关专业知识，在合同约定内容中难于自身保护，一旦在具体产品中产生消费争议，这种"量身定做"的家具产品很难对消费者进行权利保护。

其次，生产厂家按照消费者的需求来生产，针对每一个客户厂家都要经过设计—生产—交货—安装的整个流程，使得交货时间变得越来越不稳定。

另外，生产定制家具的大多以中小企业为主，受"定制"的制约，生产中不可能实行大规模的流水线，从而导致企业很难形成自己的规模，也很难在行业内形成自己品牌。

面对定制家具产生的重重阻碍，许多专业人士认为定制家具并不会取代标准家具而成为主流，只能作为市场的一种补充，整个行业发展还需要更有力的规划和规范。

作业与思考题：
1. 简述定制家具的特点、优点及缺点。
2. 结合实际调查说明目前中国定制家具的发展情况。

第七节　年轻化家具设计

美国人把设计当做商品，日本人把设计当做生命，意大利人把设计当做哲学，这些国家都是工业设计发展比较发达的国家。在米兰家具展上，这些国家给人的印象一直是绚丽、新奇、怪诞……

随着设计的进一步发展，欧洲国家现在越来越流行满足人们情感享受的"情感化设计"。情感化设计就是打破一切现有的概念，在具体的设计中设计师可以只把自己脑子里想象的付诸现实，甚至不追求完美，有时候还可以追求残缺和再加工。比如，现在荷兰市场设计了一种椅子，设计师在设计中故意把三条腿设计得参差不齐，使得椅子看上去极其的不稳固，如果消费者要买这种椅子回家，则需要自己去寻找一些材料把三条腿垫得一样齐后再使用。

现在西方流行将这种异于常规的做法看作是一种时尚，设计师在自己的设计中有自己的观点：工业化加工出来的椅子形态都大同小异，即使在此基础上增添各种装饰因素也无法弥补这个缺点，因此，在设计中故意把椅子腿弄短一段让消费者自行进行二次加工，既避免了重复又给了使用者动手的快感，更重要的是设计师和消费者共同完成了这把椅子的设计，使得在一件产品的设计中融入了设计师与购买者双方的思想，从而称之为杰出之作。西方现在流行这种"情感化"意念设计，它既突破了材料、结构的界限，算是设计的"第三度空间"，又把消费者本身的 DIY 设计融入其中，使设计更充满了个性化，而我国目前的设计力量还远远达不到。

近几年来，专门设计椅子的优秀设计大师不断涌现出来，其中代表性的人物有阿尔伯托·梅达、夏洛特·佩里昂、罗斯·拉弗格鲁夫等，他们的作品无论从空间、艺术、功能方面都达到了相当的高度。

从近几年国际上的一些椅子设计中综合来看，我们可以发现今天的椅子除了材料和外形之外，如何把椅子做得有趣化、情感化成为一个重要的设计方向，虽然设计师们一直在追求情感化设计，但任何时候都没有像近几年这么看中情感化设计的重要性。材料方面，除了原有的金属、木质、塑料外，塑料被混合、被嫁接各种天然石材等，借助现代的工艺手段，让椅子产生出意想不到的效果。另外，设计中的心理元素、性别元素已经越来越被提及。

一、年轻化家具产品设计定位及市场发展趋势

中国家具行业在经过近 20 年的高速发展，家具市场逐步细分，更趋成熟，儿童家具和青少年家具的不断涌现加剧了家具产品设计开发的准确定位与市场细分。企业针对目标消费群所提供的产品与服务是否更具备专业性和差异化已成为中国家具行业竞争的焦点。在此前提下，一种有别于成年人家具与儿童、青少年家具，以时尚设计展现国际流行元素，充满年轻活力和情趣的家具类别在市场初现端倪。

在 2003 年 3 月的广州国际家具展上，随着一个"专为年轻人设计私生活"的家具品牌"ood"的出现，"年轻化家具"逐渐引起行业的关注，并迅速从一片"同质化"的家具市场中突显出来，成为中国家具行业近年来的亮点之一。尤其在 2003 年至 2004 年的两年间，对以"ood"品牌为代表的"年轻化家具"设计，从国内家具行业人士当初的疑惑、观望到现在的肯定、追捧，无不显示了其产品定位在中国有着巨大的市场空间。从 2005 年春季的广

东三大家具展上，大家已经看到不少企业纷纷涉足，开始尝试设计生产此类家具，以寻求新的销售增长点、扩大市场份额。

鉴于"年轻化家具"的特殊性，"年轻化家具设计"、"年轻化家具市场"等已成为近年业界谈论不断的新话题之一，本书试图从中国目前家具市场与家具产品开发设计定位的角度对"年轻化家具"进行探讨。

二、中国家具市场的背景

中国的家具行业发展至21世纪初，已完成了由卖方市场向买方市场的彻底转移，家具业也由原来的短期内暴富时期进入竞争激烈的微利时期。产品品牌、产品设计、产品质量、产品价位及消费需求呈多极分化，行业及市场转型加速，行业的不断"洗牌"势在必然。

1. 家具设计、制造、工艺、营销等的同质化竞争，缺乏产品设计的原创性突破

尤其是在现代板式家具、软体家具等产品领域，不是贴木皮或贴纸工艺加现代五金、装饰件，就是完全的欧洲现代简约设计的简单翻版或拼凑。这种盛行一时的"翻版"模式终于让"翻版者"自食其果。"同质化"导致价格竞争持续不断，家具经营者的利润空间不断受到挤压；另一方面，企业家要跳出"同质化"的怪圈，又要频繁推出新产品应付一年多次的家具展，造成企业从产品研发到销售周期缩短，再加上市场人为的盲目跟风，导致了国内家具潮流难于琢磨、定位模糊，企业无所适从。

2. 供大于求的家具市场使消费行为逐渐成熟

随着消费者对"家具"的认识、介入的深化，对家具消费的自主选择性和服务的增值依赖性提高，必然促使市场走向细分、产品走向细分。

3. 在市场经济的运行中，企业竞争在经历了价格竞争和服务竞争之后将跨入品牌竞争的新阶段

中国家具业严峻的竞争现实唤醒了企业和企业家的品牌意识。中国年轻而脆弱的家具企业一时似乎被打了一针强心剂，各厂商趋之若鹜，纷纷采取多品牌经营策略，大张旗鼓加入到创品牌的热潮中。市场一夜之间品牌林立、鱼龙混杂，让消费者眼花缭乱、无从选择。打造强势品牌固然是中国家具企业必然选择的道路，但品牌的建立并非一夜铸就，正如"罗马不是一天建成的"，它需要一个长期、系统、综合的战略规划。

4. 新兴的消费势力和消费方式正在给传统的家具制造业提出新的问题

（1）DIY主义正在瓜分传统家具产品的市场。

（2）人类对"家—居—具"传统家具消费习惯发起挑战。

（3）20世纪70年代、80年代不再怀旧的人群正在逐步颠覆现行的生活态度和消费方式。

三、年轻化家具市场概况

（一）年轻化家具的定义

所谓年轻化家具是一个相对而言的产品概念，是针对目标消费群的一种细分定位，并将产品设计与时尚文化整合创新的结果。它既有青少年家具的活力与时尚，又不乏成年人家具的稳健和成熟。

之所以不将其归列为青少年家具或青年家具，在于其消费群不仅是指青年人或年轻人，

更包括那些追求时尚化、国际化潮流的消费者。确切地说本文所指年轻化家具应该是超越了生理年龄层面的概念，更多的在于心理年龄。年轻化是一种轻松的生活方式、生活态度和生活观念，是年轻、活力、时尚的积极体现。

（二）年轻化家具消费群分析

据调查显示，经常光顾家具市场人口各年龄层比例分配为：20～30岁为42%，31～40岁为22%，41～50岁为16%，51～60岁为10%，其他为10%。

而中国出生年龄段所占中国人口比例如表7-3所示。

表7-3　　　　　　　　　　　　　各出生年龄段占总人口比例

出生年龄段	人数	所占比例
1970～1974年	129 747 575	10.25%
1975～1979年	119 747 518	9.46%
1989～1984年	96 329 663	7.61%
1985～1989年	104 430 975	8.25%
1990～1994年	98 608 157	7.79%
1995～1999年	81 570 108	6.76%
2000～2004年	69 367 484	5.48%
2005～2009年	65 063 662	5.14%
其他	—	39.26%

资料来源：中国第五次人口普查

可见，生于20世纪70年代、80年代的人群占到中国现今人口总数的35.57%。这个年龄层的人群在2004年的实际年龄为14～35岁。从生理年龄来看，按照中国的传统概念，可称之为"年轻"的年龄层应集中在生于20世纪70年代、80年代的人群，而这个年龄层的人群占到光顾家具市场总人数的50%以上。

20世纪70年代、80年代是中国当代历史上的大转折期，特别是70年代末80年代初，中国开始打开了关闭已久的国门，进行一系列的改革，开始了与世界的接轨。时代决定了这个年龄阶层的人群与中国的改革开放同步成长，是中国未来最具消费能力和消费潜力的市场。

（三）目前年轻化家具市场概况

1. 我国家具市场的细分不够，年轻化家具市场的开发、培育尚有很大的空间

随着市场消费导向的加强，年轻化消费者的购买能力正在逐年提高，其市场潜力和市场份额将持续扩大。

2. 年轻化家具属于新生事物

在我国无论是设计、生产、营销，还是市场、消费者，对于年轻化家具都是一个刚刚兴起的新生事物，从各方面对于年轻化家具的认识研究深度都不够。设计开发的潜力尚未真正

挖掘。市面上多为"儿童家具的放大版"或"成年人家具的缩水版",要么就是在成年人家具的基础上添加所谓的流行色块、时尚元素,缺乏年轻的真正内涵,仅仅停留在肤浅的表面层次。不能完整体现年轻需求的功能、情绪、文化的变化需求,不能充分满足年轻人的健康生活。

3. 年轻化家具作为市场新的增长点,促使更多的厂商不断加入

年轻化家具成为不少企业(其中不乏知名企业)新的开发对象,但由于设计、生产、营销专业化程度不够,对"年轻化"的理解,特别是对时尚文化的理解、国际潮流的把握缺乏深刻的研究,导致产品开发的定位、市场拓展的准确性、产品质量的保证等都存在很大的局限性。

4. 年轻化家具缺乏行业和市场的知名品牌

国内至今除了"优越家居"的"ood"以"打造年轻化家具市场第一品牌"的经营理念现身市场外,尚未发现其他厂家有此明确、果断的定位。一些已进驻国内的国际品牌,如依诺维什以年轻、前卫的设计著称,但也主要仅限于软体方面。而国内的新生品牌还未获得行业和市场的认知度,更缺乏拥有较高顾客忠诚度的强势品牌。

四、年轻化家具消费及心理分析

由于中国当代政策的变化造成当今社会不同年龄层次的价值取向的差异化加大,现在的"年青一代"大多出生于 20 世纪 70 年代、80 年代,他们的出生期恰逢中国市场经济的开始,中国政治、经济、文化的对外开放,全球一体化、信息数字时代的到来……让他们的视野已经放眼全球。他们的生活方式、个性要素、价值取向所带来的消费市场是最具潜力和活跃的,最能体现流行时尚和阶段性。同时,由于其年轻化的抽象性又决定了年轻化市场的变幻不定和无规律可循,而年轻化家具设计与市场也是如此,所以把握其消费心理特征就显得尤为关键:

(1)他们崇尚自由平等、藐视权威,讲究情调、品位,反对千篇一律,推崇标新立异。

(2)他们的视野放眼国际,对流行文化表现得异常敏感,并乐此不疲地追随、传播,同时又追求个性,崇尚自我、独特的人格魅力。

(3)他们热衷运动、喜爱音乐、离不开网络、也关注政治……他们正在享受全球一体化带来的种种惊喜。

(4)他们反对粗制滥造,以对时尚的追求来体现对精致生活的要求。

五、年轻化家具设计的原则与基本构成要素

近年家具行业讨论最多并已形成统一认识的话题之一就是"设计"。"设计"无论是对于中国家具的整体产业还是个体企业都已经成为一种战略性资源而被加以重视。"设计"是家具产品进入市场和占有市场的先决条件。

1. 使用功能要素

任何一件家具产品的存在都具有特定的使用功能要求,产品设计与纯艺术创作的差异之处在于家具设计必须具备使用功能与审美需求的统一。使用功能是家具在生活中依存的灵魂和生命,是家具产品设计的前提。它具体包括直接用途、使用中的舒适性、宜人性、安全性、效率等。

年轻化家具设计在功能方面除了在尺寸、选材两方面要遵循人体工程学原理,并将功能

与色彩、材质、造型完美结合，设计出符合年轻化视觉效果和心理感知统一的产品外，还应该充分考虑年轻一族生活、工作的多样性和可变性，注意单件产品之间的灵活配置、多功能设计和组合设计。

2. 审美造型与人文内涵要素

家具具有生活使用品和文化艺术品的双重特征，一方面要满足人们日常生活和工作的物质要求，另一方面又要满足人们生活环境的美化和心理变化的精神需要。

随着中国老百姓富裕指标的逐年上升，居住环境的改善，特别是中国年轻消费市场的强劲突显。家具已不仅仅是各种材质组合、造型各异的具有收纳陈列功能的器具，它还成为一种体现主人身份、个性、涵养、审美品位的精神产品。家具已经开始从产品到文化的过渡，消费者购买的将是一种有品位的符合其个性化需求的"新的家居生活方式"。

例如，2003 年推出的"ood"年轻家具系列率先提出了年轻化家具这一概念，并积极向市场推广年轻化、国际化、时尚化的生活理念，明确提出"20 世纪 70 年代、80 年代"的年轻目标消费群。设计上以简洁、舒展的造型和纯净的色彩充分捕捉年轻一族的心理特征，结合时代流行文化，力求每个造型、每块色彩、每个组合都体现年轻的消费观念、生活主张、人生态度，用与众不同的设计语言来表达年轻生活的智慧、快乐及兴奋。

从消费者对使用功能的满足进一步上升到对人的精神关怀。在家具产品造型设计中，应透过点、线、面、体的形态空间、色彩和表面肌理等融入丰富、细腻的文化内涵、情感意识，增加产品的附加功能。充分运用人体工程学、环境保护学、心理学、材料学以及人文学的相互渗透，互为补充、相辅相成，达到家具的审美造型与人文内涵的统一，真正从"家具产品设计"上升到"生活方式的设计"。

3. 制造与工艺要素

一件优秀的家具产品设计必须符合材料、结构、工艺制造的要求。将设计建立在物质技术条件的基础上，才能由设计转化成批量生产的实物商品。年轻化家具产品特别应在新材料、新结构、新工艺的创新上引领行业之先。

一个行业引领时尚与潮流的物质体现往往在新材料、新结构、新工艺上首先得到反映。从近年代表全球家具最高水准的"德国科隆家具展"和"意大利米兰家具展"的参展产品来看，国际化顶尖产品的主要特征除了在造型与功能上注重创新外，高科技、新技术条件下所形成的卓越的材料性能，更加科学、巧妙的结构，精良的加工工艺，给产品注入了超值的品质，新材料、新结构、新工艺构成了产品物质功能的主体。审美造型与人文内涵使一个产品变成一种精神、文化的象征，两者的珠联璧合让家具产品变成一种"家居方式"的载体。

六、年轻化家具设计的发展趋势

1. 家具的功能更加注重综合性、多样性

在现代设计多元化发展的大趋势下，随着生存方式上新观念的不断介入、思维引导和情感表达方式的不断更新，人们一直在寻求更加合理化的视觉空间和最适宜的生活空间。"家"由传统不同功能区域的分割组合向一个"整体"演变，其功能空间变得相互重叠。厨房延伸至客厅，书房也可在起居室，卧室与盥洗室连在一起，衣柜变成一个步入式衣帽间，家具作为家居中被使用的主体也将迎合这种变化，其功能将向综合性和多样性发展。

年轻化家具的综合性和多样性还体现在自由职业者（SOHO 一族）的增加所带来的家庭办公家具的升温，DIY 家具模块化单元灵活组合空间的需求等。

2. 家具的造型、色彩与时俱进

以简约风格为主导的家具造型依然是未来几年年轻化家具的主流。整体造型、构件、局部装饰及拉手等饰件的设计将尽现年轻人时尚先锋的时代角色，其造型理念和元素与时装、网络、动漫、家电等行业联系得更加紧密。

在功能日趋完善的前提下，循规蹈矩的设计手法在跨行业渗透的综合设计冲击下变得苍白无力，创意无限在年轻化家具设计领域体现得更加彻底。而色彩在现代简约风格的年轻化家具中所占比重也将越来越大。色彩是传递时尚、个性、情绪最直接的表象载体之一，因其与生俱来的色彩语言叙述着不同的生命迹象，代表着不同的文化内涵。它或奔放、张扬，或斯文、内敛，或趣味、诙谐……越来越多的年轻人以及时尚个性人士开始接受并选择带有他们喜爱色彩的家具。

3. 个性和人文内涵的需求加强

今天的消费关系不只是单纯的性价比，更重要的是商家是否真正为客户创造了经得起时间考验的价值。表面看来人们购买的是家具本身，而实际使用的是功能，除了功能更有非物质的精神享受。在潜意识里，人们渴望与家具发生对话，产生交流。例如，在 e 时代给年轻人提供源源不断的信息量、高速刷新的知识的同时，也带来瞬息万变的社会竞争。这无疑也给我们每一位年轻人带来极大的压力、惶恐，对此，"ood"推出的"东京印象"年轻家具系列以深灰色和白色为主色，极简的造型带来一种时尚又带来一股清新、简约的自然气息，从而使人从家具的感受和承载中得到宁静、平和。

实用、美观、经济和品牌美誉度这些共性因素一直在人们的购买行为中起着关键作用，但就趋势而言，消费中的个性和人文取向在年轻化家具中显得更为重要。

4. 家具设计的国际化将重新关注中国文化的传承

全球一体化、中国经济的强劲发展必然加快中国市场与世界发达国家同步，中国产品的国际化趋势愈加明显，家具产品也不例外。随着进口家具零关税的实施，中国本土家具将与国外进口家具同台竞争，判定家具产品的优劣标准已趋向国际化。

另一方面，随着社会的高速发展，都市社会的生活节奏越来越快，身负庞大压力的人们渴望获得心灵的解压，心态自然会向往回归休闲。对于中国人来说回归的方向主要有两个：回归亲切的大自然和回归母体文化（对中国文化传承的回归）。文化传承赋予家具生命和灵性，中国传统文化所营造的雅静的人文空间成为熙攘尘世的一方净土，符合了人们的需求。家具作为文化传承的载体之一也正日益博得年轻人及成功人士的喜爱。

作业与思考题：

1. 简述年轻化家具产品设计定位与市场趋势。
2. 简述年轻化家具设计原则和基本构成要素。

第八章　儿童家具消费市场和儿童家具设计

第一节　儿童家具概述

　　儿童家具主要指和儿童相关的一些家具。现代中国家庭多为两代三口之家或者三代五口之家，孩子占据着中心位置，成为家庭物质生活和精神生活的中心。最明显的表现就是越来越多的儿童拥有了自己独立的空间，儿童用品市场不断扩大。随着家具市场的不断细分，儿童家具与单身公寓家具一样，成为行业的后起之秀，不少企业看到了儿童家具的发展空间，纷纷开始设计、生产儿童家具，以各种方式扩大市场份额。鉴于儿童家具的特殊性和未来市场的规范，它的设计成为业界的新话题，是值得深入研究的新课题。

　　儿童家具在家具销售中的比例越来越大，激起了厂商对于这一市场的兴趣。由于目前我国家具市场的细分不够，儿童家具还是一个尚待开发的市场，据调查显示，10.2%家庭的孩子已经有自己的居室和家具，45.6%的家庭正准备购买儿童家具，40%的家庭没有为儿童购买家具的计划，由此可见，儿童家具市场的发展空间十分广阔。

一、儿童家具市场存在的问题

　　（1）儿童家具消费者购买力提高，市场持续扩大，出口量持续增长。

　　（2）新厂商不断增加，儿童家具成为不少企业的新开发对象，生产和销售专业化程度低，对于质量保证存在制约。

　　（3）对儿童用品的研究深度不够，设计水平低，成年人家具的"缩水版"和简单的卡通或色彩运用成为儿童家具的普遍特征，停留在"看起来像"的层面上，不能完整体现功能、安全及变化，不符合儿童的心理特征，也不能满足儿童愉快生活、健康成长的需要。

　　（4）品牌家具缺乏，国内尚无具有品牌优势的儿童家具，一些国际品牌已进驻，而国内新生品牌还没拥有明显优势的顾客忠诚度。

　　业内人士认为，儿童家具本身具有提供独立空间、培养儿童自主意识、增强自理能力、健全身心的作用，这些特点和优势决定了其未来广阔的发展前景。但同时，目前儿童家具市场依然十分粗放，品牌多，产品质量参差不齐，随着消费者品牌意识的增强，具有实力的大品牌将会赢得市场竞争。

　　儿童家具在居然之家、红星美凯龙、集美家居等大卖场里已经占据了很显眼的一隅，多喜爱、我爱我家、松堡王国、酷漫居等知名儿童家具品牌为了适应儿童心理需求推出了不同材质、不同风格的儿童家具，可以说儿童家具已经完全形成了有别于其他家具品类的独立一支。但透过表面的繁荣景象，儿童家具市场仍处在一个粗放的市场阶段。

二、儿童家具几大品牌

1. 迪士尼儿童家具：会讲故事的家具

迪士尼涉足儿童家具是儿童家具行业一次质的飞跃。它将儿童家具从简单功能层面提升到了文化生活境界，将卡通片、漫画从电视机里融入孩子的生活当中，成为家居生活中不可或缺的一部分。迪士尼儿童家具从 2005 年在中国面世以来，有过不同名字，从"米奇"、"米奇天地"到今天的迪士尼。彩色板式、松木家具、手绘家具全品类、全系列组合反映出迪士尼对儿童家具领袖位置的自信。迪士尼儿童家具由广州酷漫居动漫科技有限公司荣誉出品。

2. 芙莱莎（FLEXA）：与孩子一起成长

芙莱莎来自童话王国丹麦，是欧洲规模最大、档次最高的儿童家具品牌。芙莱莎一直将产品的安全性和耐用性放在第一位。芙莱莎的木材来自于北纬 60 度以上的斯堪的纳维亚半岛的松木，产品采用两层耐磨环保 UV 面漆，该 UV 漆不含甲醛或其他有毒物质，符合欧洲最严格的环保标准。"伴随您孩子一起成长"是芙莱莎一直所追求的核心价值，芙莱莎创造了儿童系统家具，以满足伴随着其成长而适应不同年龄的需求。"一张床等于一千零一个变化"，是儿童家具中的"变形金刚"，主打家具具有灵活多变性和调节性。芙莱莎满足了家长对于安全、耐用、功能强大以及使用年限尽可能延长的心理诉求。

3. 多喜爱（A·OK）：给孩子最多的喜爱

多喜爱是恒大家具公司旗下的品牌，在完善的科学理论系统基础上通过设计师的精细研究开发而诞生的青少年儿童家具品牌，它通过室内居住环境中家具颜色、造型、功能、环保等来促进青少年的性情、创造力、身体发育、判断力、情操等各方面的心智向良性方向发展，从而形成一个家居内循环互动生态系统，使得居住在布置着我们家具的室内的消费者处于一个健康环保的生态系统中。

4. 喜梦宝（X. M. B）：千万个梦想，同一个家

港商独资企业，松木儿童家具品牌。成立于 1988 年，现有占地近 50 多万平方米生产厂房，员工 2 000 名。拥有成套的实木家具、床垫、沙发和海绵生产线，年生产能力达几百万件。喜梦宝的家具以美学为基础，以实用为考量，不夸大造作，纯真自然，更不失美感与机能，做到将环保概念引入家具行业，首创"将绿色生命融入家具"，倡导真正健康环保的家居生活。

5. 七彩人生：有梦想的家具

深圳市七彩人生家具有限公司（原深圳市福牌实业发展有限公司）1999 年创立于深圳龙岗，是国内第一家专业从事青少年儿童家具及时尚家居设计、研发、生产、销售、服务的现代化企业。七彩人生作为亚洲最大的青少年儿童家具生产基地，占地近 10 万平方米，旗下拥有 6 条家具生产线。旗下品牌包括卡乐屋和七彩人生，品牌形象代言人为《家有儿女》中刘星扮演者张一山。

6. 梦幻年华：快乐的梦幻年华

梦幻年华是金富雅家具有限公司旗下的三大套房家具行业领先品牌之一，梦幻年华是青少年儿童套房首选品牌，是国内普及率最高的专业青少年儿童家具品牌。它主要是面向 5～15 岁的青少年儿童、15～25 岁的都市年青一代开发的时尚家具品牌。产品主要特点是：安全耐用、简洁时尚、绿色环保。

7. 松堡王国：打造青少年儿童松木家具第一品牌

深圳市森堡家具有限公司是一家专注于青少年儿童松木家具开发、设计、生产、销售为一体的大型家具制造企业。松堡王国专注青少年儿童松木家具，十年专业青少年儿童家具制造经验，100％纯实木、纯手工打造，在国内首家应用自然松木，为世界青少年儿童打造一个无污染、绿色环保、健康的世界。

8. 纯真岁月：致力于打造健康成长家具品牌

纯真岁月是佛山南海金天拓旗下主力品牌。佛山市南海金天拓家具有限公司始建于2004年，专业生产经营现代板式家具、实木家具，一直以"关注环境，关爱青少年"为己任，坚持以"致力发展成为青少年儿童家具第一品牌"为经营目标。旗下品牌包括"纯真岁月"、"我型我SHOW"、"森林城堡"等青少年儿童系列家具和"茉莉花香"成人婚庆系列家具。其形象代言人为著名童星阿尔法。

三、儿童家具消费现状

家庭环境在孩子生理和心理的成长过程中起到重要作用，大部分家长都渴望在家中为孩子安排一个既舒适又利于学习的环境。目前市面上有许多针对儿童身心特点而设计的家具产品，孩子看了都很喜欢，但面对这些色彩鲜艳、造型可爱的产品，家长心中仍存在不少疑问。为了解目前儿童家具产品使用与购买情况，某机构发起了一项"儿童家具消费调查"，结果显示以下几项儿童家具购买中的问题。

1. 消费者对儿童家具一知半解

购买儿童家具前，首先应对家具有所了解，但是本次的调查结果显示，人们对儿童家具的了解程度并不高。参与调查的消费者中，了解目前市场上一些具体品牌的儿童家具同时清楚这些家具具体性能的不足三成，而有72％的消费者对儿童家具的了解仅限于听过一些家具的品牌名称。不过，值得注意的是，此次参与调查的消费者中只有极少数会选择给孩子使用成人家具，而大部分家长都会给孩子选择适合他们使用的儿童家具。

与一般家具相比，儿童家具更适合孩子使用，因为这些家具无论在板材使用、颜色款式以及功能设计上都更能满足儿童的需求。近年来，儿童家具产品也在不断进行市场细分，不但针对男孩、女孩的性别设计家具，同时也开始不断风格化，如今在市面上可以看到韩式、欧式、中式等各种风格的儿童家具。

打算在六一儿童节前给孩子购买一套儿童家具的马先生告诉调查人员，他发现卖场里的儿童家具颜色非常丰富，但是样式看起来差别不太大，而对于销售人员所说的"组合式"、"可成长"等性能，他觉得不太了解，并表示周围有不少朋友都打算购买儿童家具，但是大多不知道该如何选购。

2. 品牌儿童家具可信任程度高

人们在不了解将要购买产品的情况下就会更青睐品牌产品，认为品牌产品更加安全可靠。家长在选购儿童家具方面也存在这样的问题。正是由于大多数消费者对儿童家具缺乏了解，因此，有90％的消费者表示他们在购买儿童家具时会选择品牌产品。

调查人员了解到，正规品牌的儿童家具在板材环保指标、涂料环保性能等方面都有明确的要求，并且有相关的检测证明，这让正在为孩子选购儿童床的杨女士比较放心。

杨女士告诉调查人员，给孩子用的家具就怕不环保，所以才到正规的卖场选购，后来发现卖场内几乎所有的儿童家具品牌都能给她出示环保检测证明，这让她非常满意。杨女士说："虽然价格比普通的家具要贵一些，但是只要用着安全，多花一些钱也值。"可见，家长对品牌儿童家具的信任大多建立在环保性能与工艺质量上。

3. 儿童房已成装修必选项目

目前，家长对孩子成长的重视也体现在装修时的空间安排上。不论居住条件宽松还是紧张，家长都会想方设法给孩子提供较为独立的空间。

本次调查中，有62%的消费者表示正在为孩子准备儿童房，34%的消费者则已经给孩子准备好所需的房间。从中可以看出，装修中，人们除了对客厅、卧室等空间较为重视，儿童房也开始成为装修中的必选，大多数有孩子的家庭都会考虑为孩子提供专属空间，这对于儿童家具企业则意味着未来的市场潜力较大。

4. 多数家庭消费预算未超万元

家庭装修中，前期基础装修与后期家具配饰费用的比例一般为 1:2，也就是说后期购买家具、配饰所需要的费用至少会比前期基础装修高 1 倍，而在后期费用中，家具无疑是最大的支出项目。

从儿童家具的支出费用上看，目前还没有成为家庭家具消费的主力。调查显示，有59%的消费者愿意花 1 万元以下的费用购买儿童家具，有38%的消费者预算为 1 万元～3 万元，仅有3%的消费者将儿童家具的预算设定在 5 万元以上。由此可以看出，虽然儿童家具未来的市场前景巨大，但是目前消费潜力尚未完全释放。

5. 一次性购买率高

虽然家长在购买儿童家具时的预算不多，但是调查显示儿童家具的一次性购买率却比较高。有44%的消费者表示会一次性购齐孩子所需的家具，待孩子长大后再一起更换；有28%的消费者则会随着孩子的成长不断更换家具；同样，有28%的消费者会选择只购买单件的儿童家具，例如书桌、书柜、床具等。

与成人家具相比，儿童家具的费用要低一些，这也为家长一次性购齐提供了可能性。如果产品价格过高，一般家庭可能很难承受。因此，若想进一步吸引市场购买力，儿童家具企业应该推出更多物美价廉的产品。

6. 看重家具环保性能

家长最担心家具中的甲醛、苯等有害物质对孩子的身体健康产生不良影响。调查中有31%的家长表示他们最看重儿童家具的环保标准，其次才是要求价格合理。同时，功能性与安全性也是参与调查的家长比较看重的两个方面。其中，17%的家长认为儿童家具必须足够安全，能够避免孩子出现磕碰等伤害问题，18%的家长则要求儿童家具功能齐全，并且能够随孩子一同"成长"，即使孩子长大后也能使用。

从调查数据中可以看出，目前家长在购买儿童家具时更加理性，在追求环保的同时更重视产品的功能与安全性。

7. 选购儿童家具家长困惑较多

在如何选购儿童家具方面，家长遇到的问题非常多。有32%的被调查者表示他们不知道如何辨别家具是否环保；25%的家长认为判断儿童家具的质量如何太难；18%的家长认为儿童家具价格混乱，不知是否合理。另外，担心售后服务不到位以及难以识别品牌优劣也影响了家长对儿童家具的认可程度。

这些主要是由于家长对儿童家具缺乏基本了解而导致。因此，在购买之前必须做好充足的准备，不但需要货比三家，还应该多与设计师沟通，挑选尺寸、款式合适的儿童家具，在选购时还应要求商家出示相关检测报告。

8. 儿童家具品牌需进一步丰富

儿童家具属于小众市场，需求量并不是很大，同时儿童家具具有一定的使用局限性，一些商家觉得这一市场空间不够大，不愿意研发生产相关产品，这就导致了现在市面上儿童家具品牌不够丰富。

不过，从家具的款式上来看，商家也在逐步推出差异化产品，从早期的板式儿童家具到目前出现了以松木为主的实木材质，并且在外观装饰上的差异也越来越大。实际上，虽然儿童家具受众有限，但是这个市场比较稳定，因此，也有较大的可开发空间。

9. 儿童家具正逐步走向差异化

由于儿童家具对环保要求较高，使其在选材上比较受限，从而导致儿童家具在材质方面的差异不大。但是近年来，商家在家具的外观、功能等方面下了不少功夫。例如，手绘家具外观十分漂亮，很多孩子非常喜欢；同时，一些具有收纳、组合功能的家具能够满足孩子的好奇心。这类产品的市场销量和口碑都不错。

与其他家具相比，儿童家具市场相对稳定，一般来说在六一儿童节和寒暑假期间会出现销售旺季。今年六一儿童节时企业将联合入驻的儿童家具品牌向孩子派发"淘宝地图"，借助这一地图，孩子们可以在各个商家店面找到礼物。

虽然儿童家具前景十分乐观，但国外品牌的儿童家具占了国内市场的30%，在国内厂家占有的70%市场份额中，只有30%拥有品牌，如七彩人生、童一首歌、孩之梦、本真等，大部分企业处于无品牌竞争状态。从目前看，还没有一家儿童家具企业能在市场上占有主导地位，无法在全国市场上成为行业的领导者。目前儿童家具行业还没有专业的、有针对性的研究机构，相对应的行业标准还在制定中。因此，儿童家具的研发、生产、销售，都没有可依赖的标准和政策，这也是儿童家具市场发展不成熟的表现之一。

在设计方面，国内很少有专业儿童家具设计师，大多是从成人家具设计转向儿童家具设计的，因此没有完善的理念，对儿童思维和需求缺乏深刻的认识，在设计上会出现不同层次的问题。同时，我国还没有专门的儿童家具设计研究机构和相关专业人士的培训基地。企业对儿童家具的研究上也投入不足，忽略了在设计上的创新，忽略了研究消费的对象——儿童，忽略了关注他们的生存空间、生活习性、学习对家具的要求，忽略了储藏种类和数量以及他们的消费行为、影响因素和接收信息的渠道等。目前市场上以适应7~12岁的中童家具和13~16岁的大童家具为主，然而0~4岁婴幼儿家具，16~20岁的青少年家具偏少，儿童家具集中在中间年龄段，"头尾两端"的儿童缺少了属于自己的家具，市场细分很不充分。

儿童家具虽然花样百出，但细细看来大多产品依然雷同，差异化不明显。共同的特点是外观略有差异，家具内部功能单一、色彩大多过于鲜艳，加重了色彩的视觉冲击力，而忽略了色彩对人的危害性，尤其是对儿童的视力和神经发育以及情绪上有着很大程度的不良影响，不符合色彩的科学合理搭配原则。在大力倡导儿童家具安全性的同时忽略了它的科学性，在尺度、功能全面性、儿童操作便捷性等方面也没有进行细致的考虑。总而言之，儿童家具急缺新颖产品。

作业与思考题：

1. 简述儿童家具市场现状。
2. 简述儿童家具消费的特征及影响儿童家具消费的因素。

第二节 儿童家具设计原则

一、儿童家具消费现状及心理分析

儿童家具的购买一般来说都由家长决定，产品质量、价格以及孩子是否喜欢是购买的主导因素。据有关调查显示，消费者在购买儿童家具时，61.2%关注款式与价格，52.7%关注质量和色彩。部分消费者对这几个因素都会考虑，所以对于儿童家具的设计要兼顾到这几种因素。在价格方面，消费者比较认同3 000~5 000元的价格范围。

随着儿童家具品牌的建立、各种推介活动的增加，消费者对儿童家具的认知也越来越高，并且渐渐由被动变为主动，需求更趋多元化和理性化，对安全环保、生活学习功能、色彩、益智趣味、产品质量等提出了更高要求，对价格、品牌及售后服务有了更全面的综合考虑。以下是现有市场中常见的几种家具设计方向。

1. 动漫儿童家具

卧室对于孩子的意义不仅是睡觉的地方，他们大部分的时间将在这里度过。学习、娱乐、休息，房间就像是孩子的专属天地。在这里他们学会自理、经历叛逆、开始懂事，从这里他们获取能量和勇气面对成长中的各种挑战。我们相信一间充满快乐动漫元素的卧室会让孩子的每一天都更加精彩。

2. 时尚儿童家具

时尚是一种意识存在，在处处显溢时尚的年代里，时尚对社会的发展举足轻重，儿童追求时尚也是顺应社会发展的趋势。目前成人的时尚物品琳琅满目，孩子们也想拥有自己的时尚，儿童时尚物品逐渐推广，深受儿童喜爱，儿童家具也向着儿童时尚发展。在竞争激烈的儿童家具市场上率先推出趋于时尚的儿童家具，给孩子们打造属于自己的时尚空间，也给儿童家具行业提供了全新的理念，推动了儿童家具的快速发展。

3. 益智儿童家具

近年来，随着中国从政治、经济、体育等各个领域登上了国际的舞台，外国与中国在各个领域的竞争无疑会更加尖锐、激烈。而这些竞争的核心就是人才的竞争，即人才培养、教育、训练、使用的竞争。因此，家长对孩子的要求也越来越高，对孩子心智发育也极其关注，极力想把孩子培养成为有用的人才。益智儿童家具潜意识里锻炼孩子的思维、想象与动手能力，从而提高孩子的创新意识。在这方面，芙莱莎做得比较到位，芙莱莎儿童家具使孩子在有限的空间里尽情娱乐，而且芙莱莎儿童家具可以随意组装的特点可以培养孩子的创新意识和动手能力。

4. 本真儿童家具

本真是自然的存在，绿色的形态。儿童的本真是天真、个性、自由的写照。可是长期以来，孩子逐渐失落了本真，家长也失落了对孩子的一份爱。我们应该尊重儿童，如果我们让孩子丢失了本真，孩子们将成长为早熟的果实，这些所谓的硕果很快就会腐烂，我们造就的是一些老气横秋的神童。随着中国极速发展进步，还原本真的呼吁声也会越来越高。爱心城堡的"本真"儿童家具就为孩子们打造了属于自己天性的家具，让孩子在自然的客观规律下健康成长。

二、儿童在各个年龄段所需家具的特点

儿童家具无论在外观还是功能上，都应符合不同年龄阶段儿童的心理需求和使用需求。对于两岁以下的小宝宝来说，一张婴儿床便是他们的小天地。不管是摇篮、还是围栏小床，都必须给婴儿最周全的保护，排除一切危险的可能，并方便家长抚触。如果再深入研究婴儿的心理，大小适中的床和色彩素净、款式简单的家具更能营造闲静气氛，有助于孩子的身心健康。可加长加宽的婴儿床、婴儿椅、多功能桌，也是目前商家热衷于推广的产品。虽然这个年龄段的小孩子还没到读书时间，但与生俱来的模仿能力使他们经常跑到书桌前装模作样写字、读书，给他们买小书柜、小学习桌也是值得提倡的。设计时首先考虑的就是外观可爱活泼，如有公仔图案的或者是色彩鲜艳的。

3～7岁的幼童对外界非常好奇，爱幻想。他们喜欢鲜艳的色彩、童话般的气氛，生活多以游戏为中心，需要较大的空间发挥他们的奇思妙想。稍大一些的床（单人床、双层床、带储藏柜的床或带顶棚的床）、拿取方便的储藏柜（如塑料箱、搁物架、金属筐）都是这一时期的儿童家具套房产品。

进入小学后，儿童的逻辑思维能力加强，生活的重心开始转移到学习上。随着年龄增长，他们要求有更多的个人空间，并希望与众不同。他们钟情于可以充分施展爱好并用来学习的地方，最好还可接待同学。除学龄前的家具外，还要增加工作台和书桌。不同年龄段的儿童使用的家具有各自的特点及功能要求。

1. 婴儿期

家具特点：舒适、安全、健康。

功能要求：拥有舒适的睡眠和活动空间。

2. 3～5岁

家具特点：色彩欢快、具有趣味性。

功能要求：强调收纳功能。

3. 6～7岁

家具特点：功能完备、合理利用空间。

功能要求：兼顾娱乐和学习两种功能，为上学做好准备。

4. 8～10岁

家具特点：具有读书功能，强调安全性。

功能要求：各个功能兼具、培养各种爱好。

5. 10～12岁

家具特点：增加舒适性、强调学习功能。

功能要求：合理规划收纳空间，有助儿童生活自理。

三、儿童家具设计的原则及注意事项

通过对不同年龄阶段儿童的特点分析，家具设计者更应深入探讨儿童的内心世界，其设计不应简单化为"尺寸缩小、外形卡通、色彩斑斓"，而应全面遵循以下原则。

1. 低碳环保是儿童家具设计的前提

由于全球环境危机不断逼近，人类才意识到要想人好必须要环境好、社会好，才可能有真正的人性化。所以，现今的人性化设计必须在低碳环保的前提下进行，只有低碳的、环保

的才是人性化的。

家具设计中尽量减少原材料的浪费，造型简洁活泼是最好的。随着儿童的成长，所需家具尺寸要求越来越大，在家具设计中应尽量考虑可持续性使用，使家具的更换率、报废率降低，以减少资源的浪费。色彩设计也尽量运用原材料的本色为好，比如运用木材本身纹理和不同木质色彩明暗形成对比。由于现代家具涂料大多含有较高的有毒物质，所以，在儿童家具设计中尽量减少涂料的使用。

2. 安全性

儿童正处于活泼好动、好奇心强的阶段，大多是"小小冒险家"，因此，在设计时需处处费心，排除不安全因素，严格注意以下几点：

（1）使用绿色环保材料（基材、涂料及连接件）　上海市质量技术监督局日前公布，儿童卧室家具甲醛超标现象十分严重，对儿童的危害极大。目前，用作儿童家具的材料比较丰富，在保证坚固、实用的前提下应尽量选用无毒、环保的材料；UV 喷涂工艺和金属穿钉是专家提倡的减少有害物质对孩子伤害的有效方法。

（2）家具结构稳固　能在承受不断和多次摇晃下保持牢固。

（3）避免表面坚硬、粗糙和尖利的棱角　线条应圆滑流畅，边角应光滑，要有顺畅的开关和细腻的表面处理，以免伤到孩子。

（4）不用大块玻璃、镜子做装饰　设计时可考虑使用有机玻璃或阳光板代替。

（5）大型家具设计要考虑能够放稳并固定，以免孩子弄倒，导致意外受伤。

（6）突出的卡通造型要有足够的抗冲击力，保证儿童推搡时不会脱落；防护栏宽度适中，不能过宽失去防护功能，也不能过窄卡住四肢。

（7）儿童可能在家具里玩捉迷藏，可藏觅身体的大箱子、玩具柜要有通风孔设计，并杜绝关锁装置。

3. 功能性

家具是营造环境的关键环节。儿童房是孩子的独立领地，需要足够的空间，因此，儿童家具所占的位置要小，尽量综合起居、学习和玩耍功能，并具有多样性、可变性。

（1）尺寸上要遵循人体工程学原理　与人体的高度配合，与儿童年龄和体型结合，家具适体，有益于他们的健康成长。

（2）选材上要结合人体工程学　儿童床不能使用过软的材料，避免造成骨骼畸形，但也不能使用过硬的材料，容易产生不舒适感和疲劳感。

（3）儿童家具设计应考虑能够随意搭配和移动的功能，最好能够按照身高的变化进行调整，体现经济性。

（4）根据不同年龄阶段的儿童生活特性，家具设计中就要考虑配置体现功能的完整性。

（5）使用灵活　偏重多功能设计或组合式设计。

4. 考虑颜色的作用

色彩能影响人的心境、感情和性格，鲜艳色彩和生动活泼的风格，是儿童家具的最大特色。由于儿童的想象力丰富，不同颜色可以刺激儿童的视觉神经，提高儿童的创造力，训练儿童对于色彩的敏锐度，满足儿童的想象。比如，绿色能启发儿童对大自然的兴趣，红色会激发儿童的热情及对美好生活的向往，蓝色是神秘而宁静的色彩，橙色及黄色能给孩子带来快乐与和谐。家长可以根据自己孩子的性格选择相应的颜色，比如，活泼好动的孩子可选择蓝色或白色，而比较内向、文弱的孩子可选择红色、明黄等暖色调和颜色对比强烈的家具。

儿童家具的色彩设计应根据不同年龄阶段和性别有所区别，如果设计能更深入和细致，考虑色彩会影响到孩子的性格发展，可为家长提供适于不同性格孩子的设计。在色彩运用方面有以下几点值得注意：

（1）设计中，宜以色彩明快、亮丽为主，以偏浅色调为佳，如柠檬黄、冰点蓝、淡粉、鹦鹉绿、白色，或橡木、枫木、樱桃木纹理的本色，尽量不选深色，并且要避免使用晦涩、模糊、复杂的、不利于儿童心理健康的色彩。

（2）0~3岁的儿童要用较艳丽的色彩，有利于孩子对周围环境的认知，诱发婴儿的观察力、认知力和享受自己周围环境的情感。但值得注意的一点是，此年龄段儿童使用的家具色彩的艳丽程度及亮度要有一定的限度，如果太过艳丽的色彩可能导致儿童的视觉疲劳，使儿童焦躁不安；太亮的色彩会刺激儿童的视神经，对儿童的视力方面造成不良的影响。

（3）4~7岁是儿童创造力发展的巅峰时期，选用大胆明亮的家具色彩能激发他们的好奇心和注意力，更能培养孩子对颜色的敏感性。

（4）3岁之后选择家具色彩应按性别分，男孩可以使用比较硬朗的红色、蓝色；女孩可以使用柔和的粉红、湖蓝或苹果绿。

（5）随着年龄增长，儿童的视觉和认识系统处在发育阶段，家具的色彩应逐渐从鲜艳的色彩搭配中有秩序地过渡到柔和、精致的色彩配置。少年期的儿童因其心理、个性的逐渐成熟，不再喜欢过于童稚的氛围，应注意运用稍微理性的色彩，创造一个雅、静、冷的学习环境或者形象鲜明的个性空间。这个阶段的儿童应考虑以天然木本色为主，适当考虑少量的其他色彩装饰。

（6）单纯而鲜明的颜色可培养儿童乐观进取、奋发的心理素质和坦诚纯洁、活泼的性格。

（7）多种鲜艳颜色的组合具有令儿童安静及表现得乖巧的效能。

（8）不要在儿童家具中大面积使用白色，白色会使孩子过分好动。

（9）在儿童家具色彩设计中，除了配以一定数量和面积的对比色调外，还可以通过合理选择装饰材料和自身的颜色来加以点缀，以丰富儿童家具的外观造型，增强儿童家具的艺术感染力。

（10）在进行儿童家具的色彩设计时，必须灵活运用色彩的美学规律。多种鲜艳颜色的组合具有令儿童安静及表现得乖巧的效能，但家具的色彩又不能过于繁杂，以免给儿童造成杂乱无章的心理。

5. 儿童家具造型要符合儿童的审美

以儿童为本的造型才能真正地让儿童视觉心理感受良好。但现在的儿童家具有一个误区，认为儿童的就是卡通的，什么设计都往卡通上靠，造成主题雷同，产品千篇一律。事实上，儿童的兴趣是多种多样的，他们对自己的家具风格也有不同的爱好，因此，儿童家具更需要丰富类型。另外，随着儿童的不断成长，审美和心理发生改变，家具造型最好以简洁元素为主，卡通元素可以在局部使用，最好做成可更换主题的以便根据各个时期的需求进行更换，同时也实现了儿童家具的环保设计。给幼儿的家具特别强调了小配件的安全性，尽量把小配件体积做得大一些，不容易被他们放进嘴里。当然，小配件的牢固性也非常重要，他们拿不出来也就不会误食了。

儿童家具的造型设计要将功能、色彩、材质与形态结合，设计出的产品要达到视觉效果和心理感知的统一。设计者可充分运用造型原理，使用点、线、面、体等特点不同的要素，按照不同的形态特征完成家具的造型设计。例如，学龄前的儿童渴望了解和接近大自然，对形象生动的事物感兴趣，小动物造型和色彩鲜艳的方块、三角、圆球等几何形体就符合他们的心理特点。采用生动活泼、线条简练兼有游戏特征的造型是多数儿童家具的选择。简洁符合儿童的纯真性格，新颖可激发孩子的想象力，在潜移默化中发展他们的创造性思维能力。另外，在做特色造型设计时，一定要注意不能与安全性原则相悖。

6. 儿童家具材质运用中的人性化

一般来说，儿童家具不适宜使用普通玻璃材质的，因为玻璃易碎，而且碎裂后形成的尖锐棱角很容易造成伤害。如果考虑美观等原因而一定要采用透明材质则考虑用钢化玻璃或者有机片代替。木质材料保持木材的原色，自然质朴，环保健康。非木质材料多为人工合成材料，外观时尚，价格低廉，不过由于材料合成过程中一些化学材料的应用让这种家具有污染的隐患。

7. 儿童家具设计中重量的考虑

儿童家具的重量是有讲究的，为的是防止它砸伤儿童。儿童的力量有限，他可能可以把家具搬起来，但是未必有足够力量维持一定时间，所以可能会让手里的家具滑下来砸到脚。塑料材质的轻巧家具砸伤的可能性很小。不过，如果儿童用的桌子、凳子的材质是比较重的，在设计上一般会做到让他拿不起来，只能推着走，这样即使他推倒了，也是向外倒的而不会砸到自己。

8. 趣味性和益智性

儿童家具的设计中还有一项很重要的内容，那就是要符合儿童的童趣需求，类似于市场上已经有的小兔椅、瓢虫凳、企鹅床头柜、大象衣柜、蝴蝶镜、背心床等，这些都比较新颖、独特，既给儿童新鲜的感觉，又满足了儿童好动的天性，在快乐的心境中孩子的情趣得到了陶冶，对孩子的成长发育极为有利。趣味性可在色彩、形态和儿童房的布局及装饰中得到体现。根据性别的不同，动植物形态、卡通形象都是增加儿童家具趣味性的手法，如果能引用诸如太阳、月亮、森林、足球及时尚物形状，合理地添加一些组合、变化，不仅能增加趣味性，还能满足家长益智的要求，孩子也可在自己动手的过程中培养独立、思考、实践的能力及求知欲、协作精神和自信心。将故事、精神、时尚融入儿童家具及房间装修中的主题设计市场上还比较少见，而这些形式值得提倡。利用造型原理，我们还可用形态、色彩、图案等营造出不同的节奏感、欢快感或者调和感。

四、儿童家具设计的发展趋势

(一) 主题设计

经济、美观、实用和品牌知名度这些共性因素一直在人们的购买行为中起着关键作用，但就趋势而言，消费中的个性、人文取向却渐渐突出，显得更为重要了。主题设计就是针对儿童的不同喜好、个性及当前儿童市场的一些热点（如科技、自然、运动和童话），在整体外观造型、局部功能造型或配饰设计上赋予某种人文内涵。例如，中国神舟五号载人飞船的太空之旅和美国"勇气号"火星车登陆火星，在儿童中都掀起了广泛的太空热，成为很好的市场热点和题材，家具设计师就可以根据这些题材设计一组以热爱科学、探索宇宙为中心思想的"太空梦想"系列家具。广东某品牌儿童系列家具就是通过采用主题统合的手法对原有产品进行改造设计，如床屏包裹牛仔布，床品使用牛仔系列，配套的柜子也运用牛仔风格的面板装饰，原来平淡的家具一下子有了生气，成为一套符合孩子性情特点的牛仔系列家具。以攀爬主题设计的迷彩家具、丛林家具，也符合儿童亲近大自然、喜欢运动、对未知世界好奇的心理。

主题统合的方式既赋予了家具内涵，同时也使一些难以进入儿童家具的颜色都成为可能，这种家具成为儿童家具市场的新卖点。如果主题设置得当，功能与主题的完美结合也会成为现实。

（二）创造综合性、多功能的空间

目前较新的一个家具设计概念，是为儿童创造一个综合性、多功能的空间，而不仅是单件家具。国外许多儿童家具已向立体化、空间化发展。由于儿童房的家具集中放置，可腾出更多空间供他们玩耍，通常把床、书桌（或游戏桌）、衣柜及储藏柜完全结合，适应不同空间、不同年龄的使用者，可以预见，这类组合家具所占的市场份额将会越来越大。在进行家具设计的同时也为儿童创造出整体环境，既可以烘托家具的主题，又为购买儿童家具者提供了一个室内布局和装饰的参考借鉴，甚至于可以为其提供主题家居的装修服务。家具设计进行到这种深度时，也就不妨再加一些细节，例如，考虑根据不同的季节、年龄更换色彩或图案，我想这才是最人性化的设计吧。

相比于成人，儿童更需要高度专业设计和生产的家具，结构力学、人体工程学、材料学、心理学及人的感觉特性都须兼顾和运用，家具设计师应从爱护的角度出发，创造出完美的儿童家具。而生产者也同样应以关爱为首，无论是材料、结构还是生产工艺、生产检验都应严格按照设计者的要求和各项标准进行。相信未来几年内，中国会建立自己的儿童家具品牌，质量、文化内涵、风格、营销策略及售后服务都将走上一个新的台阶。

儿童家具企业当前最需要的是创新设计、树立良好的品牌意识，重视研究市场、研究产品的使用者，这是开发个性产品、拓展市场的重要环节。

（1）家具设计的安全性是最重要的　儿童家具造型设计中应杜绝锐角，棱角之处应该要处理得很圆滑，固定家具用的零件也绝不能露在外面，以防儿童在奔跑玩闹中碰伤，防止脱落造成儿童误吞小配件。尽量避免家具上出现大面积的玻璃、镜子等一些易碎材料，否则一旦被打破很容易伤到儿童。另外，儿童家具中由于使用色彩涂料甲醛超标事件不断发生，所以造型美、色彩漂亮一定要在安全的前提下进行。

（2）儿童家具的色彩设计应以儿童心理为出发点　儿童家具色彩设计要充分运用色彩心理学，对儿童成长过程中色彩心理进行深入研究。儿童家具的色彩设计应根据不同年龄阶段和性别有所区别，如果设计能更深入和细致，应考虑到色彩会影响到孩子的性格发展。

作业与思考题：
简述儿童家具设计的原则。

第九章　老年人家具市场和老年人家具设计

第一节　老年人家具市场概况

一、老年人家具市场概述

有资料显示，我国已逐步进入老龄化社会，未来五年我国人口老龄化将提速，到2015年，60岁以上老年人口总量将突破2亿，占总人口比例高达14.8%，经济社会各方面将第一次迎来老龄化冲击波。人口老龄化提速对于整个家具行业来说是又一市场新蓝海，面对这一市场新蓝海，家具企业又该如何出牌？

有一则消息这样表述：老年人家居市场前景固然可观，然而多数厂家只注重年轻消费者的喜好，忽略了老年人对市场的需求；再加上老年人家居产品无法迅速产生经济效益，因此，一些企业将其看成"非主流"，或视而不见，或持观望态度，或只做一个系列来试探市场行情。

为证实这一说法，调查人员在得胜一家专营沙发的商铺采访工作人员，向其咨询是否有为老年人量身定制的产品。该工作人员表示："老年人消费品市场占比较小，还没有专门生产。"

另据报道，目前不少家庭在装修时大都不会主动提及设计老人房。在很多设计公司的装修业务中，专门考虑到老人房精细化设计的也比较少，设计师在着手装修时考虑设计老人房的仅占少数，大部分老人居住的房间都仅仅在软装上有所体现。一位设计师说："只有当业主主动提及，公司才会适当提出一些建议。"

是什么原因造成现在的这个状态？该报道分析：老年人家具市场出现空白，并非老年人没有需求，而是业内未进行正确引导，而最根本的是，老年人一直有"重积蓄轻消费、重子女轻自身"的传统观念。在家具产品的选择上，主要从属于儿女，也就是成人家具市场。所以，从市场经济角度考虑，企业一般不会专门生产老年人家具。

如何开拓老年人家居市场？有报道这样阐述：由于老年人在家中的时间较长，家具产品的实用、安全和舒适度对他们来说格外重要。但如今，兼具健康、环保、功能及安全性的老年人家具产品仍很少见，对此，老年人家具产品在设计上应尽量减少一些不安全因素，比如家具要少一些棱角，以免碰伤老年人；床要以硬床垫或硬床板加厚褥子为好，因为老年人的身体不适合弹簧床等软床；椅子的背倾角和座倾角都需偏大一些，以增加舒适性，并且应尽量设置扶手以方便起坐时抓握；不宜有低于双膝的抽屉和高过头的顶柜，以减少老年人躬身和爬高，避免意外受伤。

此外，如今的老年人也喜欢多姿多彩的居家生活，因此，老年人家具在注重实用性的基础上也不应忽视艺术性和观赏性。家具企业可创立以老年人为消费主体的家具品牌，研究适合老人使用的家具，作为老年人家具市场良性发展的转折点。同时，家具卖场应开设老年人家居用品专区，便于选购。

中国社会科学院老龄问题研究中心研究员陈毅中曾说：有关方面提供的资料表明，目前我国每年老年人的离退休金、再就业收入、亲朋好友的资助可达 3 000 亿元~4 000 亿元，预计到 2025 年和 2050 年，老年人潜在的市场购买力分别可望达到 14 000 亿元和 50 000 亿元，的确是一个大大的蛋糕，就看家具商家怎么"吃"它。从这些信息来看，人口老龄化的加剧也给家具市场带来了新的契机。老年人拥有巨大的潜在购买力，这就意味着家具市场的下一个消费热点就是老年人家具。

中国现正步入老龄化社会，这就意味着在中国老年人口将会占大部分的比例，由于年龄和身体的原因，老人也是在家里待的时间最长的家庭成员，也是跟家具接触得最多的家庭成员，所以，对于老人来说，要有一个舒适的晚年生活，他们需要一套合适的家具。

家具行业是中国传统的优势产业，但随着时代的发展，人们对家具的要求已经不再停滞在它传统的性能——实用性这个阶段，艺术性和观赏性已经成为了现代家具必不可少的两种属性，也是使家具产品能在激烈的市场竞争中取胜的必备条件。也正是因为消费市场让家具融入了越来越多的时尚元素，使得很多生产者在设计和生产家具的时候，只注重抓住年轻消费者的心理和喜好，却忽略了家具消费市场上一股潜在的消费力量——老年人。

中国家具协会副会长、新闻发言人朱长岭在接受媒体采访时表示：现在多数家具生产者只注重抓住年轻冲动型消费者的心理和喜好，却忽略了身边一个"大元宝"——老年人消费力量，这个市场挖掘出来，将为家具企业打开另一扇利润之门。与此同时，一些家具企业也表示对老年人家具建材市场的看好，有的企业表示已经正在研究适合老年人使用的家具。

中国是个消费大国，同时也是个文明古国，"孝"是中华民族的传统美德之一，向父母尽孝道，为他们挑选一套舒适的家具，是很多年轻人乐意为自己父母办的事；为老年人量身定制家具，创立以老年人家具为主打的家具品牌，是家具企业值得做的一件事。

中国正渐渐进入老龄化社会，精明的商家也开始关注起针对老年人使用的产品市场。目前家具市场上的产品都没有很好很深入地研究老年人的需求，这就是一个打造产品差异化的机遇。从不少卖场的反馈来看，老年人家具已经开始生成需求。当前的老年人已开始有与儿女分房生活的倾向，儿女在为老年人买房买家具时，更倾向于选择老年人专用的家具产品。使用安全方便、风格稳重大气，是消费者购买老年人家具的主要诉求。

其实老年人也是家具市场的主角，日本商家早就注意到了这一点，从使用材质上多用天然橡胶、纯木等环保资源到设计上多用浑圆造型、避免棱角，甚至细心观察老年人的生活习性，开发便携马桶、防滑的洗澡凳。而在我国，几家较为知名的卫浴品牌目前还没有专门为老年人量身定制的卫浴设施。还有部分商家表示，这部分消费市场所占比例较小，没必要拿出专门精力来做。

二、老年人的家具需求特征

人到老年，身体的协调能力开始下降。在选择家具造型时，应多选择那些运用一些无尖角、圆滑的形体，以减少磕碰、擦伤等意外情况的发生，在心理上给老年人以安全感。

老年人的床不宜过高，从而保证他们方便上下床。此外，老年人不适合使用弹簧床等软床。一方面，由于生活习惯的不同，他们或许更习惯那些硬床板加厚褥子的床；另一方面，对于患有腰肌劳损、骨质增生的老人，软床对疾病尤其不利，可能会使他们的症状加剧，那些全棉等天然材料的床品，更适合老年人使用。

供老年人使用的沙发也不宜过于软。一坐上去就深陷里面的沙发不适合老年人使用，因为这种沙发坐上去之后还会继续下陷，这就可能给老年人带来突然的心理恐慌，更重要的是这种沙发并不便于他们起立。

老年人家具在材料的选择上，还应遵循轻便性、环保性的原则。轻便性主要是针对家具的重量，尤其是坐具，轻便可以方便老年人挪动，这可以通过采用简单的造型和选择一些密度较小的材料来实现。此外，还应该注意材料的方便实用性，使家具用起来"得心应手"，突出其功能性。

色彩能够直接对人的心理产生影响，同样可以体现重量、时间、密度，可以营造出不同的舒适感，甚至影响室内的相对湿度。因此，在为老年人选择家具时，也要留意色彩的处理。低纯度、低明度、调和统一和清新淡雅的颜色更能给老年人营造宁静、舒适、典雅的生活氛围。因此，那些天然材料本身具有的自然色会使老年人收获更平和的心境，有益于老年人的身心健康。

随着年龄的增长，人的记忆力和身体灵活性都会下降，在设计老年人家具时要充分考虑到这个情况，家具以简单、舒适为首要原则。同时，人到老年身体的协调能力开始下降，应多运用一些无尖角、圆滑的形体，以减少磕碰、擦伤等意外情况的发生。

在坐具整体尺寸的设计上，座面宽度应该使用较大一些的尺寸，能够让他们活动起来更加自由；坐具的背倾角和座倾角都应偏大一些，以增加其舒适性；尽量设有扶手，扶手的存在可以方便老年人起身时抓握，增加身体平衡的支点，起身时更加容易、方便。

此外，老年人一般视力不好，起夜较勤，晚上的灯光强弱要适中。而老年人居室的织物陈设应与房间的整体色调协调一致，图案也同样以简洁为好。在材质上应选用既能保温、防尘、隔音，又能美化家居的装饰材料。老人房窗帘可选用提花布、织锦布等，其厚重、素雅的质地和图案适合老人成熟、稳重的特性。厚重的窗帘也能营造静谧的睡眠环境，最好设置为双层，分纱帘和织锦布帘，这样部分拉启可以调节室内亮度，使老人免受强光的刺激。

老年人一般喜欢传统的家具，家具以简单、舒适为首要原则，同时人到老年身体的协调能力开始下降。家具厂方在设计老年家具的同时能多考虑细节，在外观和心理感受上都给老年人以安全感。

1. 老年人家具的特色

在一些养老院，行动不便的老年人都用上了老人床上饭桌。这种家具对老年人而言不单单是家具，而是生活必需品。这种床上饭桌在医院和小范围养老院有安装，大多数老年人机构都没有这种，普及的重要性一再突显。

2. 老年人家具材料的大众款式与色彩讲究

材料是家具设计的载体和依托，是家具造型的基础。对于家具材料，木材、竹、藤、天然乳胶等比人工合成的材料更具环保性，是老年人家具材料的首选。使用环保材料在性能、视觉和心理上都能符合现代的环保健康意识，而且制造的家具一般都比较轻，尤为适合老年人使用。

3. 老年人家具在设计上、色彩上的讲究

我们在为老年人选择家具时要留意色彩的处理。在老年人家具的色彩选择上，与天然材料本身具有的自然色相结合取得色彩上的均衡，使老年人收获更多的平和安逸的感觉，有益于老年人的身心健康。

现在六七十岁的老年人正是经历了中国的大变革时代，对于中华民族充满了民族自豪感和自信心，对民族的精神文化非常有感情。所以，在设计老年人家具时既要考虑民族的传统文化的渗透，又要有现代气息。

笔者结论：

老年家具将成为21世纪新宠家具品种之一。我们既要看到老年人家具这个细分市场的特点，又要看到改革开放对传统消费模式的冲击。涉及老年人使用的新家具产品，应从降低成本、提高质量和产品功能着手，应着重关注于老年产品市场的新动态。由于外来文化和青年消费的示范效应，现在老年消费观念也有转化的趋势。市场是不断变化的，把准了市场的脉搏才能赢得市场，以便占据未来的老年家具市场。老年家具设计以激发老年人生活乐趣、提高老年人生活质量为目的。及时对老年消费者生活的关注也是家具从业者的社会责任所在。

三、老年人家具市场现状

在营销细分化的当下，家居卖场的内部设置也越来越贴近百姓，从可以随意试用的床、沙发、桌椅等产品的体验式营销，到橱柜、床品等产品摆放于示范空间的样板式营销，均让消费者充分感受到了现代商业所带来的便利。走进长春各家居卖场，最光鲜亮丽的区域莫过于儿童房样板间了：为数众多的儿童家具五颜六色，令人目不暇接。然而，父亲节期间，从城北的长春站前逛到城南的开运街桥头，再转向城东的家居商圈，却未找到老年人家具的专属展示区域。

1. 老年人家具有市场需求

68岁的王女士对此颇有感慨。她患有类风湿性关节炎、心脏病、胃下垂等多种疾病。因为身体不好，她平时很少外出，除了每天早上买菜、晚上散步，其余时间基本上都在家。因此，家具是否舒适、实用太重要了。现在她每天晚上需要起夜2~3次，可是卧室内并没有昏暗的夜视灯，不开灯眼睛不好，看不清楚；如果开灯，再躺回床上就得失眠了。所以，她现在只能在卧室内准备一个便盆，放在固定位置，以备晚上起夜时使用，可时间久了，卧室中难免会有异味。

75岁的张老先生也有类似的烦恼。他家离女儿家挺近的，可是他很少去女儿家串门，原因就一个——上厕所成难题。他患有老年性便秘，排便困难，因此必须使用蹲便器，但是女儿家安装的是坐便器。每次在女儿家想上厕所了，还得着急忙慌往家赶，时间久了，也就不愿意去了。而且，他对自家的蹲便器也有意见。由于关节不灵活，每次起身的时候，他都特别想有个拉手能借一把劲儿，但是现在的产品根本没有这样的设计，使用起来特别不方便，他很希望市场上能推出一些专为老年人设计的家具。

2. 老年人专属家具属盲区

日前，走访了几家较为知名的卫浴品牌，咨询是否有为老年人量身定制的产品。销售员纷纷表示，目前还没有专门为老年人量身定制的卫浴设施。目前市场上做得好的商家也仅能把产品按软硬程度来进行粗略分类，对于产品是否符合老年人审美、是否适合老年人的生理阶段等就照顾不到了。

长春站前一家品牌家具的经销商说，市场上缺少老年家居产品跟老年群体的消费习惯有关。总的来说，老年人对物质上的需求和改善的欲望都不如年轻人来得强烈。中国老年人在选择家居产品时，通常都会优先考虑儿女需求，他们为自己消费时，就会非常"吝啬"。所以，从盈利的角度考虑，企业一般不会专门生产这类家具。

3. 老年人宜用圆角家具

专家表示，我国已进入老龄化社会，老年人是一个庞大的消费群体，预计到 2025 年，老年人潜在的市场购买力可达到 14 000 亿元，这块蛋糕很大，就看商家怎么"吃"。现在食品、保健、旅游、服装等领域都有老年用品，家具市场却处在一片空白之中。

关于老年家具的问题，城市人家设计师解元表示，依据她多年接触客户的经验来看，老年家具还是有一定市场的。目前有很多收入较高的客户为了照顾父母会在同一个小区买两套甚至多套房子，然后同时装修，装修的钱通常会由年轻人为父母支付。如果市场上有为老年人量身定制的产品，相信这部分人群是不会吝啬为父母花钱的。在装修上，解元建议老年人居住的房子在装修时要少棱角。其次，装修设计不宜复杂，要方便打扫；卫生间、厨房要注意防滑，卧室设计要人性化，方便起居等。同时，选购茶几、餐桌等用具时，尽量选择边角圆滑的，以免碰伤。

作业与思考题：

1. 简述老年人家具市场现状及未来趋势。
2. 影响老年人市场发展的因素有哪些？

第二节　老年人家具设计

一、产品研发

由于老年人的生活习惯不同于年轻人，在家里生活的时间大大多于年轻人，所以在家具的使用功能上要求更高。家具企业在进行老年人家具产品研发时应注重产品的功能，如有按摩功能的座椅、沙发，有磁疗功能的床品等。在产品设计上更应该突出老年人家具产品的安全性、舒适性、轻便性、环保性、实惠性等。我国虽然拥有世界上最大的老年人市场，老年人的收入也在不断地提高，但与发达国家相比，我们的老年产业才刚处于发展阶段。由于人到老年身心发生变化，老年人家具产品功能、造型便形成了自身的特点。因此，只有遵循其本身所固有的原则，把形式、结构和功能有机结合起来，才能设计出真正属于老年人的家具。

二、营销策略

老年人在家居消费时注重于企业的历史和热情、周到、详尽的服务。老年消费者往往会花钱购买更好的家居建材产品，高档躺椅在老年人群中的热销就是一个很好的例子，为家具企业开辟针对老年辅助性家具产品的销售市场创造了有利的条件。企业要想使营销策略在实际的营销活动中获得良好的效果，就要在研究老年消费者心理上下功夫，采用老年消费者喜闻乐见的营销方式，尽量满足老年消费者的心理需求。所以，对老年人家具的营销就要尽量使营销策略满足老年消费者的心理需求。

三、渠道管理

渠道是企业市场营销的重要一环。良好的营销渠道将是企业核心竞争力的体现，企业竞争就在于营销渠道的建设上，而所谓"适当而良好"的关键仍然在于针对目标顾客的特点来进行设计。根据老年消费者就近消费的习惯，企业在建设营销渠道时就应该选择在老年消费者居住相对集中的地区。渠道形式可以是在大商场中设立一定的卖场，既方便老年消费者购买，也便于提供售后服务。

四、品牌建设

对于老年家具产品品牌建设，运用广告策略的作用毋庸置疑。广告是产品进入市场、打开销路的最有效手段。同样对待老年消费者这个特殊群体，开发老年人家具市场同样也需要广告攻势，尤其是在老年消费者观念发生重大变化、消费心态年轻化的今天，广告起着市场成功开发的决定性作用。在老年家具产品的广告营销上应做到这几点：

（1）广告的制作方式应当符合老年人的生理特点。

（2）广告的内容应符合老年人的心理。

（3）广告媒体的选择要有针对性。

据悉，到 2011 年 6 月 1 日，中国 60 岁以上的老年人口为 14 657 万人，80 岁以上的高龄人口为 1 619 万人。到 2015 年我国老年人口将达 2.16 亿人，2020 年会进一步增加到 2.48 亿人，约占总人口的 16.7%。如此庞大的预测数据显示：未来的几年里，全国老年人家具市场蕴含着无限的潜力。

家具是人们每天必不可少的产品，老年人是一个特殊的群体，他们在要求家具产品舒适的情况下还需要很高的安全性。由于很多老年人行动较不方便，因此专门设计一些符合老年人的家具产品也是顺应社会发展的需求。

五、老年人家具的造型设计和原则

家具的造型设计应该在设计过程中运用一定的手段，对家具的形态、色彩、材料和装饰等造型要素进行综合处理，是一个构成完美家具形象的规划过程。老年人在生理方面，身体各部分的机能明显下降，腿力、臂力不足，行动缓慢；在心理方面，头脑对事物的反应也变得迟缓，内心寻求一种平衡感和稳定感。因此，老年人家具在形态、色彩、材料、装饰等方面拥有自己独特的一面，有别于其他种类的家具。

（一）老年人家具的形态

形态一般可分为点、线、面三部分，是传达设计思想的首要手段，它在很大程度上决定了家具的造型与风格。对于老年人家具的形态设计而言，应遵循具有安全性、方便性和舒适性的原则。

1. 安全性原则

在家具形态设计中，应避免采用现代年轻人所偏爱的抽象理性造型，即强调几何感和秩序感的造型方式。应多运用一些无尖角、圆滑的形体，以减少磕碰、擦伤等以外情况的发生，在心理上给老年人以安全感。例如，在点的处理上，多采用一些圆形、椭圆形，尽量减少菱形、三角形等带有尖角的形体；在线的处理上，多采用一些曲线，增加整体形态的柔和感，在心理上给老年人以宁静、舒展的感觉，减少垂直线条的重复使用，避免形成僵直、生硬的家具形态；在面的处理上，尽量采用一些对称且具有均衡感的形体，确保老年人家具的稳定性，从而在视觉上给老年人以安全感。另外，不论面的形状如何，四角及边缘部位都必须做倒角处理。

2. 舒适性原则

家具的舒适性主要取决于其尺寸的合理性。设计师应充分运用人体工程学原理，根据老年人身心的具体变化设置家具各部分及整体的造型尺寸，以便为老年人营造一种轻松、愉快、健康、幸福的晚年生活氛围。

在坐具整体尺寸的设计上，座面宽度应该使用较大一些的尺寸，因为人到老年其体形一般比较偏胖，宽大尺寸的座面使他们坐起来更加方便，活动起来更加自由；在高度方面，身高相对青年、中年时偏矮，再加上臂力和腿力都有所下降，高度低一些的家具坐起来更加方便舒适。如一般坐具的高度为400mm，针对老年人设计的坐具便可设为360~380mm。

（二）老年人家具的色彩

色彩是造型设计中最直观的表达方式，具有丰富造型、突出功能的作用。虽然一件完美的家具是综合形态、色彩、材料和装饰等各因素而产生的，但我们对家具的第一印象往往都来自色彩。老年人家具在色彩的处理上应遵循低纯度、低明度、调和统一和清新淡雅的原则。

1. 低纯度、低明度原则

在对老年人家具进行色彩设计时，常用的色系有蓝、绿、黄、紫等，这主要是依据色彩的心理和生理效应来考虑的。但在实际运用这些色彩时，应适当降低其纯度与明度，因为人到老年大都形成了一种平和、宁静、沉着的性格，多喜欢低纯度、低明度的淡雅色彩。同时，黑、白、灰等无彩色也深受老年人喜爱，三者的和谐搭配能够营造出宁静、高贵、典雅的生活氛围。

2. 调和统一原则

在设计现代家具时，往往在一件家具中会用到两种或两种以上的色彩，对于老年人家具设计而言，就要加强色彩的协调，增加家具柔和、平静、庄重、高雅的造型氛围，以避免强烈对比所产生的怪诞、新奇的效果。调和统一的色彩能够使人产生愉快、舒适的感觉。在老年人家具的色彩设计中，可将不同色相、不同明度、不同纯度的色彩按照一定的秩序排列，色彩间隔既不要过分"暧昧"又不要过分炫目。另外，还应取得色彩力度上的均衡，对于大面积的色彩应适当降低其纯度，小面积的色彩适当提高其纯度，以便保持色彩间的均衡、调和关系，设计出真正符合老年人心理的家具。

3. 自然色原则

天然材料本身决定了其色彩、质感和纹理等表象特征。现代社会人们生活节奏比较快，工作压力比较大已成为一种普遍现象。人到老年，忙碌了几十年，内心更加渴望一种原始、粗犷、自由、随意的田园生活。因此，木材、竹、藤等天然材料受到老年人的普遍欢迎，其原始、朴实、柔和的色彩能够使老年人的心境更加平和、开朗，有益于老年人的身心健康。

（三）老年人家具的材料

材料是家具设计的载体和依托，是家具造型的基础，它制约家具的内在结构和外在形态，体现出不同的质感与装饰效果。所以，合理地、科学地选用材料是家具造型设计中极为重要的环节。家具材料主要分为三大类：一为木材、竹、藤等天然材料；二为玻璃、塑料、金属和人造板等人工材料。另外，还包括涂料、五金件等辅助材料。老年人家具在材料的选择上应遵循具有轻便性、环保性和实惠性的原则。

1. 轻便性原则

老年人家具的轻便性原则主要是针对其重量和方便性而言的。人到老年由于其生理的变化，体力大幅度下降，平衡力也相应减弱，并且随着儿女生活的独立，大部分老人必须面对自己生活的现实。针对以上情况，老年人家具在整体重量上就要轻一些，这可以通过采用一些轻巧的外观造型和选择一些密度较小的材料来实现。此外，还应该注意材料的方便实用性，使家具用起来"得心应手"，突出其功能性，而不仅仅停留在装饰性上。

2. 环保性原则

人到老年体质和抵抗力下降，健康已成为他们生活中主要关心的问题。因此，在材料的选择上，要特别注意其环保性。对于家具材料而言，木材、竹、藤等天然材料比人工合成的材料具有更好的环保性，应该是老年人家具材料的首选。木材是传统的建筑与家具用材，其良好的物理性能也比较适合家具的加工制造，并且木材本身所具有的天然纹理也具有非常好的装饰效果；竹、藤等材料在视觉和心理上都能符合现代人的环保健康意识，所制造的家具体量一般都比较轻，体现出一种淳朴、休闲、清凉和典雅的造型特色。

3. 实惠性的原则

大多数老年人都经历过艰苦的岁月或曾有贫穷的经历，在消费理念上非常注重节俭和实惠，价格是影响他们购买决策的首要因素。所以，在选择材料的时候应该注意其价格，不应只追求家具的外在美而盲目地选择一些高价位的材料，致使家具成本偏高，最终影响销售。

（四）老年人家具的装饰

家具装饰是指为美化家具而进行的局部处理，主要是通过对家具面层、脚型、图案、软装饰织品、五金件、雕刻和镶嵌的处理来实现。材料不同决定了其装饰方法不同，而对于老年人家具而言，整体装饰应遵循传统复古和自然纯朴的原则。

1. 传统复古原则

老年人一般具有怀旧心理，喜欢回味过去的生活。老年人家具的整体装饰应体现典雅复古的韵味，在情愫上符合老年人的心理需求。例如，一些模仿动物脚爪和花瓶等的仿生脚型，其曲线的运用相对现在年轻人所喜爱的几何腿型，不仅生动且具有很强的历史回味感。在图案的运用上，具有中国传统文化特色的装饰题材最为适宜，如传统的吉祥图案、复古的纹样等；也可以运用加设线条、薄木拼花等工艺方法营造不同形式的图案以增加造型的层次感。此外，还可以运用一些雕刻、镶嵌等传统技法，来营造一种老年人所喜爱的淳朴、典雅的造型氛围。

2. 自然淳朴原则

人到老年，对任何事物都持有一种平和的心态，不再有年轻人的张扬与狂热，偏爱宁静、雅致的生活氛围，喜欢亲近自然。因此，老年人家具的装饰应力求自然淳朴，不应该出现太跳跃或离奇的装饰图案与方法，应避免家具整体的装饰混乱与夸张。木材、竹材、藤材等天然材料因其良好的自然属性，备受老年人的喜爱。木材纹理是天然形成的装饰图案，在视觉上给人以流畅、井然、轻松的感觉，具有很强的亲和力与装饰性，在结构上可以采用明榫的形式使产品具有自然天成的乡村风格；竹材、藤材特有的天然肌理与色彩，本身就具有很好的装饰效果。另外，加上人们对其装饰的刻意处理，使其装饰效果更加丰富。例如，把竹材和一些带有中国古文字装饰的织物进行搭配，使整个家具俨然一幅中国的字画作品，充分体现了其民族性和文化性。

六、老年人家具的无障碍设计

无障碍设计（barrier free design）这个概念始见于 1974 年，是联合国组织提出的设计新主张。无障碍设计强调，在现代社会一切有关人类衣食住行的空间环境以及各类建筑设施、设备的规划设计，都必须充分考虑具有不同程度生理伤残缺陷者和正常活动能力衰退者的使用需求，营造一个充满爱与关怀、切实保障人类安全、方便、舒适的现代生活环境。

人步入老年期后，其生理功能会呈现出衰退，因此老年人是无障碍设计关注的重点人群。这一特殊群体对日常使用频繁的家具比常人有更多的依赖性，需要我们给予更多的关怀与重视；同时，从经济角度来看，这也是一个富有潜力和商机的市场。本文关注老年人（及其他类似特征人群）的特殊需求，从生理和心理方面分析其特征，为老年人家具设计提供一些参考。

（一）家具引入无障碍设计的重要性

1. 我国老龄化社会的到来

在我国家庭中，老年人和子女分开居住已经相当普遍，这给老人的生活照顾、医疗保健等方面都带来了诸多的不便。而依据无障碍原则设计的家具可以在一定程度上增强老年人在家里的活动能力，延长老人们生活自理能力的年限，缓减老年人需护理的压力。

无障碍设计原则在社会生活中的应用是社会进步的重要标志。而如何在家具设计中设计出符合老年人的生理、心理与行为需要的产品，增加人性化的设计，可以成为我们家具设计研究中的重要课题。

2. 老年人家具市场前景的分析

随着我国城市住宅设计的飞速发展和人民生活水平的提高，家具市场也迎来了勃勃生机。目前市场上有高收入阶层家具市场，有新婚家具市场，有儿童家具市场，但唯独没有老年人的家具市场。我国老年人口的快速增长，意味着 21 世纪中国的消费市场将发生较大的变化。随着老年人住房条件的不断改善和老年人消费理念、能力的改变，老年人家具将是一个巨大的市场。未来 20 年步入老年人行列的人群当前正处于 40～60 岁之间，其中许多人事业有成，有着比较好的经济基础，现在所谓的老年人高档消费在 10 年之后将变成普通消费。

老龄产业是一个朝阳行业，而我国的老年消费市场还远未形成，每年为老年人提供的各类别商品严重不足。就家具行业而言，真正为老年人设计的家具更是少之又少，老年人基本没有自己的家具，所以设计师和企业应该把握老年人家具市场的广阔前景，从老年人的特点出发，设计出满足老年人需要的家具，这个市场的商机和前景将是光明的。

（二）老年人的身心特点与无障碍家具设计原则

1. 老年人的身心特点与家具设计

人到老年，身心发生了很大的变化，身高、臂力和腿力都随着年龄的增长而下降，骨质发生疏松，血管开始硬化等；同时，头脑的反应则开始变得迟缓，情感也变得与年轻时不同，综合归纳起来可以分四个方面：

（1）运动机能 随着年龄增长，肌肉力量和呼吸机能将会降低，肢体动作变得缓慢，而且对危险运动的反射神经及平衡能力也会降低，并容易出现碰撞等危险。如果下肢有障碍时就不能正确地坐立，这时椅子或沙发的形状就成为一个关键的因素。

（2）感觉机能 一般来说，老年人的感觉机能大多是按照视觉、听觉、嗅觉和触觉的顺序下降的。在进行家具设计时都应该有所考虑，比如对于视觉的降低，就应注意避免家具表面色彩强烈对比。

（3）心理机能 如果记忆力、判断力下降，就无法辨别方向，这时对家具及电器的使用就需要设置一些易懂的标识，给他们以一定的帮助。

（4）情感特征 老年人由于社会角色和经济地位由主导变为辅助，加上独居较多，情感特征多表现为常有孤独感、颇为怀旧，其内心多寻求一种平衡感和稳定感。而对于购买商品则多讲求实用，价格方面偏向于中低价位。这对于家具设计研发人员来说就应从降低成本、提高质量和改善产品功能着手。

2. 无障碍家具的设计原则

家具设计的目的是为人类服务，是运用现代科学技术的成果和美的造型法则去创造出人们在生活、工作和社会活动中所需的特种产品——家具。根据老年人的身心变化可以得知，服务于老年人的无障碍家具在形态、色彩、材料、装饰等方面拥有自己独特的一面，有别于其他种类的家具，具体可以归纳为几点原则：

（1）造型尺度适宜 无障碍家具的设计首先要考虑的因素就是家具的尺度，由于老年人及其他特殊人群在生理、心理上有别于正常成年人，为方便其使用，在设计中要充分考虑尺寸的合理性。

（2）辅助功能贴心 老年人身心机能衰退，难以轻松地把握自己的动作，或者容易因缺乏判断力而无法很好地使用平常人能够充分体验的家具功能。因此，家具设计上要充分运用视觉、听觉和触觉的手段，给予他们提示和告知，辅助他们方便使用。

（3）安全保护完善 老年人运动和感觉机能的衰退，使得他们对外界的敏感度明显下降，从而在日常生活中存在很大的安全隐患。因此，为老年人设计家具时对于安全性是绝不能忽视的，同时，还应尽可能在产品中加入保护使用者的功能。比如，家具材料应尽量避免采用玻璃或金属材质的，以防操作失误时造成伤害。设计上应多一些保护性的部件，保证他们能通过自身努力，得以实施家具产品的功能。

（三）无障碍家具的具体设计分析

在家具无障碍设计中，形态方面应少采用现代理性直线造型，多运用一些无尖角且圆滑的形体，以减少磕碰、擦伤等以外情况的发生，在心理上给老年人以安全感和人情味。北欧的有机功能主义设计思想在这方面有大量可以借鉴的地方；至于材料，应遵循轻便性、环保性和实惠性的原则，一般来讲应以木材等天然材料为主。

根据无障碍家具的设计原则，可以针对不同类型家具的特点做深入细致的设计。在这里我们根据家具基本功能进行分类的设计分析。

1. 人体家具

这是一类直接支撑人体的家具，如椅、凳、沙发、床等，其尺度造型对于人体舒适感甚至健康都会有较大的影响，而老年人对此就更有其特殊要求了。

对于椅、凳这种坐具来说，坐在一个三面有依靠的椅子上会让人在心理上产生安全感、舒适感，同时扶手的存在可以方便老年人起坐时抓握，增加身体平衡的支点，起坐时更加容易、方便，因此，有扶手的椅子是比较适合老年人的设计。

沙发设计从人体工程学上分析，人体坐姿倾斜越大，起身越不方便，老年人如果坐在过于柔软、强调舒适性的沙发上实际上是一种"折磨"。沙发的靠垫柔软，使其腰椎得不到有力支撑，座垫柔软使其起身更为费力，这都是隐性障碍。在设计中，我们应该注意使软包填充更具有韧性和弹性。而在沙发周边加上脚踏、置物板、杂志搁架等功能附件或角度可调节等功能则可让他们充分享受到生活的舒适与愉悦。

设计老年人专用床时，床的高度既不要太低（难以整理床上物品）也不要太高（不适于上下，还有跌落的危险）；对轮椅乘坐者，其高度应与轮椅高度（500mm）接近，以便于从轮椅上转移到床上，同时，床的侧面可以加上护栏，可以方便他们上下床时抓握，与沙发相似，床垫也不能过于柔软；另外，出于舒适性考虑，可在床上合适的位置安装灯的开关，某些设计中还可以将灯具整合到床上，以便老年人入睡和起床时开关灯，且避免了黑暗中打翻床头柜上摆放的台灯的危险。

2. 准人体家具

此类家具的功能部分与人有关，代表类型为桌、台等。

老年人用的桌子不宜过高或过低，过高容易导致人体的肌肉疲劳，脊柱侧弯，视力下降，长期可能会出现颈椎问题；过低的桌子则会使人感到书写不适，肩部疲劳，胸闷，起坐吃力等。对于下肢活动不便的人，可在桌子的侧面安装扶手装置，以便辅助走路和起立支撑。对于坐轮椅的人来说，桌下空间要保证有足够的高度容纳轮椅。如要轮椅能够深入桌下，则桌下空间要大于扶手高度，所以其空间高度需远高于正常的580mm，应为750mm左右，从而使其桌面高度也略提高，达到800mm左右。

3. 储存类家具

此类家具顾名思义就是供人们储存物品的，主要为柜架类家具。

对于带有抽屉和顶柜的柜类，不宜有低于双膝的抽屉和高过头的顶柜，以减少老年人的躬身和爬高，减少不安全因素的存在，且使用省力。另外，家具饰件（如拉手）的体量不宜太小，同时选用高品质的五金配件，确保家具开启轻巧省力，开启方式便于识别与操作，不宜太复杂。柜门的设计宜采用推拉门或者折叠门，避免采用平开门，因为平开门需占用较大的空间且不利于轮椅使用者开启或关闭。

4. 整体橱柜

整体橱柜是一类特殊的柜类家具，适用于厨房，相比其他储存类家具，它具有其特殊之处：集烹饪、洗涤、储备功能为一体且将家具及设备融为一体。

首先，针对于老年人身高会有所降低的情况，应降低高柜及吊柜离地高度，以便于取放物体，基本上柜门离地距离应在400～1 800mm范围内。另外，要注意吊柜尽量少做上翻门，宜采用对开门。操作台可高于标准操作台的高度（一般宜为850mm左右），这样老年操作者可减少弯腰的机会，如果为轮椅操作者则需要降低高度，同时台面下不设置柜体和抽屉，留下足够空间供使用者容纳轮椅与双腿。对于地柜可多采用拉篮，这样可以避免老年人弯腰探入光线不足的地柜中寻找物品。

无障碍家具的设计可以弥补老年人居住、行动中的不便。要完善无障碍家具的设计，并不完全取决于技术问题，而主要取决于态度问题。对于目前的家具设计技术和生产水平来讲，对于无障碍家具的支持是充分的，社会和企业需要充分重视和关注老年人等有需要的群体，这样设计师们才会更多的将精力投入到无障碍的设计当中，才能真正构建一个相互尊重、平等的社会环境。

作业与思考题：
1. 简述老年人家具的设计原则。
2. 结合案例说明无障碍设计如何在老年人家具设计中应用。

第十章　办公家具消费市场和办公家具设计

第一节　办公家具的概念

一、办公家具的定义

办公家具是指在办公室或家庭里用来工作的家具。英文名称：Office Furniture。办公家具的简单组成部分：坐的部分办公椅，用的部分文件柜及办公桌组成。

早在 20 世纪 80 年代初期，国外的办公家具品牌就进入了中国市场，但是因为风格、理念、价格等原因，大多国际品牌家具只能为国际企业和大型本土企业提供服务。外资品牌在家具行业中更注重办公环境的整合。自由、隐私、功能、简便之间的平衡一直是国际办公环境所追求的。最早进入中国的国际品牌家具企业在开放式办公环境、多功能办公家具、人体工程学座椅等方面都有独到之处。

国际品牌家具在办公行业的中高端市场中一直处于领先地位，高科技行业、证券金融、财会律师等对办公环境要求高的行业均会采用。

二、办公家具的分类

按材料分类有板式办公家具、钢制办公家具、金属办公家具、软体办公家具等；按使用场合分类有办公室、敞开式的职员办公室、会议室、阅览室、图书资料室、培训教室、实验室、职工宿舍、职工食堂等；按使用功能分类有办公桌、办公椅、办公屏风、沙发、茶几、文件柜、档案柜、工作台、大班台等；按风格分类有传统办公家具和现代办公家具。

三、办公家具的消费群

办公家具消费主要集中在四类人群：一是企业的购买；二是政府的采购；三是学校的购买；四是酒店的购买。但是目前政府采购所占比重还不够大，某些环节还不够规范。

作业与思考题：
1. 简述办公家具的概念和分类。
2. 办公家具的消费群有哪些？分别有哪些特征？

第二节　国内办公家具市场概况

一、国内办公家具市场概述

10 年来，中国家具行业经历了第一个高速发展期，以量的扩张为主，初步建立起了门类齐全、与国际接轨的完整的工业体系，产品能满足人们生活需要和国际市场的需要。在未来 5~10 年，在国际家具产业转移的大背景下，中国家具行业将迎来第二个高速发展期。这个时期主要不是在量的扩张而是质的提高。

进入 21 世纪后，中国政府就已经提出加快城市化和小城镇化建设步伐，全面繁荣农村经济，加快城镇化进程，以便进一步拉动消费，扩大消费领域。国家的这一举措必将进一步促进中国的住宅建设，因而会使与住宅相关的行业得到发展。国务院根据社会需求和发展的需要，提出了住宅产业化，这一举措将带动与住宅配套几万种产品的标准化、系列化和产业化。由于住宅产业化的发展，住宅作为一种商品进入市场，为各类家具和配套产品提供了发展空间。中国家具行业蕴藏着巨大的市场潜力。

加入 WTO 以来，中国本土家具开始注重办公家具部分的设计研发和市场的开发，专业办公家具企业陆续出现，并且快速成长，更适合中国人的传统理念：高质低价、经久耐用。但是，因为历史问题，初期缺乏对办公环境、员工隐私、人体工程学等方面的了解，经过不断的学习进步，逐步跟上了国际步伐。

二、国内办公家具市场现状

目前国内办公家具的问题：缺乏科学的营销战略。具体体现在市场营销、市场推广、渠道管理、物流配送、售后服务、厂商关系等营销问题上，缺乏长远、稳定而科学的战略指导。

现象一：杂（品牌众多）、乱（市场竞争无序）、散（区域性特征明显）等特征，有实力品牌屈指可数，内地无一家上市办公家具企业。

现象二：低端生产，成为外国企业的生产基地。

现象三：设计能力普遍低下，大都只能靠抄袭。

作业与思考题：
简述办公家具市场现状及国内办公家具存在的问题。

第三节　办公空间规划与新型办公室设计理念

一、办公空间规划

办公室的整体风格能显现出企业的文化，更是展现公司实力的重要环节，办公空间的设计就像裁剪定制一件优雅别致而又舒适得体的衣服，既需要在风格上有所突破，也必须考虑到空间的适当分配。企业对于办公环境的需求，必须将独有的设计元素融入整体规划中，使客户与员工加深对于企业的认同与信任，协助企业主在办公室中展现实力、专业、质量等外在形象。能兼顾这些需求的设计除了要有缜密的规划，更要有高质量的施工与用料，才能在最需要却也最微妙的环节呈现出大气度。

除了美观、实用和安全，办公家具还多了一份营造情境与搭配完整环境的规划。在设计上，率先将人体工程学理念广泛运用于办公家具上，并协助客户进行办公室规划，充分考量办公设备的整合、环境景观的设计、动线规划及使用效率管理、网络、照明、噪音处理及搭配等细节。主张"办公室整体规划系统"，期望能结合优质的产品以及经过完整规划的环境，创造一个完美的办公空间，不仅为客户提高工作效率，更提升企业整体形象。

（1）款式　OA系统家具可多样式组合选择，互相搭配运用，不受空间及时间限制，发挥组合最高效能，使用者可依照自己喜好增加组合功能。

（2）规格　品质考量安全性、持久性等基本要求，系统家具除了基本尺寸外，更可依现场需求定制，不仅能充分利用空间，更能就使用性质做特定规格的选择，使系统家具富有弹性、多变性。

（3）颜色　色系搭配选择可依现场环境感觉、个人喜好等做整体上的颜色搭配，使办公室环境更整体、更完整。

（4）整体性　办公家具因规格、款式、颜色等均能统一，不会每次订购就有不同产品产生，避免办公室搭配无法标准化。多样化的组合、全功能的搭配、完美外观的设计造就了整洁美观的办公环境。

（5）扩充性　日后增加或搬迁所造成零件短少或组合上的困扰等，办公家具均能解决这些缺点，可任意搭配符合公司办公室的需求。

二、新型办公室设计理念

新型的设计必然涵盖新型的风水，办公室设计理念的改变必然会产生办公装饰、办公家具、低碳办公等的改变。

随着生活质量的提高，越来越多的人开始重视设计及改造办公空间，进行空间划分，注重材料、灯光效果、颜色的使用和办公家具的选择。许多公司也设置了办公休息空间、茶房间和美丽的花园，甚至诊所、按摩室和健身房也在其中，舒适的办公空间已经融入了越来越多用户的友好设计。

首先，需要定制的办公空间，没有一家公司希望使用完全模式化的产品，他们想要一个定制的解决方案。一般根据设计公司的声誉、创意水平、服务、设计经验、管理、客户需要等考虑。

其次，强调办公自动化，以实现无纸化办公。一些外国办公室采用不同于传统的设计。提供的所有信息都是可通过互联网电子邮件、传真机和其他内部沟通方式实现的。办公自动化已经成为办公室装修考虑的主要问题。

最后，设计出具有家的感觉的办公室。设计师们开始参与设计，包括办公家具、装饰品、接待室，甚至一个小烟灰缸。办公室所有的空间被文件柜、更衣柜、档案柜等分割，最节省空间的办法为加隔墙摆放物品、使用楼梯空间、贴墙画、贴壁纸墙装饰设计。

因此，在今后的办公室设计中：较小的、分散的、灵活的办公空间设计成为一个新的发展趋势，成都和源办公家具适应现代潮流，成为现代办公家具企业队伍中不可缺少的一部分。

作业与思考题：

1. 简述办公空间规划的概念和方法。
2. 简述新型办公室设计理念。

第四节　办公家具设计

　　一般说家具是指人们维持正常生活、从事生产实践和开展社会活动所需要的一个种类用具或设备。也就是说在生活、工作和社会实践当中供人们坐、卧或支撑与储存物品的一类用具或设备。随着物质文化和功能需求的上升，家具的多功能化和艺术品位也得到加强，现在的家具具有物质产品特性和艺术创作特性。

　　不同国家、不同时代，由于物资生活水平和文化发展水平不一样，家具的类型、功能、形式、风格和制作水平也会不尽相同，因而家具也具有丰富的社会性。家具是由材料、结构、外观和功能四种要素组成，材料是家具的基础，结构是实现功能的形式，外观是人们审美的需求，功能是家具的主体，也是家具产生和发展的动力。四个要素相辅相成，缺一不可。

一、办公家具的功能设计

　　功能是家具主要表现形式，制作家具就是要使家具的功能适应使用者想达到的目的，家具的功能结构是家具的中心环节，是主体，是推动家具发展的动力。在进行家具设计时，首先是对家具的功能特性进行分析，然后是结构的设计和外在的设计。家具的功能主要是指其使用功能，这是使用者的需要，然后是审美功能和其他功能。不过，对不同使用者而言，特别是达官显贵，有时审美功能要高于其他功能，由于使用了珍贵木材、珠宝、艺术加工等，其价值更在于艺术和收藏。家具是人们生产生活的必需品，根据有关统计得知，人们每天接触家具的时间在三分之二以上，接触办公家具的时间在三分之一以上。所以，家具功能直接影响生活和工作的质量，所以，重视家具质量就是重视生活和工作的质量，特别是办公家具，在每天的活动当中占据很重要的位置，所以，应该为自己和员工选择性能好、办公舒适的办公家具。

二、办公家具材质的美感

　　随着时代的发展，办公家具的设计不仅仅注重其使用性，人们开始注重美感。办公家具的美感来自于造型更来自于设计师对办公家具材质的了解，并充分发挥其美感。办公家具用材各有特点，木材有天然的纹理、触感和质感，都很符合人的需求，金属材料可以随意雕琢成型，玻璃则有其他材料无法比拟的透明或半透明特性与光洁的表面。

　　在设计的过程中，研究新的材料以及塑造、展现材料的美感是设计师必备的能力；而欣赏办公家具的材质美则需要使用者细心的领会与发掘。一件美的办公家具，在保证实用这个最基本的前提下，如果只有造型而忽略表现材质美，怎么也称不上好产品。制作、生产办公家具要用各种材料，木材、金属、玻璃，但绝不是随便拿来一样材料便可使用。材料是每一件工艺产品，包括办公家具的生命力所在，没有了所用材质的固有特性，再美好的造型也是空洞的。

这些材质特性与其流畅简洁的造型、严谨合理的结构完美结合，可谓相得益彰。现在市面十分流行黑胡桃木办公家具，然而不难看出，许多设计师只是因为流行才使用黑胡桃木纹，并不理解这种材质的独有特点。这些产品只是把办公家具的颜色材质作了简单的更换，以前流行榉木现在不流行了，便在类似的产品表面换上黑胡桃木。躺椅，如果全是藤编，不免缺乏力度与时代感，但设计师使用深蓝色的布包靠背，再露出一点金属腿，整件作品不但保存了应有的舒适感，也因不同材料的组合而充满活力。例如，黑胡桃木搭配适度的磨砂玻璃，附以精细加工的金属构件，几种材质的巧妙组合既摆脱了纯粹金属加玻璃的冰冷，也没有全木材茶几的笨拙，称得上是一件富有时代感的作品。实际上，如果不是用在那种极其简洁、极其"酷"的产品设计之中，黑胡桃木这种材质也就失去了存在的意义。这就是有设计内涵、充分反映材质特性的产品在赝品林立的市场中，依然可以独树一帜，深受使用者青睐的原因。一件办公家具使用的材料大都不是单一的，要把各种不同的材料恰到好处地组合起来，充分体现混搭的美感，不一样的组合会带来不一样的感官享受。因此，要做好办公家具设计，设计师还要充分了解各种材料的属性、可塑造性，以更好地运用它们的质感与使用性。

木材一直是家具用材的主导，现今家具全实木化生产已经很少，一是木材的来源减少，二是减少木材的使用量也是环保的要求，三是生产厂家控制成本的体现。现在的木质家具，都已经用中纤板、刨花板、木工板、木档、木贴皮（或纸贴皮）等制作。

办公家具材料的应用特性：

（1）加工的艺术性；

（2）材料的质量；

（3）材料的经济性；

（4）材料的强度，包括支撑力、抗压力、弹性等；

（5）材料的表面装饰性。

三、办公家具的结构设计

办公家具结构是其功能的体现，良好的结构不仅节省材料还有很好的功能性。家具的结构一是指其外观结构尺寸、比例和形状，如高度、深度、跨度、大小等；另外就是内部结构，材料与材料、材料与构件、部件与部件的组合和连接方式，也是实现家具功能的直接体现。

在材料的变化和科学技术的发展下，不同材质的家具都有自己的特点。例如，金属家具、塑料家具、藤家具、木质家具等，在金属的钢制家具中密集架就有与其他家具显著不同特点。

四、办公家具基本色调

办公家具一般有 5 个色调：黑色，灰色，棕色，暗红色和蓝色。怎么搭配才适合呢？每一种颜色都有它自身的语言，它会向你的同事和客户传达出肯定的生理信息。比如，黑色给人寂静落寞感，但同时也有一种高贵和稳健；棕色让人觉得死气沉沉，但不同浓度的棕不但没有了晦暗，还会产生出几分文雅，大红大粉过于张扬，若和寂然的暖色搭配，能够显出年老的天真；本白土黄太过素净，若和欢乐的暖色牵手，就易闪现自身的高雅。再进一步，淡紫配天蓝给人恬静的感觉；洋红配宝蓝让人觉得晦涩；酱紫配月白则显得高雅；粉红配本白传达青春气息；深棕配浅黄可能让你看起来相对幼稚；浅灰配墨黑显得稳健；朱红配黑能吸引对方的眼球；墨绿配土黄的搭配最天然；海蓝配浅蓝则令人感到扎实；明黄配墨黑，则可能给人腾跃的美。

五、办公家具的外观设计

办公家具的外观是其结构和功能的体现，是外在结构的最佳体现。外观具有很大的自由空间，如结构的表现、颜色的变化、附件的衬托、大小的变化、形状的变化、空间的不同组合等，有的显示高贵大方，有的则艺术性强，有的简洁。人们在使用家具的同时也得到了视觉上的享受，就出现了家具的外在美和艺术体现，因此，家具的外观具有一定的意义和信息传达功能。

综上所述，家具外观能表现使用者信息，如办公家具中的大班台，高贵大方，使用者一般是公司总裁、总经理等高职位人员。

作业与思考题：
简述办公家具的设计原则。

参考文献

［1］李彬彬. 设计心理学［M］. 北京：中国轻工业出版社，2007.

［2］大玉戈. 消费者行为研究［DB/OL］. http://baike. baidu. com/view/1467522. htm，2012 － 04 － 22/2012 － 06 － 04.

［3］谢青. 研究您的消费者［EB/OL］. http://www. pxtop. com. cn/wenku/2009112834_39727_4822. 1. shtm，2009 － 11 － 02/2012 － 06 － 04.

［4］李响. 家具［EB/OL］. http://baike. baidu. com/view/47164. htm，2006 － 04 － 25/2012 － 06 － 05.

［5］黄忠贤. 中国家具营销的未来趋势［EB/OL］. http://www. chinatimber. org/news/show. asp？id = 29008&page = 3，2006 － 04 － 25/2012 － 06 － 05.

［6］兰珊. 消费群体与消费心理［DB/OL］. http://wenku. baidu. com/view/4605aedaad51f01dc281f162. html，2011. 10. 01/2012 － 06 － 05.

［7］邓义宏. 家庭［DB/OL］. http://baike. baidu. com/view/1065. htm，2011 － 07 － 18/2012 － 06 － 05.

［8］星侠. 家庭消费［DB/OL］. http://baike. soso. com/v7620088. htm，2011 － 05 － 05/2012 － 06 － 06.

［9］潘志全. 中国家庭家具购买行为调查［EB/OL］. http://www. diaochaquan. cn/s/12D0T#GotoDan85C07ACE28532D20，2007 － 07 － 18/2012 － 06 － 08.

［10］吴静. 调查称服装居女性消费首位，八成女性热衷于网购［EB/OL］. http://news. sohu. com/20120223/n335703317. shtml，2012 － 02 － 23/2012 － 06 － 08.

［11］潘允康. 家庭生命周期［J］. 百科知识，1996，（5）：35 － 39.

［12］吴瀚鹏. 网络市场细分的作用［DB/OL］. http://wenku. baidu. com/view/e088266c58fafab069dc029d. html，2011 － 05 － 13/2012 － 06 － 08.

［13］何欢. 从细分市场找到目标客户［EB/OL］. http://finance. sina. com. cn/roll/20040623/1041829276. shtml，2004 － 06 － 23/2012 － 06 － 08.

［14］谭小芳. 家具市场细分的原则和途径［DB/OL］. http://www. themanage. cn/201005/346134. html，2011 － 05 － 11/2012 － 06 － 10.

［15］钱建芬. 懒人家具性别家具［N］. 金陵晚报，2011 － 11 － 11/2012 － 06 － 10.

［16］周莉. 市场定位与产品定位［DB/OL］. http://finance. 591hx. com/article/2011 － 06 － 29/0000043362s. shtml，2011 － 06 － 27/2012 － 06 － 11.

［17］唐堤. 家具［EB/OL］. http://baike. baidu. com/view/4716. htm，2006 － 04 － 25/2012 － 06 － 11.

［18］黄忠贤. 浙江家具市场的特点［EB/OL］. http://www. chinavalue. net/Finance/Article//171846. html，2009 － 04 － 22/2012 － 06 － 11.

［19］素橄榄. 消费者需求［DB/OL］. http://baike. baidu. com/view/663092. htm，2011 － 07 － 07/2012 － 06 － 11.

［20］EC 在线. 客户的消费需求［EB/OL］. http://www. yewuyuan. com/bbs/thread －

2282700 - 1 - 1. html,2012 - 09 - 17/2012 - 10 - 03.

[21]骆千军. 隐性需求[DB/OL]. http://www. baidu. com/link? url = 9ypV _kjGKNNq,
2011 - 11 - 28/2012 - 06 - 13.

[22]洪亮. 消费者成为解冻家居业"冷终端"的关键[EB/OL]. http://home. hangzhou.
com. cn/article. php? article_id = 9694,2011 - 11 - 28/2012 - 06 - 13.

[23]拓璞. 家具需求层次分析[EB/OL]. http://blog. 163. com/topjiaju@ yeah/blog/stat-
ic/,2011 - 09 - 27/2012 - 06 - 14.

[24]孙建平. 基于层次分析法的影响国内家具市场因素分析[J]. 西北林学院学报,2011,
(03):25 - 26.

[25]晓霞. 超5成网友倾向板式家具[EB/OL]. http://home. focus. cn/news/2010 - 01 -
28/163519. html,2010 - 01 - 28/2012 - 06 - 14.

[26]柴棋梦. 需求的变动[DB/OL]. http://www. baidu. com/link? url = p75KGJqjJ4zBB -
pC8yDF8xDhiqDSn1JZjFWsHhEoSNd85PkV8Xil - rsAoQn_rynaE,2010 - 07 - 19/2012 - 06 - 15.

[27]张屹. 中国家具的市场需求分析,[DB/OL]. http://wenku. baidu. com/view/ffc-
db0976bec0975f465e297. html,2008 - 07 - 10/2012 - 06 - 15.

[28]翟秀艳. 乐从家具,向国际跨越[EB/OL]. 佛山日报,2012 - 08 - 17/2012 - 09 - 15.

[29]杜顺美. 市场需求本身决定必须变革——变革家具业商业模式之思考篇[N]. 珠三角
家具报,2009 - 01 - 09/2012 - 06 - 17.

[30]廖广文. 消费动机[DB/OL]. 中国轻工业网,2012 - 04 - 09/2012 - 06 - 17.

[31]林民航. 消费动机影响因素分析[DB/OL]. http://www. baidu. com/link? url = nX-
Dh8rD3nxvlxa_5w6_faERSO7UK,2010 - 05 - 20/2012 - 06 - 17.

[32]蓝飞扬. 消费动机[DB/OL]. http://baike. baidu. com/view/24591. htm,2011 - 05 -
14/2012 - 06 - 18.

[33]王春花. 家具消费者购买行为分析及对策[DB/OL]. http://wenku. baidu. com/view/
6c878f533c1ec5da50e27096. html,2012 - 04 - 11/2012 - 06 - 20.

[34]丁楠. [DB/OL]. http://zhidao. baidu. com/question/288401574. html,2008 - 12 - 14/
2012 - 06 - 21.

[35]王长征. 消费者态度,消费者行为[DB/OL]. http://www. docin. com/p - 413104583.
html,2012 - 05 - 13/2012 - 06 - 21.

[36]神马队. 消费者行为[DB/OL]. http://wenku. baidu. com/view/6fd7d366783e0912a -
3162a05. html,2011 - 05 - 05/2012 - 06 - 22.

[37]蛮小夜. 消费者购买行为[DB/OL]. http://wenku. baidu. com/view/62633483ec3a -
87c24028c470. html,2011 - 05 - 05/2012 - 06 - 22.

[38]吴刚. 消费者研究概述[DB/OL]. http://wenku. baidu. com/view/723bb33583c4bb -
4cf7ecd199. html,2012 - 05 - 26/2012 - 06 - 23.

[39]常空. 顾客购买家具过程分析[DB/OL]. http://wenku. baidu. com/view/723bb33583
c4bb4cf7ecd199. html,2012 - 05 - 26/2012 - 06 - 24.

[40]江明华. 消费者购买黑箱里的规则[DB/OL]. http://www. em - cn. com/article/2007/
115188_5. shtml,2007 - 02 - 08/2012 - 06 - 24.

[41]寒芷. 消费者购买黑箱里的规则[DB/OL]. http://bbs. jiajuol. com/thread - 38552 -

1 – 1. html,2009 – 06 – 29/2012 – 06 – 28.

[42]啸然. 消费者行为[DB/OL]. http://www. hudong. com/wiki/消费者行为,2008 – 09 – 07/2012 – 06 – 28.

[43]周正祥. 影响消费者行为的五大因素[DB/OL]. http://www. chinavalue. net/Finance/Article/2006 – 11 – 4/47791. html,2006 – 11 – 04/2012 – 06 – 28.

[44]秦延超. 家具选购的学问[EB/OL]. http://house. dbw. cn/system/2007/04/23/050787920. shtml,2008 – 03 – 07/2012 – 06 – 28.

[45]永乐谷. 消费者行为学[DB/OL]. http://wenku. baidu. com/view/cb87af200722192e4536f69d. html,2006 – 11 – 04/2012 – 06 – 28.

[46]程东. 消费者市场与生产者市场[DB/OL]. http://www. 5ucom. com/p – 33549. html,2006 – 11 – 04/2012 – 06 – 28.

[47]邱小圈. 消费者心理[DB/OL]. http://baike. baidu. com/view/165512. html,2009 – 01 – 26/2012 – 06 – 28.

[48]程为宝. 论不同年龄群体的消费心理与商品包装[DB/OL]. http://wuxizazhi. cnki. net/Search/BZSI199805014. html,2006 – 10 – 08/2012 – 06 – 28.

[49]魏阿土. 不同性别消费群体市场的特点和营销策略[DB/OL]. http://wenku. baidu. com/view/25fbfae1524de518964b7d20. html,2011 – 09 – 28/2012 – 06 – 30.

[50]龚园庆. 社会阶层与消费心理[DB/OL]. http://wenku. baidu. com/view/515eb42d453610661ed9f485. html,2011 – 09 – 29/2012 – 07 – 01.

[51]晨亭. 社会环境与消费心理[DB/OL]. http://wenku. baidu. com/view/0fc7858302d276a200292ef2. html,2011 – 06 – 24/2012 – 07 – 01.

[52]王惠东. 消费心理在广告语创作中的逻辑轨迹探讨[EB/OL]. http://blog. sina. com. cn/s/blog_48b60335010002e6. html,2006 – 03 – 01/2012 – 07 – 01.

[53]王唤明. 中国消费者常见九大消费者心理浅析[EB/OL]. http://manage. org. cn/Article/200906/66237. html,2009 – 06 – 13/2012 – 07 – 02.

[54]华江湖. 浅谈消费者消费心理和汽车销售方法[DB/OL]. http://www. doc88. com/p – 617923977857. html,2012 – 09 – 08/2012 – 10 – 02.

[55]魏畅. 当代消费者心理变化趋势和特征[DB/OL]. http://abc. wm23. com/m/M_Ex-Cont. aspx? ID = 185638,2012 – 09 – 25/2012 – 10 – 02.

[56]米兰. 消费心理与消费行为的关系[EB/OL]. http://bbs. edu – edu. com. cn/forum. php? = 141089,2009 – 08 – 26/2012 – 10 – 02.

[57]博益. 中国家具市场概况[DB/OL]. http://www. docin. com/p – 233188795. html,2011 – 07 – 16/2012 – 10 – 03.

[58]小浩. 家具消费者的消费观念[DB/OL]. http://cy. qudao. com/news/70854. shtml,2010 – 12 – 09/2012 – 10 – 03.

[59]明月. 中国家具行业市场调查报告[DB/OL]. http://www. docin. com/p – 495913722. html,2012 – 10 – 11/2012 – 10 – 13.

[60]熊小坤. 2012 – 2016 年中国家具市场投资分析及前景预测报告[DB/OL]. http://www. ocn. com. cn/reports/2006058jiaju. htm,2012 – 09 – 11/2012 – 10 – 13.

[61]冬雪. 新建家具生产线项目可行性研究报告[DB/OL]. http://www. docin. com/p –

150096756. html,2011 – 03 – 16/2012 – 10 – 13.

[62]刘鑫.城市居民家具消费心理研究[DB/OL].http://www.doc88.com/p – 997319993
287. html,2009 – 06 – 01/2012 – 10 – 16.

[63]冯凤飞.顾客购买家具分析[EB/OL].http://blog.yinsha.com/? uid_161657,2010 –
01 – 19/2012 – 10 – 16.

[64]杨星星.家具设计的市场定位[J].家具与室内装饰,2004,(11):25 – 26.

[65]张继辉.家具消费心理分析[DB/OL].http://bbs.qjy168.com/d_36657. html,2008 –
04 – 03/2012 – 10 – 16.

[66]佚名.家具功能设计探析[EB/OL].http://www.shengfang.com/news/show – 2839.
html,2012 – 06 – 29/2012 – 10 – 17.

[67]范冠华.设计心理学[DB/OL].http://baike.baidu.com/view/589596. html,2012 –
08 – 19/2012 – 10 – 17.

[68]柳沙.设计心理学[DB/OL].http://wenku.baidu.com/view/39d1b4f4ba0d4a7302763
a47. html,2011 – 10 – 23/2012 – 10 – 17.

[69]闫莉莉.奇妙的色彩心理学[EB/OL].http://xl.39.net/xlzl/099/18/1001043_3. ht-
ml,2009 – 19 – 18/2012 – 10 – 17.

[70]刘客.对于家具色彩设计与应用的思考[EB/OL].http://www.zuojiaju.com/portal.
php? mod = view&aid = 12945,2012 – 02 – 10/2012 – 10 – 17.

[71]风顶.家具设计四种颜色搭配[EB/OL].http://www.cn9djj.com/news/19260628. ht-
ml,2012 – 11 – 12/2012 – 11 – 15.

[72]华力.家具设计中的产品语义学概念研究[EB/OL].http://home.focus.cn/showarti-
cle/654424/79675. html,2010 – 12 – 22/2012 – 10 – 16.

[73]钟玲.浅析家具产品中的内涵性语意[EB/OL].http://blog.sina.com.cn/s/blog_
5fbeae310100e1st. html,2009 – 06 – 18/2012 – 11 – 01.

[74]芹宇斋.家具设计三要素[DB/OL].http://wenku.baidu.com/view/9f0c6806a6c
30c2259019e12. html,2012 – 09 – 08/2012 – 11 – 03.

[75]古毅.客户满意度培训[DB/OL].http://wenku.baidu.com/view/527ccad184254b35
eefd3477. html,2010 – 12 – 05/2012 – 10 – 18.

[76]杨泉华.关于顾客满意度的研究[DB/OL].http://wenku.baidu.com/view/39d
1b4f4ba0d4a7302763a47. html,2002 – 09 – 03/2012 – 10 – 18.

[77]陈静.轿车消费者满意度排座次[EB/OL].http://www.sc.xinhuanet.com/content/
2004 – 06/16/2326924. html,2004 – 06 – 16/2012 – 10 – 18.

[78]田野.设计中的情绪表达[EB/OL].http://blog.sina.com.cn/s/blog_
6a84cc150100kezx. html,2009 – 08 – 08/2012 – 10 – 18.

[79]林玉莲.环境心理学[M].北京:中国建筑工业出版社,2000.

[80]嬉炎.麦克洛效应[DB/OL].http://baike.baidu.com/view/4495779. html,2010 –
10 – 11/2012 – 10 – 18.

[81]杨鸿超.感觉与知觉[DB/OL].http://wenku.baidu.com/view/98115a87d4d8d15abe
234e1f. html,2012 – 10 – 11/2012 – 10 – 18.

[82]吴国荣.产品设计中材料感觉特性的运用[J].包装工程,2006,(08):310 – 312.

[83] 向苏云. 青年人群的家具消费行为探析[DB/OL]. http://blog. 163. com/topjiaju@ yeah/blog/static/16353509720106311115146616/,2012 - 10 - 11/2012 - 10 - 18.

[84] 荆佶. 基于青年消费心理的家具产品设计定位研究[DB/OL]. http://blog. 163. com/ topjiaju@ yeah/blog/static/16353509720106311115146616/,2009 - 01 - 06/2012 - 10 - 18.

[85] 荆佶. 当代青年人家具消费心理行为模式初探[J]. 家具与室内装饰,2009,(01): 43 - 46.

[86] 强文. 浅谈儿童家具设计[J]. 家具,1985,(03):26 - 27.

[87] 郭清华. 儿童家具设计[DB/OL]. http://blog. 163. com/topjiaju@ yeah/blog/static/ 16353509720106311115146616/,2011 - 05 - 18/2012 - 10 - 18.

[88] 杨静. 儿童家具设计理念[DB/OL]. http://wenku. baidu. com/view/5d6da3dcce - 2f0066f5332276. html,2011 - 12 - 16/2012 - 10 - 18.

[89] 王显芳. 老年人家具设计探讨[J]. 林业机械与木工设备,2006,(10):34 - 35.

[90] 张绯. 无障碍设计原理在老年人家具中的应用[J]. 包装工程,2006,(11):118 - 120.

[91] 杨静. 老年人家具中的造型设计与原则[DB/OL]. http://wenku. baidu. com/view/ f8e09fd95022aaea998f0f50. html,2010 - 12 - 05/2012 - 10 - 18.

后 记

　　技术的进步、社会的发展使人类生活进入一个新的时代，中国家具行业也将面临新的挑战，未来的家具设计应该符合人们的需求心理，与社会其他行业协调发展。

　　针对家具设计课程中关于消费者心理的研究相对薄弱这个问题，笔者根据教学过程中一些经验和思考，编写了本书。本书编写过程中遇到很多问题，利用现在发达的信息渠道，使笔者能快速地了解到相关信息。

　　本书是在前人对于家具设计研究的基础上编写的，对于消费者心理和行为的研究也仅代表笔者的一些心得，可能会存在需要改进和修正的地方，请各位读者能多多发现问题、多多地进行思考，大家一起来关注家具设计未来的走向，关注我国家具行业的进步！